高等学校图书情报与档案管理系

数据分析方法

徐 杰 郭海玲 编著

科 学 出 版 社

北 京

内 容 简 介

本书由作者根据多年的教学经验撰写而成，对选入的数据分析理论和方法进行了仔细的推敲，不仅着重于数据分析的基本理论与方法的介绍，更密切结合 SPSS 统计分析软件，系统、详细地介绍本书所用方法的具体操作过程及结果。全书共 8 章，内容包括数据的整理与统计分析、参数估计与假设检验、相关分析与回归分析、趋势外推预测分析、时间序列分析、层次分析、聚类分析、主成分分析。

数据分析主要研究如何利用统计分析方法分析和处理数据，是信息与计算科学等专业的重要必修课程，对图书情报学专业研究生进行数据分析有较高的参考价值。本书不仅可以作为高等学校理科（非统计专业）、工科及经济管理等专业本科生和非数学类专业研究生的教材，也可作为从事应用统计的工作者或者进行社会学、心理学、信息学等学科研究与应用的研究生或相关人员的参考书籍。

图书在版编目（CIP）数据

数据分析方法/徐杰，郭海玲编著．—北京：科学出版社，2022.1

高等学校图书情报与档案管理系列教材

ISBN 978-7-03-069349-5

Ⅰ．①数…　Ⅱ．①徐…　②郭…　Ⅲ．①统计数据-统计分析-高等学校-教材　Ⅳ．①O212.1

中国版本图书馆 CIP 数据核字（2021）第 136266 号

责任编辑：方小丽 / 责任校对：严　娜

责任印制：张　伟 / 封面设计：蓝正设计

科学出版社 出版

北京东黄城根北街 16 号

邮政编码：100717

http://www.sciencep.com

北京九州迅驰传媒文化有限公司 印刷

科学出版社发行　各地新华书店经销

*

2022 年 1 月第　一　版　开本：787 × 1092　1/16

2022 年 7 月第二次印刷　印张：12 3/4

字数：302 000

定价：48.00 元

（如有印装质量问题，我社负责调换）

前　　言

数据作为信息的主要载体，在当今信息化社会中扮演着重要的角色。随着社会的进步和经济的发展，数据的体量也越来越大，各行各业在生产运行中产生的数据也为我们提供了丰富的信息。然而，如何从大量的看似杂乱无章的数据中揭示其中隐含的内在规律，发掘有用的信息来帮助人们进行科学的决策和分析，这就需要对数据进行分析。

数据分析就是分析和处理数据的理论与方法，通过对数据的分析和处理获得有价值的信息并为决策提供服务。随着计算机技术的发展，借助于计算机强大的计算能力，数据分析的方法层出不穷，并得到了快速发展。但在数据分析方法的应用中经常会发生误用或滥用数据分析方法的问题，这就会降低研究结论的可信度，严重影响研究的质量。究其原因主要有以下几个方面：首先是对数据分析方法的约束条件没有完全掌握，不甚了解各种方法对原始数据的要求；其次，对数据分析方法的基本原理掌握不透彻，不能根据数据分析的算法来进行数据的评价；最后，对数据输出的结果不能进行深入的分析和解释，并据此指导实践。

针对上述问题，本书是笔者根据多年的教学经验和对教学讲义经过多次修改整理加工而成的，对选入的数据分析理论和方法进行了精心的挑选、仔细的推敲，不仅对数据分析的基本理论和方法进行了介绍，更紧密结合 SPSS 统计分析软件比较系统和详细地介绍了各数据分析方法有关的具体操作过程和结果分析。全书共 8 章，内容主要包括数据的整理与统计分析、参数估计与假设检验、相关分析与回归分析、趋势外推预测分析、时间序列分析、层次分析、聚类分析和主成分分析等。每一章都通过大量的案例分析加深读者对数据分析理论和方法的理解及掌握，以及应用 SPSS 软件实现对结果的解释，各章末也配备了一些习题，帮助读者巩固所学知识。

由于水平有限，本书虽经过多次修改，但疏漏和不足在所难免，恳请广大读者批评指正。

徐　杰

2021 年 2 月于保定

目　　录

第1章　数据的整理与统计分析

大数据时代的到来，使得对数据的管理和应用显得更为重要。数据是对自然现象和社会现象进行计量的结果，对数据的管理和应用主要包括两方面的内容：一是针对日常事务处理的数据管理；二是服务于决策的数据分析。统计数据是利用统计方法进行数据分析的基础，离开了统计数据，数据分析方法也就无从谈起。如何使统计数据符合数据分析的需要，是本章所要解决的主要问题。

1.1　数 据 整 理

1.1.1　数据的测量尺度及类型

对于不同的研究对象，人们往往针对其某些性质展开研究，因此能够用来计量或测度的标准和程度也是不同的。有些事物只能对其属性进行分类和研究，如人的性别、婚姻状况、受教育程度，产品的型号和质量等级等；有些事物可以用比较精确的数字进行计量，如产品的重量、长度、价值，收入的多少等。根据计量学的分类方法，按照对研究对象的不同性质和计量的精确程度，可以采取不同的方式将变量分为四个层次：定类变量、定序变量、定距变量和定比变量。它们所采用的计量尺度由低级到高级，由粗略到精确。不同层次的统计数据适用于不同的统计分析方法。

1. 定类变量

定类变量是按照事物的某种属性对其进行平行的分类或分组。定类变量的取值只是测度事物之间的类别差，却无法反映各类之间的其他差别。例如，根据性别将人口分为男、女两类；按照经济性质将企业分为国有企业、集体企业、私营企业、合资企业、独资企业等。使用定类尺度对事物进行分类时，它们必须符合穷尽和互斥的要求。类别穷尽是指在所做的全部分类中，必须保证每一个元素都能归属于某一类别，不能有所遗漏；类别互斥是指每一个元素或个体只能归属于一个类别，而不能在其他类别中重复出现。为了分析上的方便，对于定类变量的取值也可以用数字来表示，但这些数字不能区分大小，也不能进行数学运算。

2. 定序变量

定序变量的取值用于描述事物之间的等级差或顺序差别，该类变量不仅可以将事物分成不同的类别，而且还可以确定这些类别的优劣或顺序，但不能测量出类别之间的准确差值。例如，产品等级就是对产品质量好坏的一种次序测度。定序变量测量的结果只能比较顺序，不能进行数学运算，尽管它们的取值是用数字表示的。

由定类变量和定序变量形成的数据说明的是事物的品质特征，不能用数值表示，其结果均表现为类别，也称为定性数据或品质数据。

3. 定距变量

定距变量不仅能将事物区分为不同类型并进行排序，而且可以准确地指出类别之间的差距是多少，如收入用人民币元度量、质量用克度量、考试成绩用百分制度量等。定距变量的每一间隔都是相等的，可以进行加减运算。

4. 定比变量

定比变量除了具有上述三种变量尺度的全部特征，还具有一个特性，即可以计算出两个测度值之间的比值。这要求定比尺度中必须有一个绝对固定的“零点”，这也是它与定距变量的唯一差别。

由定距变量和定比变量形成的数据说明的是现象的数量特征，能够用数值来表示，也称为定量数据或数量数据。

区分测量的层次和数据的类型是非常重要的，因为针对不同的数据类型可以采取不同的统计方法进行处理和分析。例如，对于定类变量的数据，通常可以计算出各组的频数或频率，计算众数和变异系数，进行列联表分析和 χ^2 检验等；对于定序变量形成的数据，可以计算中位数和四分位数，进行等级相关系数等非参数分析；对于定距变量和定比变量形成的数据，可以用更多的统计方法如参数估计和检验等进行处理。需要特别指出的是，人们所处理的数据大多为数量数据，适用于低层次测量数据的统计方法同样也适用于较高层次的测量数据，因为后者具有前者的数字特征。例如，在描述数据的集中趋势时，对定类数据通常是计算众数，对定序数据通常是计算中位数，同样，对定距数据和定比数据也可以计算众数和中位数。但是，适用于较高层次测量数据的统计方法则不能用于较低层次的测量数据，因为较低层次的数据不具备较高层次测量数据的数字特征。

1.1.2 数据的分组和描述

数据分组又称统计分组，它是数据整理的核心。任何数据只有经过分类或分组才能初步显示出数据的基本特征，也才能进行进一步的分析。

1. 频数和频率

资料汇总整理的第一步是将资料分类，并归纳成一张表，这种表称为频数表。频数表中各组所分配到的总体单位数称为频数(frequency)；将各组单位数与总体单位数相比，求得的相对数称为频率或比率。相对频数(relative frequency)是在频数分布中某一给定组的频数占总频数的比例，即用某个单个组的频数除以总频数。累计频数(cumulative frequency)是频数分布中小于等于该组上限的数的总频数，即将每组的频数加上该组以前的累计频数。

2. 组数和组距

在频数表中，按某个标志将资料加以分类，划分成各个等级，这种方法一般称为分组。划分组数的多少并无一定准则可循，一般取决于频数表的用途。组数越多，则每组包含的范围越窄，则组距越小；相反，组数越少，每组所包含的范围越宽，也就是组距越大。

3. 组限和组中值

在频数表中每组两端的标志值为组限，其中每个组的起点值为组下限，终点值为组上限，组上限与组下限之差为组距。在频数表中，组上限与组下限的中点值称为组中值。

4. 等距分组与异距分组

等距分组是指标志值的变动在各组之间是相等的，即组距相等，否则为异距分组。凡是总体单位标志值变动比较均匀的，可采用等距分组，当总体单位的标志值急剧增长或下降，波动幅度较大时，往往采用异距分组。

1.2　单变量数据的描述性统计分析

1.2.1　数据集中趋势分布的数字特征

集中趋势分布是指一组数据向某一中心值靠拢的倾向，集中趋势代表了事物的一般水平和总体趋势。常用的描述集中趋势的指标有均值(平均数，mean)、众数(mode)和中位数(median)三类。

1. 均值

均值是测度数据集中趋势的常用指标，主要用于比较和分析研究对象在不同时空和历史条件下的发展水平。根据数据的不同，均值有算术平均数(arithmetic mean)、加权平均数(weighted mean)和几何平均数(geometric mean)三类。

1) 算术平均数

在统计公式中，习惯上把第一个观察值表示为 x_1，把第二个观察值表示为 x_2，以此类推。n 个不同的数 $x_1,x_2,\cdots,x_n$，算术平均数的计算公式为

$$\overline{x}=\frac{x_1+x_2+\cdots+x_n}{n}=\frac{1}{n}\sum_{i=1}^{n}x_i \tag{1-1}$$

【例 1-1】 某学习小组共有学生 10 人，他们的管理学考试成绩分别为 90、85、80、70、75、80、85、85、80、65，则该小组学生管理学的平均成绩为

$$\overline{x}=\frac{90+85+80+70+75+80+85+85+80+65}{10}=79.5$$

2) 加权平均数

当数据量比较大时，用算术平均数计算均值比较麻烦，可以将数据进行分组，并用

组中值作为一组数据的代表。如前所述，组中值=(组上限+组下限)/2，则加权平均数的计算公式为

$$\bar{x}=\frac{x_1f_1+x_2f_2+\cdots+x_nf_n}{n}=\frac{\sum_{i=1}^{k}x_if_i}{\sum_{i=1}^{k}f_i} \tag{1-2}$$

其中，$n=\sum_{i=1}^{k}f_i$ 为总次数，f_i 表示组的频率或者权系数，k 为分组数或者类别数，x_i 为每一组的组中值。但这种计算方法有一个前提是各组数应为均匀分布或关于组中值对称，否则会产生一定的误差。

【例 1-2】 根据我国某年农民平均纯收入的调查情况(表 1-1)，计算农民的年平均收入。

表 1-1　农民平均纯收入分组分布

农民纯收入/元	组中值 x_i	户数 f_i/%	纯收入 x_i ×户数 f_i/元
1000 以下	750	0.6	450
1000～1500	1250	1.3	1625
1500～2000	1750	2.6	4550
2000～3000	2500	10.9	27250
3000～4000	3500	15.6	54600
4000～5000	4500	15.6	70200
5000～6000	5500	13.4	73700
6000～8000	7000	17.6	123200
8000～10000	9000	9.5	85500
10000～15000	12500	8.9	111250
15000～20000	17500	2.5	43750
20000 以上	22500	1.5	33750
合计		100	629825

当年全国农民平均纯收入为

$$\bar{x}=\frac{\sum x_if_i}{\sum f}=\frac{629825}{100}\approx 6300(\text{元})$$

3) 几何平均数

几何平均数是一种比较特殊的均值，它是为了说明事物在一段时间内的变化情况，需要计算事物发展的变化速度，如几年内的平均增长速度，这时就可以使用几何平均数，其计算公式为

$$\overline{x}=\sqrt[n]{\prod_{i=1}^{n}x_i} \tag{1-3}$$

几何平均是均值的一种特殊形式，式(1-3)两边取对数可得

$$\lg\overline{x}=\frac{1}{n}\sum_{i=1}^{n}\lg x_i \tag{1-4}$$

可见几何平均数的对数等于各数值对数的算术平均数，当各数值 x_i 相差不大时，其算术平均数与几何平均数在数值上相差也不大，否则二者在数值上会有明显的差异。

【例 1-3】 某省五年来生产总值的年增长速度为 7%、8%、10%、12%、18%，计算该省五年平均年增长速度。

根据五年的年增长速度对应的年度增长系数分别是 1.07、1.08、1.10、1.12、1.18，则五年以来的平均增长速度为 $\overline{x}=\sqrt[5]{1.07\times1.08\times1.10\times1.12\times1.18}=1.1093$，所以五年平均年增长速度为 10.93%。

2. 众数

众数是一组数据中出现次数最多的变量值，一组数据分布的最高峰点所对应的数值即众数，通常用 M_0 表示。众数通常可以通过观察得到，例如，10 个班级的人数分别是 28、27、26、25、30、30、24、30、24、30，其中 30 出现的次数最多，因此众数为 30。一般来说，众数只有在数据量较大或有某些数据值出现较多时才有意义。

3. 中位数

中位数是指将一组变量值按大小顺序排列起来，处于中间位置的那个数。用 M_d 表示。设 n 个数据 $x_1,x_2,\cdots,x_n$，按从小到大的顺序排列 $x_{(1)}\leqslant x_{(2)}\leqslant\cdots\leqslant x_{(n)}$，则它们的中位数为

$$M_\text{d}=\begin{cases}x_{\left(\frac{n+1}{2}\right)}, & n\text{为奇数}\\ \dfrac{1}{2}\left[x_{\left(\frac{n}{2}\right)}+x_{\left(\frac{n}{2}+1\right)}\right], & n\text{为偶数}\end{cases} \tag{1-5}$$

【例 1-4】 某地 11 个人的月收入为 5350 元、4568 元、3900 元、2780 元、8500 元、11230 元、4800 元、9600 元、6700 元、5850 元、9750 元，求中位数。

将数据从小到大排列为 2780、3900、4568、4800、5350、5850、6700、8500、9600、9750、11230，其中 $n=11$，为奇数，故其中位数为 $M_\text{d}=x_{\left(\frac{n+1}{2}\right)}=x_{(6)}=5850$。

中位数与均值表示的含义是不同的，均值蕴含了“重心”的意思；但中位数是位置的中间数，即有一半或一半以上的数据不大于中位数，一半及一半以上的数据小于中位数。所以，当一组数据中有一些极端数据，即有个别的极大值或极小值时，一般不会影响中位数的变化，也正是由于中位数的这个特点，在进行社会经济领域的数据分析时，

将中位数作为中心常常比平均数更具有实际意义。

4. 集中趋势几种度量方法的使用

在使用数据进行集中趋势的描述时，要根据数据的不同特点采用不同的度量方法。一般来说，定类变量的数据可以使用众数；定序变量的数据既可以使用众数，也可以使用中位数，但平均数的效果最好。但当变量值之间的差异比较大时，平均数的代表性就会比较差。

1.2.2 数据分散趋势分布的数字特征

分散趋势是数据分布的另一个重要特征，它反映的是各类变量值远离中心值的程度，也称为离散程度。分散趋势与集中趋势是同一问题的两个方面。集中趋势说明事物发展的一般水平，它反映的是各变量值向其中心值聚集的程度；而分散趋势则说明各变量从数据的中央数值向两端分离或离散的程度，是非众数与众数的偏离程度。分散趋势越大，表明数据中的各个变量与集中趋势的偏离越大，集中趋势指标的代表性就越差。测定分散趋势的常用指标有极差(range)、四分位差(interquartile range)、方差(variance)、标准差(standard deviation)和变异系数(coefficient of variance)。

1. 极差

极差是指一组变量数列中最大值与最小值的差。

设 n 个数据按照从小到大的顺序排列为 $x_{(1)} \leqslant x_{(2)} \leqslant \cdots \leqslant x_{(n)}$，$x_{(1)}$ 为最小值，$x_{(n)}$ 为最大值，则极差的计算公式为

$$R = x_{(n)} - x_{(1)} \tag{1-6}$$

极差的意义在于：极差越大，分散趋势越大，集中趋势指标的代表性就越差。极差适用于定距变量和定序变量的数据。极差的计算比较简单，也容易理解，但它的值只取决于数列中两个极端值的数值，忽略了其中大量的信息，且极容易受异常值的影响，很不稳定。因此，极差是一种最为粗略的测量指标，在实际中应用也比较少。

【例 1-5】 7 个班的人数分别为 28、32、34、38、42、45、52，计算极差。

$$R=52-28=24$$

2. 四分位差

四分位差也是将 n 个数据从小到大的顺序排列，然后用三个点将数列分为四等份，三个点的位置分别是 $\frac{n+1}{4}$、$\frac{n+1}{2}$、$\frac{3(n+1)}{4}$，每个位置上对应的变量值即四分位数，分别用 Q_1、Q_2 和 Q_3 表示，其中 Q_2 为中位数，Q_3 和 Q_1 的差为中位数，其计算公式为

$$Q = Q_3 - Q_1 \tag{1-7}$$

四分位差反映了中间 50%的数据的分布状况，这个值越小说明中间的数据分布越集

中，四分位差越大，中位数的代表性越差，它不受极端值的影响，所以比极差更稳定。

下面根据例 1-5 的数据，计算四分位差。计算四分位差，要先求出 Q_3 和 Q_1 的位置，然后才能计算两个四分位数的差。N=7，根据上面的公式，Q_3 的位置为 6，对应的 Q_3 的值是 45，Q_1 的位置为 2，对应的 Q_1 的值为 32，所以四分位差为

$$Q = Q_3 - Q_1 = 45 - 32 = 13$$

3. 方差和标准差

方差是总体内各变量值与其均值差的平方的平均值。标准差也称为均方差，是指总体内各个变量值与其算术平均数离差平方和的算术平均数的平方根。计算方差和标准差是分析定距变量离散程度的常用方法，方差和标准差越小，表明平均数代表性越好，变量数列的分散趋势越小，反之分散趋势越大。计算公式分别为

$$S^2 = \frac{1}{n-1}\sum_{i=1}^{n}(x_i - \bar{x})^2 \tag{1-8}$$

$$\delta = \sqrt{\frac{1}{n-1}\sum_{i=1}^{n}(x_i - \bar{x})^2} \tag{1-9}$$

【例 1-6】 12 名商学院毕业生的起薪工资分别为 2350 美元、2450 美元、2550 美元、2380 美元、2255 美元、2210 美元、2390 美元、2630 美元、2440 美元、2825 美元、2420 美元、2380 美元，求方差和标准差。

12 名商学院毕业生的起薪工资的平均值为 2440 美元，根据上述公式计算可得

$$S^2 = \frac{1}{n-1}\sum_{i=1}^{n}(x_i - \bar{x})^2 = 27440.91, \quad \delta = \sqrt{\frac{1}{n-1}\sum_{i=1}^{n}(x_i - \bar{x})^2} = 165.65$$

方差和标准差的适用范围应当是正态分布。由于方差和标准差的计算涉及每一个变量值，所以它们反映的信息在离散指标中是最全的，是最理想、最可靠的变异描述指标。但也正是由于方差和标准差的计算涉及每一个变量值，所以它们也会受极端值的影响，当数据中有较明显的极端值时不宜使用。

4. 变异系数

当需要比较两组数据离散程度大小时，往往直接使用标准差来进行比较并不合适。这可以分为两种情况：一是测量尺度相差太大；二是数据量纲不同。在以上情形中，就应当消除测量尺度和量纲的影响，而变异系数是描述样本数据偏离样本均值程度的统计量，即它是表明标准差和均值关系的描述统计量。变异系数的值越大，说明样本的分散程度越大。其计算公式为

$$\mathrm{Cv} = \frac{\delta}{\bar{x}} \times 100\% \tag{1-10}$$

例 1-6 中，标准差为 165.65，均值为 2440，故变异系数为

$$\mathrm{Cv} = \frac{\delta}{\bar{x}} \times 100\% = \frac{165.65}{2440} \times 100\% = 6.8\%$$

一般来说，变异系数是一种比较具有不同标准差和不同均值的变量变异性的有用统计量。

1.2.3　描述数据分布形状的数字特征

当样本数据的取值是中心对称时，可以用数据的均值和标准差描述数据分布的特征。但是当数据的取值不是中心对称时，就需要引入刻画数据分布形状的数字特征，即偏度(skewness)和峰度(kurtosis)。

1. 偏度

偏度是用来描述变量取值分布形态的统计量，指分布不对称的方向和程度。偏度系数的计算公式为

$$g_1=\frac{n\sum_{i=1}^{n}(x_i-\overline{x})^3}{(n-1)(n-2)S^3} \tag{1-11}$$

(1)　$g_1>0$ 分布，为正偏或右偏(图 1-1(a))，即长尾巴在右边，峰尖偏左。

(2)　$g_1<0$ 分布，为负偏或左偏(图 1-1(b))，即长尾巴在左边，峰尖偏右。

(3)　$g_1=0$ 分布为对称分布。

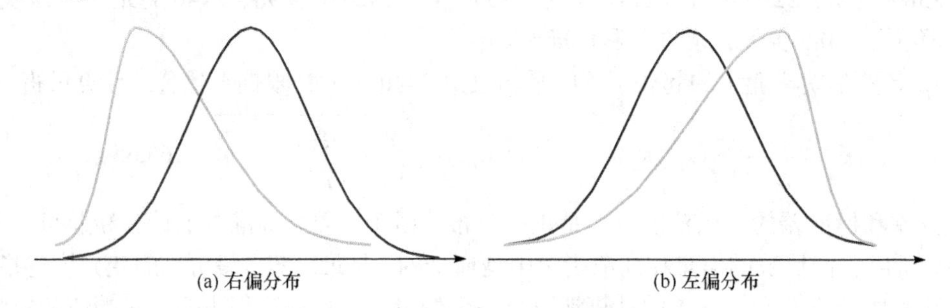

图 1-1　偏度分布的直观特征

图 1-1(a)为右偏，图 1-1(b)为左偏，注意偏度的方向指的应当是长尾的方向，而不是高峰的位置。

2. 峰度

峰度是用来描述变量取值分布形态陡缓的统计量，是指分布图形的尖削程度或峰凸程度。峰度系数的计算公式为

$$g_2=\frac{n(n+1)}{(n-1)(n-2)(n-3)}\frac{1}{S^4}\sum_{i=1}^{n}(x_i-\overline{x})^4-\frac{3(n-1)^2}{(n-2)(n-3)} \tag{1-12}$$

(1)　$g_2>0$ 分布为高峰度(图 1-2(a))，即比正态分布峰要陡峭，峰的形状也比较尖。

(2)　$g_2<0$ 分布为低峰度(图 1-2(b))，即形状要比正态分布的峰平坦。

(3)　$g_2=0$ 分布为正态峰。

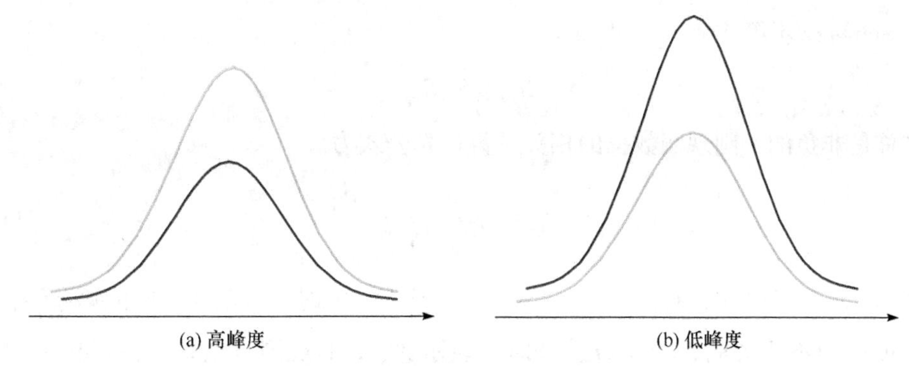

图 1-2　峰度分布的直观特征

1.3　多变量数据的数字特征及统计分析

以上介绍的数据分析方法适用于单变量数据的分析，一般称为一元数据分析方法。但在实际中，人们遇到的许多问题是多维的，如工农业生产中的提高产品质量、降低成本、提高农作物的产量或改良品种等问题，还有国民经济和科研领域的研究中，像经济管理、金融、生物、地质、医学、航天技术等领域，经常要处理多个变量的观测数据，这时如果用一元数据分析方法对每一个变量的数据进行逐一分析，就会忽略各个因素之间的关系，也会丢失很多信息，这样分析的结果往往不能客观全面地反映情况。多变量数据分析除了分析各变量数据的分布特点，还可以对各个变量间的关系进行探讨，这是非常重要的。

1.3.1　二维数据的数字特征及相关分析

设 $(X,Y)^{\mathrm{T}}$ 是二维总体，可以得到观测数据 $(x_1,y_1)^{\mathrm{T}},(x_2,y_2)^{\mathrm{T}},\cdots,(x_n,y_n)^{\mathrm{T}}$，形成观测数据矩阵

$$X=\begin{bmatrix} x_1 & x_2 & \cdots & x_n \\ y_1 & y_2 & \cdots & y_n \end{bmatrix}^{\mathrm{T}},\quad \overline{x}=\frac{1}{n}\sum_{i=1}^{n}x_i,\quad \overline{y}=\frac{1}{n}\sum_{i=1}^{n}y_i$$

则 $(\overline{x},\overline{y})^{\mathrm{T}}$ 称为二维观测数据的均值向量，记为

$$S_{xx}=\frac{1}{n-1}\sum_{i=1}^{n}(x_i-\overline{x})^2,\quad S_{yy}=\frac{1}{n-1}\sum_{i=1}^{n}(y_i-\overline{y})^2$$

$$S_{xy}=\frac{1}{n-1}\sum_{i=1}^{n}(x_i-\overline{x})(y_i-\overline{y})$$

分别称 S_{xx}、S_{yy} 为 X、Y 的方差，S_{xy} 为 X、Y 的协方差。

$$S=\begin{bmatrix} S_{xx} & S_{xy} \\ S_{yx} & S_{yy} \end{bmatrix} \tag{1-13}$$

为观测数据的协方差矩阵。数据的协方差矩阵是对称矩阵，因为 $S_{xy}=S_{yx}$。

由 Schwarz 不等式

$$S_{xy}^2 \leqslant S_{xx}S_{yy}$$

可知 S 总是非负的，则观测数据的相关系数计算公式为

$$r_{xy}=\frac{S_{xy}}{\sqrt{S_{xx}}\sqrt{S_{yy}}} \tag{1-14}$$

由 Schwarz 不等式，有 $|r_{xy}| \leqslant 1$。当 $r_{xy}=0$（或 $r_{xy}\approx 0$）时，表示 X、Y 的观测数据是不相关的或近似不相关的；当 $0<r_{xy}<1$ 时，表示 X、Y 的观测数据是线性正相关的；当 $-1<r_{xy}<0$ 时，表示 X、Y 的观测数据是线性负相关的；当 $|r_{xy}|=1$ 时，表示 X、Y 的观测数据是完全线性相关的。

设二维总体 $(X,Y)^{\mathrm{T}}$ 的分布函数为 $F(x_i,y_i)$，X、Y 的方差分别是 $\mathrm{Var}(X)$、$\mathrm{Var}(Y)$，总体协方差为 $\mathrm{Cov}(X,Y)$。令 ρ_{xy} 为总体相关系数，则

$$\rho_{xy}=\frac{\mathrm{Cov}(X,Y)}{\sqrt{\mathrm{Var}(X)}\sqrt{\mathrm{Var}(Y)}}$$

当观测数据 n 充分大时，就有 $\rho_{xy}\approx r_{xy}$。

所以，由二维观测数据 $(x_1,y_1)^{\mathrm{T}},(x_2,y_2)^{\mathrm{T}},\cdots,(x_n,y_n)^{\mathrm{T}}$，就可计算得到相对应的相关系数 r_{xy}，但当二元总体 $(\bar{x},\bar{y})^{\mathrm{T}}$ 的两个分量 X、Y 不相关时，即 $\rho_{xy}\approx 0$ 时，直接用计算得到的相关系数 r_{xy} 去度量 X 和 Y 之间的关联性是没有实际意义的。因此，还需要进行假设检验：

$$H_0:\ \rho_{xy}=0 \leftrightarrow H_1:\ \rho_{xy}\neq 0$$

可以证明，当 $(X,Y)^{\mathrm{T}}$ 为二维正态分布的总体，且 H_0 为真时，统计量

$$t=\frac{r_{xy}\sqrt{n-2}}{\sqrt{1-r_{xy}^2}}$$

服从自由度为 $n-2$ 的 t 分布 $t(n-2)$。设由实际观测数据计算所得的 t 值为 t_0，则检验 p 值为

$$p=P_{H_0}(|t|\geqslant|t_0|)=P(|t(n-2)|\geqslant|t_0|)$$

对于给定的显著性水平 α，当 $p<\alpha$ 时，拒绝 H_0；当 $p\geqslant\alpha$ 时，不能拒绝 H_0。当 $p<\alpha$ 拒绝 H_0 时，就认为 X、Y 相关，且计算所得的 r_{xy} 反映了两个变量的线性相关关系的强弱。

1.3.2 多维数据的数字特征及相关矩阵

设 $(X_1,X_2,\cdots,X_p)^{\mathrm{T}}$ 为 p 维总体，可以从中取得样本数据：

$$(x_{11},x_{12},\cdots,x_{1p})^{\mathrm{T}}$$
$$(x_{21},x_{22},\cdots,x_{2p})^{\mathrm{T}}$$
$$\vdots$$
$$(x_{n1},x_{n2},\cdots,x_{np})^{\mathrm{T}}$$

每一组的观测数据为 $x_i=(x_{i1},x_{i2},\cdots,x_{ip})^{\mathrm{T}}$，$i=1,2,\cdots,n$，由此可得到 $n\times p$ 样本观测数据矩阵为

$$X=\begin{bmatrix} x_{11} & x_{12} & \cdots & x_{1p} \\ x_{21} & x_{22} & \cdots & x_{2p} \\ \vdots & \vdots & & \vdots \\ x_{n1} & x_{n2} & \cdots & x_{np} \end{bmatrix}=\begin{bmatrix} x_1^{\mathrm{T}} \\ x_2^{\mathrm{T}} \\ \vdots \\ x_n^{\mathrm{T}} \end{bmatrix} \tag{1-15}$$

X 中的 p 列分别是 p 个变量的 $X_1,X_2,\cdots,X_p$ 的 n 个观测数据，其中第 j 列数据的均值为 $x_j=\dfrac{1}{n}\sum_{i=1}^{n}x_{ij}$， $j=1,2,\cdots,p$；第 j 列数据的方差为 $S_j^2=\dfrac{1}{n-1}\sum_{i=1}^{n}(x_{ij}-\overline{x}_j)^2$，$j=1,2,\cdots,p$；第 j、k 列数据的协方差为 $S_{jk}^2=\dfrac{1}{n-1}\sum_{i=1}^{n}(x_{ij}-\overline{x}_j)(x_{ik}-\overline{x}_k)$， $j,k=1,2,\cdots,p$。

称

$$\overline{x}=(\overline{x}_1,\overline{x}_2,\cdots,\overline{x}_p)^{\mathrm{T}} \tag{1-16}$$

为 p 维样本观测值的均值向量；

$$S=\begin{bmatrix} S_{11} & S_{12} & \cdots & S_{1p} \\ S_{21} & S_{22} & \cdots & S_{2p} \\ \vdots & \vdots & & \vdots \\ S_{p1} & S_{p2} & \cdots & S_{pp} \end{bmatrix} \tag{1-17}$$

为样本观测值的协方差矩阵，另外有

$$S=\frac{1}{n-1}\sum_{i=1}^{n}(x_i-\overline{x})(x_i-\overline{x})^{\mathrm{T}} \tag{1-18}$$

X 的第 j、k 列数据的相关系数的计算公式为

$$r_{jk}=\frac{S_{jk}}{\sqrt{S_{jj}}\sqrt{S_{kk}}}=\frac{S_{jk}}{S_jS_k},\quad j,k=1,2,\cdots,p$$

r_{jk} 是相关系数，是无量纲的量，且 $r_{jj}=1$， $|r_{jk}|\leqslant 1$。

则称 $R=\begin{bmatrix} 1 & r_{12} & \cdots & r_{1p} \\ r_{21} & 1 & \cdots & r_{2p} \\ \vdots & \vdots & & \vdots \\ r_{p1} & r_{p2} & \cdots & 1 \end{bmatrix}$ 为观测数据的 Pearson 相关系数矩阵，记为

$$D = \mathrm{Diag}(\sqrt{S_{11}}, \sqrt{S_{22}}, \cdots, \sqrt{S_{pp}}) = \mathrm{Diag}(S_1, S_2, \cdots, S_p)$$

上式为 p 阶对角矩阵，则有 $R = D^{-1}SD^{-1}$。

总结：均值向量 $\bar{x}$ 和协方差矩阵 S 是 p 维观测数据的重要数字特征。其中，均值向量 $\bar{x}$ 表示 p 维观测数据的集中位置；协方差矩阵 S 的对角线元素分别是各个变量观测值的方差，而非对角线元素为变量观测值之间的协方差。相关矩阵 R 是 p 维观测数据的另一个重要数字特征，它描述了变量观测值之间的线性相关程度。相关矩阵 R 经常是进行多维数据分析的出发点。

1.3.3 总体的数字特征、相关矩阵和多维正态分布

设 $X = (X_1, X_2, \cdots, X_p)^{\mathrm{T}}$ 是 p 维总体，总体分布的密度函数为 $F(x_1, x_2, \cdots, x_p) = F(x)$，其中 $x = (x_1, x_2, \cdots, x_p)$，对于连续性总体，存在概率密度函数 $f(x_1, x_2, \cdots, x_p) = f(x)$。

令 $\mu_1 = E(X_i)$，$i = 1, 2, \cdots, p$，则有 $\mu = (\mu_1, \mu_2, \cdots, \mu_p)^{\mathrm{T}}$ 称为总体均值向量，总体的协方差矩阵为

$$\Sigma = \mathrm{Cov}(X) = E[(X-\mu)(X-\mu)^{\mathrm{T}}] = \begin{bmatrix} \sigma_{11} & \sigma_{12} & \cdots & \sigma_{1p} \\ \sigma_{21} & \sigma_{22} & \cdots & \sigma_{2p} \\ \vdots & \vdots & & \vdots \\ \sigma_{p1} & \sigma_{p2} & \cdots & \sigma_{pp} \end{bmatrix} \tag{1-19}$$

其中，$\sigma_{jk} = \mathrm{Cov}(X_j, X_k) = E[(X_j - \mu_j)(X_k - \mu_k)]$，特殊情况下，即当 $j = k$ 时，有 $\sigma_{jj} = \sigma_j^2 = \mathrm{Var}(X_j)$。

总体的分量 X_j、X_k 的相关系数为 $\rho_{jk} = \dfrac{\sigma_{jk}}{\sqrt{\sigma_{jj}}\sqrt{\sigma_{kk}}} = \dfrac{\sigma_{jk}}{\sigma_j \sigma_k}$，则总体的相关系数矩阵为

$$\rho = \begin{bmatrix} 1 & \rho_{12} & \cdots & \rho_{1p} \\ \rho_{21} & 1 & \cdots & \rho_{2p} \\ \vdots & \vdots & & \vdots \\ \rho_{p1} & \rho_{p2} & \cdots & 1 \end{bmatrix} \tag{1-20}$$

且总有 $\rho_{jj} = 1$，$|\rho_{jk}| \leqslant 1$。

总体的协方差矩阵 Σ 与相关系数矩阵 ρ 都是非负定的，记为

$$V = \mathrm{Diag}(\sqrt{\sigma_{11}}, \sqrt{\sigma_{22}}, \cdots, \sqrt{\sigma_{pp}}) = \mathrm{Diag}(\sigma_1, \sigma_2, \cdots, \sigma_p)$$

则有 $\rho = V^{-1}\Sigma V^{-1}$。

要了解样本数据的协方差矩阵、相关矩阵和总体的协方差矩阵、相关矩阵之间的关系，要先讨论随机向量的性质。

设 $X = (X_1, X_2, \cdots, X_p)^{\mathrm{T}}$，$Y = (Y_1, Y_2, \cdots, Y_q)^{\mathrm{T}}$ 分别为 p 维、q 维的随机向量：

(1) 设 A 为 $r\times p$ 常量矩阵，则有

$$E(AX)=AE(X)=A\mu\text{，}\ \mathrm{Cov}(AX)=A\mathrm{Cov}(X)A^{\mathrm{T}}=A\Sigma A^{\mathrm{T}}$$

若 $c=(c_1,c_2,\cdots,c_p)^{\mathrm{T}}$ 为常向量，则有

$$E(c^{\mathrm{T}}X)=c^{\mathrm{T}}E(X)=c^{\mathrm{T}}\mu\text{，}\ \mathrm{Var}(c^{\mathrm{T}}X)=c^{\mathrm{T}}\Sigma c$$

(2) 设 B 为 $s\times q$ 常量矩阵，则有

$$\mathrm{Cov}(AX,BY)=A\mathrm{Cov}(X,Y)B^{\mathrm{T}}$$

其中，$\mathrm{Cov}(X,Y)=E[(X-E(X))(Y-E(Y))^{\mathrm{T}}]$。若 $c=(c_1,c_2,\cdots,c_p)^{\mathrm{T}}$，$d=(d_1,\ d_2,\cdots,d_q)^{\mathrm{T}}$ 为常向量，则 $\mathrm{Cov}(c^{\mathrm{T}}X,d^{\mathrm{T}}Y)=c^{\mathrm{T}}\mathrm{Cov}(X,Y)d$。

对于来自多维总体的样本数据，其均值向量 $\bar{x}$、协方差矩阵 S、相关矩阵 R 分别是总体的均值向量 μ、协方差矩阵 Σ 和相关矩阵 ρ 的相合估计。因此，当 n 充分大时，就有 $\mu\approx\bar{x}$，$\Sigma\approx S$，$\rho\approx R$。

利用式(1-15)的 p 维总体 $(X_1,X_2,\cdots,X_p)^{\mathrm{T}}$ 的观测数据矩阵，可得每个分量 x_j 的观测值的中位数 M_j，$j=1,2,\cdots,p$，则 $M=(M_1,M_2,\cdots,M_p)^{\mathrm{T}}$ 为 p 维总体观测数据的中位数向量，它是总体中位数向量的估计。此外，Spearman 相关矩阵 Q 是 ρ 的一个稳健估计。

$$Q=\begin{bmatrix}1 & q_{12} & \cdots & q_{1p}\\ q_{21} & 1 & \cdots & q_{2p}\\ \vdots & \vdots & & \vdots\\ q_{p1} & q_{p2} & \cdots & 1\end{bmatrix}$$

若 p 维总体 $X=(X_1,X_2,\cdots,X_p)^{\mathrm{T}}$ 具有概率密度：

$$f(x_1,x_2,\cdots,x_p)=\frac{1}{(2\pi)^{p/2}|\Sigma|^{1/2}}\exp\left\{-\frac{1}{2}(x-\mu)^{\mathrm{T}}\Sigma^{-1}(x-\mu)\right\}\tag{1-21}$$

则称 X 服从 p 维正态分布，记为 $N_p(\mu,\Sigma)$，若 $X\sim N_p(\mu,\Sigma)$，则可以证明 X 的均值向量为 μ，协方差矩阵为 Σ，即

$$\mu=E(X)=E(E(X_1),E(X_2),\cdots,E(X_p))^{\mathrm{T}}=(\mu_1,\mu_2,\cdots,\mu_p)^{\mathrm{T}}$$

$$\Sigma=\mathrm{Cov}(X)=\begin{bmatrix}\sigma_{11} & \sigma_{12} & \cdots & \sigma_{1p}\\ \sigma_{21} & \sigma_{22} & \cdots & \sigma_{2p}\\ \vdots & \vdots & & \vdots\\ \sigma_{p1} & \sigma_{p2} & \cdots & \sigma_{pp}\end{bmatrix}$$

多维正态分布具有以下性质：

(1) 设 $X\sim N_p(\mu,\Sigma)$，又有 $Y=AX+b$，其中 b 是 l 维常向量，A 是 $l\times p$ 常量矩阵，

$\mathrm{rank}(A)=l$，则有 $Y \sim N_l(A\mu+b, A\Sigma A^{-1})$，即 Y 服从以 $A\mu+b$ 为均值，$A\Sigma A^{-1}$ 为协方差矩阵的 l 维正态分布。

(2) 设 $X \sim N_p(\mu,\Sigma)$，将 X 进行如下划分，即 $X=\begin{bmatrix} X^{(1)} \\ X^{(2)} \end{bmatrix}$，其中 $X^{(1)}$、$X^{(2)}$ 各为 p_1、p_2 维随机向量，且 $p_1+p_2=p$，对均值向量 μ、协方差矩阵为 Σ 也进行相应划分，即 $\mu=\begin{bmatrix} \mu^{(1)} \\ \mu^{(2)} \end{bmatrix}$，$\Sigma=\begin{bmatrix} \Sigma_{11} & \Sigma_{12} \\ \Sigma_{21} & \Sigma_{22} \end{bmatrix}$，其中 $\mu^{(1)}$、$\mu^{(2)}$ 分别是 p_1 维向量和 p_2 维向量，Σ_{11}、Σ_{12}、Σ_{21}、Σ_{22} 各为 $p_1\times p_1$、$p_1\times p_2$、$p_2\times p_1$、$p_2\times p_2$ 矩阵(注意 $\Sigma_{21}=\Sigma_{12}^{\mathrm{T}}$)，则有 $X^{(1)} \sim N_{p_1}(\mu^{(1)},\Sigma_{11})$，$X^{(2)} \sim N_{p_2}(\mu^{(2)},\Sigma_{22})$，即 p 维正态向量 X 的分向量 $X^{(1)}$ 和 $X^{(2)}$ 各服从 p_1、p_2 维正态分布。

(3) 设 $X \sim N_p(\mu,\Sigma)$，则 X 的两个分向量 X_i 和 X_j 相互独立的充分必要条件是 $\sigma_{ij}=0\ (i\neq j)$，又若 $X=\begin{bmatrix} X^{(1)} \\ X^{(2)} \end{bmatrix}$，则 $X^{(1)}$ 和 $X^{(2)}$ 相互独立的充分必要条件是 $\Sigma_{12}=0$。

设 $X_1,X_2,\cdots,X_n$ 是来自总体 $N_p(\mu,\Sigma)$ 的简单随机样本，则 $X_1,X_2,\cdots,X_n$ 的联合概率密度是 μ、Σ 的函数，即

$$
\begin{aligned}
L(\mu,\Sigma) &= \prod_{i=1}^{n}\frac{1}{(2\pi)^{p/2}|\Sigma|^{1/2}}\exp\left\{-\frac{1}{2}(x_i-\mu)^{\mathrm{T}}\Sigma^{-1}(x_i-\mu)\right\} \\
&= (2\pi)^{-np/2}|\Sigma|^{n/2}\exp\left\{-\frac{1}{2}(x_i-\mu)^{\mathrm{T}}\Sigma^{-1}(x_i-\mu)\right\}
\end{aligned}
$$

称 $L(\mu,\Sigma)$ 为似然函数，在实际应用中，μ、Σ 通常是未知的，需要通过样本观测值 $x_1,x_2,\cdots,x_n$ 估计，如果 $\hat{\mu}$、$\hat{\Sigma}$ 作为 $x_1,x_2,\cdots,x_n$ 的函数，即 $\hat{\mu}=\hat{\mu}(x_1,x_2,\cdots,x_n)$，$\hat{\Sigma}=\hat{\Sigma}(x_1,x_2,\cdots,x_n)$ 满足 $L(\hat{\mu},\hat{\Sigma})=\max\limits_{\mu,\Sigma}L(\mu,\Sigma)$，则称 $\hat{\mu}$、$\hat{\Sigma}$ 分别是 μ、Σ 的最大似然估计。

$$
\hat{\mu}=\bar{x},\quad \hat{\Sigma}=\frac{1}{n}\sum_{i=1}^{n}(x_i-\bar{x})(x_i-\bar{x})^{\mathrm{T}}=\frac{n-1}{n}S \tag{1-22}
$$

分别为 μ、Σ 的最大似然估计。

1.4 数据分布的图表展示

1.4.1 统计表

统计表是用于显示统计数据的基本工具，在数据的收集、整理、描述和分析过程中都要使用统计表。统计表一般由四个主要部分组成，即表头、行标题、列标题和数据，如表 1-2 所示。

表 1-2　1997 年和 1999 年城镇居民家庭抽样调查资料

项目	单位	1997 年	1999 年
一、调查户数	户	37890	39080
二、平均每户家庭人口数	人	3.19	3.16
三、平均每户就业人口数	人	1.83	1.80
四、平均每人全部收入	元	5188.54	5458.34
五、平均每人实际支出	元	4945.87	5322.95
(一)消费性支出	元	4185.64	4335.78
(二)非消费性支出	元	755.94	987.17
六、平均每人居住面积	m^2	11.90	12.40

Excel 和统计分析软件 SPSS 均能绘制出各种表格，以 SPSS 为例，有叠加表、交叉表、嵌套表和多层表等多种形式。叠加表(表 1-3)是指在同一张表格中对两个变量进行描述，或者说表格中有一个维度的元素是由两个以上的变量构成的。交叉表(表 1-4)的两个维度都是由两个分类变量的各类别构成的。嵌套表(表 1-5)表示两个变量被放置在同一个表格维度中，即该维度由两个变量的各种类别组合而成。在 SPSS 中，枢轴表如果指定了层元素，表格就由二维扩展到三维，这就是多层表。事实上，多层表和嵌套表非常相似，只是每次只能观察到其中一层的数据而已。此外，在实际工作中，上述表格类型还有可能互相组合，以更好地达到相应的分析目的，如叠加-交叉表、嵌套-交叉表等。同时，SPSS 还有强大的表格绘制功能，可以根据实际工作的需要，绘制不同的表格。

表 1-3　叠加表

项目	S0. 城市			S2. 性别	
	100 北京	200 上海	300 广州	男	女
计数	378	387	382	637	510

表 1-4　交叉表

项目		S0.城市			合并
		100 北京	200 上海	300 广州	
S2.性别	男	188	221	228	637
	女	190	166	154	510
合并		378	387	382	1147

表 1-5 嵌套表

<table>
<tr><th colspan="4">项目</th><th>计数</th></tr>
<tr><td rowspan="6">S0.城市</td><td rowspan="2">100 北京</td><td rowspan="2">S2.性别</td><td>男</td><td>188</td></tr>
<tr><td>女</td><td>190</td></tr>
<tr><td rowspan="2">200 上海</td><td rowspan="2">S2.性别</td><td>男</td><td>221</td></tr>
<tr><td>女</td><td>166</td></tr>
<tr><td rowspan="2">300 广州</td><td rowspan="2">S2.性别</td><td>男</td><td>228</td></tr>
<tr><td>女</td><td>154</td></tr>
</table>

1.4.2 统计图

统计表可以对数据细节做出精确呈现，但其缺点在于不够直观，阅读者很难立刻抓住主要的数据特征。统计图的特点则正好和统计表相反，图形可以直观地反映数据的主要特征，但对数据细节的呈现却会很困难。统计图是重要的统计描述方法，它具有简单、明了、易于理解和接受的优点，而且便于比较和分析。同样的事实，用文字叙述可能需要进行长篇大论的解释，而且还受语言不同的限制，而用统计图则可一目了然。所以只有将图表结合起来，才能使得呈现的数据最为全面和清晰。下面介绍数据的图形展示技术。常用的统计图有直方图、茎叶图、箱图、饼图、线图、散点图等。

1. 直方图

直方图用于表示连续性变量的频数分布，横轴表示数值，纵轴表示频数或频率。

【例 1-7】 从某企业 2017 年的员工体检资料中获得 25 名男性员工和 25 名女性员工的血清总胆固醇(mmol/L)的测量结果如下。男：4.21、3.95、4.59、4.55、3.51、3.27、4.73、5.26、3.32、3.92、4.19、4.80、4.06、4.52、4.17、5.25、4.95、2.68、3.41、3.07、3.19、5.13、5.35、3.58、4.36。 女：3.60、4.50、3.30、4.06、4.15、4.13、4.28、4.91、4.23、4.12、3.55、4.59、3.78、5.03、3.26、2.35、3.95、3.98、3.00、4.17、3.66、4.52、4.78、3.91、4.15。

1) 绘制 50 名员工的血清总胆固醇直方图

首先将数据录入 SPSS 软件，形成“.sav”文件。绘制直方图在【图形】菜单下进行操作。单击【图形】→【旧对话框】→【直方图】，进入主对话框，将“血清总胆固醇”放到【变量】，勾选上“显示正态分布”，单击【确定】，在结果输出窗口就有如图 1-3 所示直方图。

从图 1-3 中可以看出：该企业 50 名员工的血清总胆固醇处于中等水平的居多。

2) 按性别分组绘制员工的血清总胆固醇直方图

单击【图形】→【旧对话框】→【直方图】，进入主对话框，将“血清总胆固醇”放到【变量】，勾选上“显示正态分布”，将“性别”放到分组变量的【行】，单击【确定】，在结果输出窗口就有如图 1-4 所示直方图。

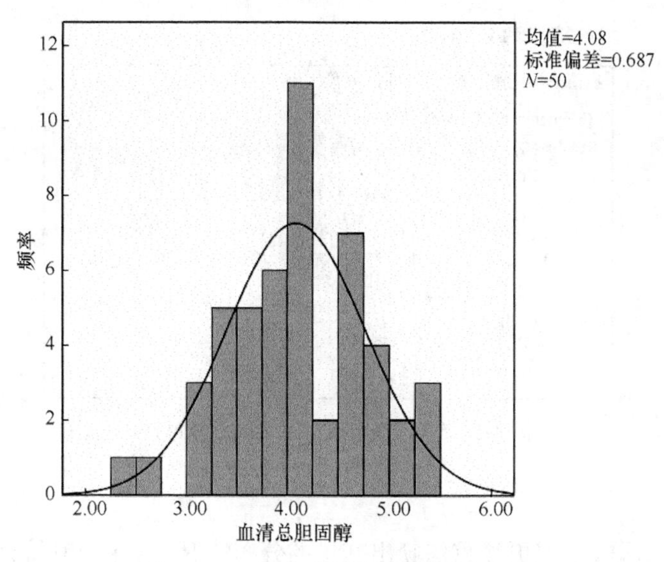

图 1-3　50 名员工血清总胆固醇直方图

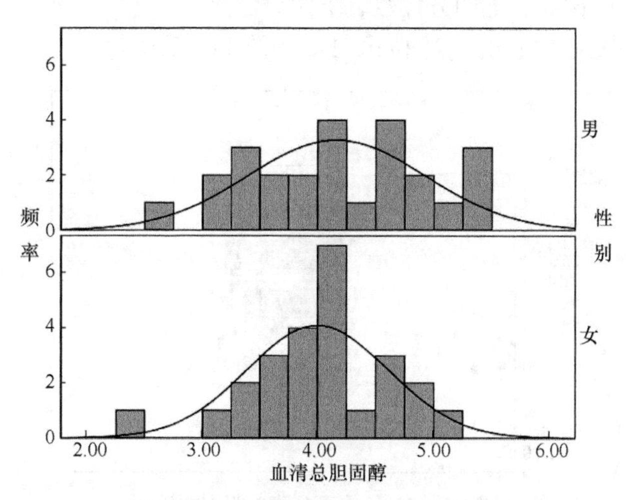

图 1-4　50 名员工血清总胆固醇直方图(按性别)

从图 1-4 中可以看出：该企业 25 名男性员工的血清总胆固醇分布比较平均，而女性员工的血清总胆固醇处于中等水平的居多。

2. 茎叶图

茎叶图的形状与功能与直方图非常相似，但它是一种文本化的图形，因此在 SPSS 中没有被放置在【图形】菜单中，而是通过【分析】→【描述统计】→【探索过程】绘制出茎叶图。茎叶图实际上可以近似地看成将直方图横向放置的结果，整个图形完全由文本输出构成，内容主要分为三列：第一列为频数，表示所在行的观察值频数；第二列为茎，表示实际观察值除以图下方的茎宽后的整数部分；第三列为叶，表示实际观察值除以图下方的茎宽后的小数部分。

根据例 1-7 的数据绘制出茎叶图如图 1-5 所示。

血清总胆固醇

```
血清总胆固醇  Stem-and-Leaf Plot

 Frequency    Stem & Leaf

     1.00        2 . 3
     1.00        2 . 6
     8.00        3 . 00122334
    11.00        3 . 55566799999
    13.00        4 . 0011111112223
    11.00        4 . 55555577899
     5.00        5 . 01223

 Stem width:       1.00
 Each leaf:        1 case(s)
```

图 1-5　50 名员工血清总胆固醇茎叶图

3. 箱图

箱图与直方图类似，但更注重勾勒出变量的分布情况，显示出其统计上的主要信息：最大值、最小值、中位数、上四分位数、下四分位数。

由例 1-7 中的数据绘制出的箱图如图 1-6 和图 1-7 所示。

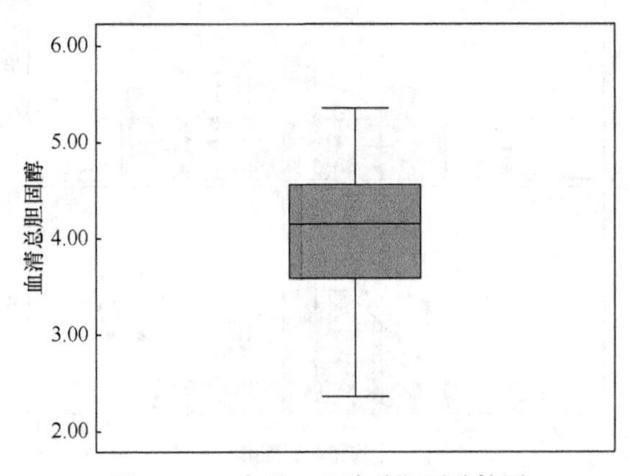

图 1-6　50 名员工血清总胆固醇箱图

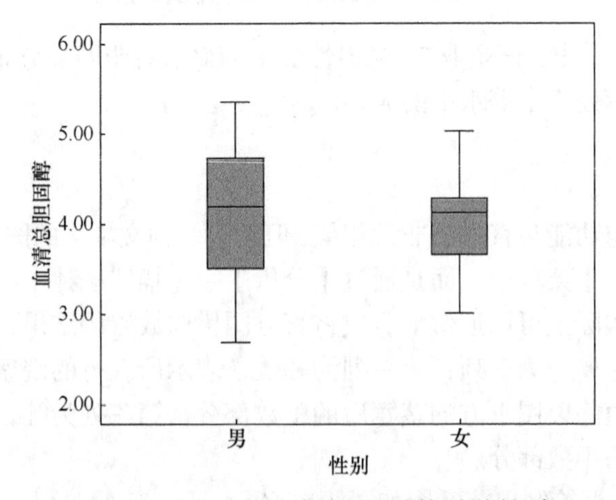

图 1-7　50 名员工血清总胆固醇箱图(按性别)

图 1-6 为 50 名员工血清总胆固醇箱图，图 1-7 为分性别绘制的箱图。图中最上面的线条为最大值，最下面的线条为最小值，中间的箱体上下线分别是上四分位数和下四分位数，中间的一条线表示中位数。

4. 饼图

饼图反映整体各组成部分的比例。图 1-8 为某地区某年第一季度 5 岁以下儿童死亡原因的饼图，从图中可以看出：该地区儿童死亡原因主要分布在呼吸系统疾病、传染病和先天性疾病，相关部分应加强防治。

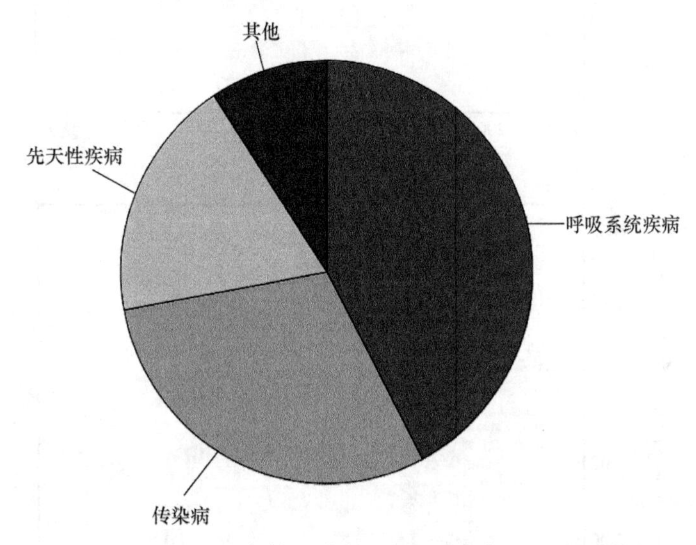

图 1-8　某地区某年第一季度 5 岁以下儿童死亡原因饼图

5. 线图

线图以等间隔显示数据的变化趋势，习惯上，横轴表示时间，纵轴表示数值。

【例 1-8】　A、B 两城市 2008～2014 年地区生产总值如表 1-6 所示。

表 1-6　A、B 两城市 2008～2014 年地区生产总值

项目	年份						
	2008	2009	2010	2011	2012	2013	2014
A 城市地区生产总值/亿元	0.7	1.6	2.5	3.2	4.8	5.1	5.4
B 城市地区生产总值/亿元	0.4	1.1	2.6	3.8	4.4	4.5	4.9

(1) 试绘制线图，分析 A 城市 2008～2014 年地区生产总值的增长情况。

(2) 试绘制线图，比较 A、B 两城市 2008～2014 年地区生产总值的增长情况。

结果如图 1-9 所示。

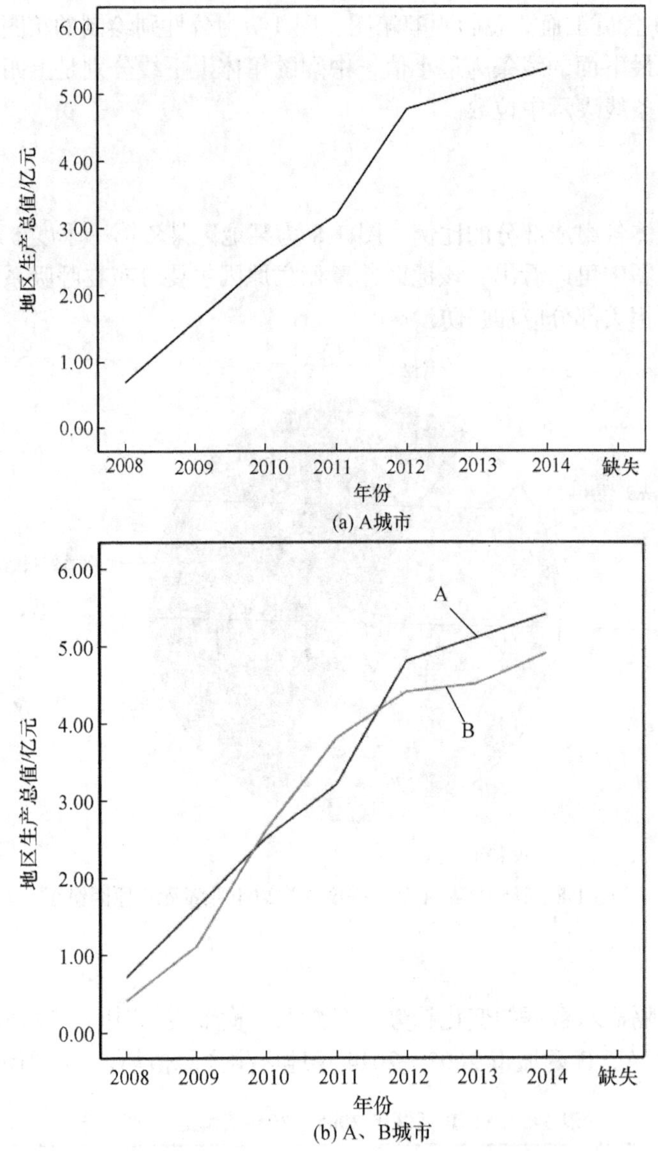

图 1-9　2008～2014 年 A、B 两城市地区生产总值增长情况

6. 散点图

散点图使用不同的点代表不同的系列，用于分析数据之间的相互关系。

【例 1-9】　抽查某班 10 名学生的体检数据，如表 1-7 所示。

表 1-7　某班 10 名学生的体检数据

身高/cm	肺活量	体重/kg	身高/cm	肺活量	体重/kg
135.1	1.75	32	156.4	2.00	35.5
139.9	1.75	30.4	167.8	2.75	41.5
163.6	2.75	46.2	149.7	1.5	31
146.5	2.5	33.5	145	2.5	33
156	2.75	37.1	148.5	2.25	37.2

(1) 试绘制散点图，分析身高、体重的关系。

(2) 试绘制矩阵散点图，分析身高、肺活量、体重的关系。

结果如图 1-10 所示。

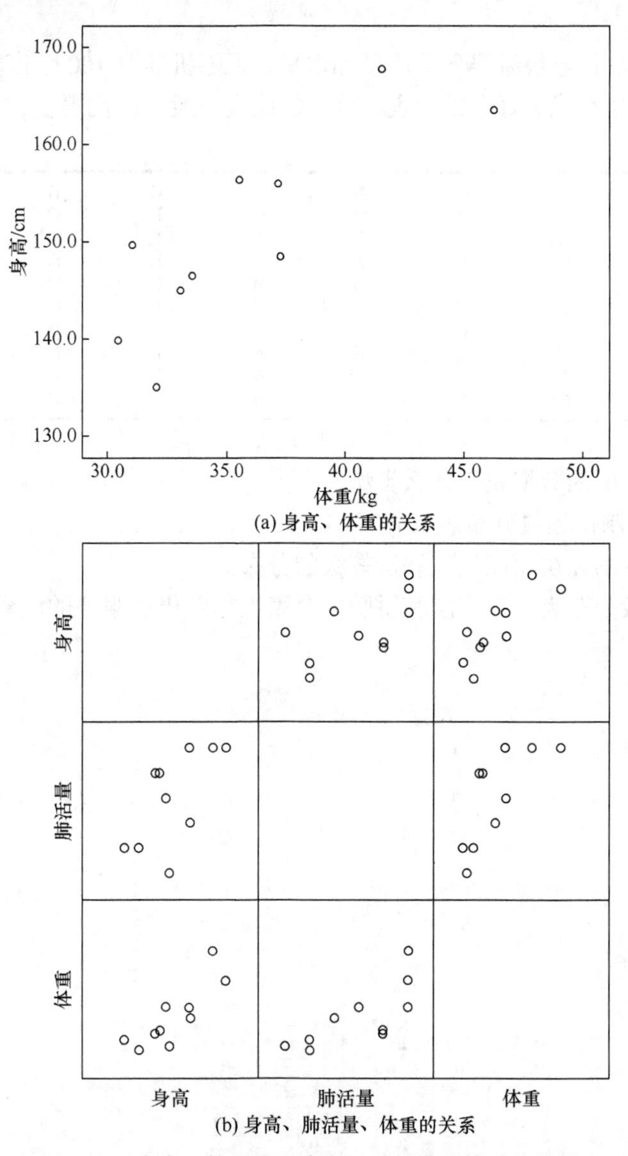

(a) 身高、体重的关系

(b) 身高、肺活量、体重的关系

图 1-10　身高、体重以及身高、肺活量、体重的关系

从图 1-10 可以看出：身高、体重之间基本呈正相关关系；身高、肺活量、体重之间也基本呈正相关关系。

本 章 作 业

1. 统计数据的计量尺度分为哪几种？它们各自有何特点？请举例说明。

2. 统计表主要由哪些部分组成？统计图主要有哪些类型？

3. 对于数据的不同特点，可以用不同的统计图来描述，请总结出它们的规律。

4. 描述数据的集中趋势和离散趋势的统计量有哪些？在实际中如何应用这些统计量？请举例说明。

5. 为评价家电行业售后服务的质量和水平，现随机抽取100个家庭进行调查，服务的等级分别表示为A代表好、B代表较好、C代表一般、D代表差、E代表较差，调查结果如下所示。

B	E	C	C	A	D	C	B	A	E
D	A	C	B	C	D	E	C	E	E
A	D	B	C	C	A	E	D	C	B
B	A	C	D	E	A	B	D	D	C
C	B	C	E	D	B	C	C	B	C
D	A	C	B	C	D	E	C	E	B
B	E	C	C	A	D	C	B	A	E
B	A	C	D	E	A	B	D	D	C
A	D	B	C	C	A	E	D	C	B
C	B	C	E	D	B	C	C	B	C

(1) 请说出上面的数据属于什么类型？

(2) 用SPSS制作频数分布表。

(3) 绘制直方图和饼图以反映评价等级的分布。

(4) 结合频数分布表、直方图和饼图，对家电行业售后服务的质量进行分析。

第 2 章　参数估计与假设检验

在数据分析中，人们需要通过对实践中得到的统计数据即样本数据推断总体的特点和性质，即总体的分布及总体分布的数字特征。这其实也是统计推断的问题，统计推断的基本问题可以分为两大类：一类是参数估计问题，即利用样本数据来估计总体分布的一些未知参数。在许多实际问题中，人们往往知晓总体数据的分布，但不知道整体分布的一些参数，进而给预测工作带来困扰，因此需要通过样本数据对未知的整体参数进行估计。另一类就是假设检验的问题，即根据样本数据对总体做出的假设进行判断。在解决实际问题时，为了了解总体数据的某些性质和特征，需要先做出某种假设，然后根据样本数据检验假设是否合理，经过检验后的假设我们就可以接受，否则就需要拒绝这个假设。假设检验根据检验的对象又可以分为参数假设检验和非参数假设检验。当总体的分布类型已知时，仅对其中的未知参数进行的假设检验称为参数假设检验；除了参数假设检验之外的假设检验问题都属于非参数假设检验。

2.1　参数估计的基本问题

日常生活中会有很多有关“估计”的问题，例如，工厂对产品合格率的判定，一般在生产结束后随机对产品进行检验，根据随机检验的结果估计整体产品的合格率。又如，某大学公共课的期末考试结束后，判卷老师随机抽出已经装订好的试卷进行试判，尽管试判的试卷数量不多，但判卷老师可以根据这些试卷的不及格率大概估计出总体的不及格率。上述两个例子实际上就涉及估计量和估计值的问题。

2.1.1　估计量和估计值

上面的例子实际上是用样本均值、样本比例等去估计总体均值和总体比例，还可以用样本方差的大小去估计总体方差的大小。其中，样本均值、样本比例、样本方差都是统计量。把要估计的总体参数称为待估计的参数，把用来进行估计的样本统计量称为估计量。实际应用中比较重要的总体参数和常用的估计量如表 2-1 所示。

表 2-1　实际应用中比较重要的总体参数和常用的估计量

总体参数	常用的估计量	估计量的计算公式
总体均值 μ	样本均值 $\overline{x}$	$\overline{x}=\frac{\sum x}{n}$
总体比例 p	样本比例 $\hat{p}$	$\hat{p}=\frac{x}{n}$ (x 为样本中具有某种特征的个体数)

续表

总体参数	常用的估计量	估计量的计算公式
总体方差 δ^2	样本方差 S^2	$S^2=\frac{\sum(x_i-\bar{x})^2}{n-1}$
总体标准差 δ	样本标准差 S	$S=\sqrt{\frac{\sum(x_i-\bar{x})^2}{n-1}}$

2.1.2 衡量估计量优劣的标准

对于同一个总体参数，可以有多个不同的估计量，例如，估计总体均值可以用样本均值、样本中位数或样本的众数进行估计。如何衡量这些估计值的好坏与优劣呢？可以参考以下几个基本标准，即无偏性、有效性、一致性和充分性。

1) 无偏性

在估计总体参数时，人们总希望大量样本的估计值与总体参数的真值尽可能接近。但估计量是随机变量，根据不同的样本观察值会计算出不同的估计值，这些估计值与待估计参数值之间的差异称为偏差。如果一个估计量的所有可能取值的均值等于被估计总体参数的真值，那么这种性质称为估计量的无偏性。

2) 有效性

在无偏估计量中，人们还希望进一步找到与总体参数的离散程度最小即方差最小的估计量。如果一个无偏估计量的方差比另一个无偏估计量的方差小，那么称前者比后者更有效。方差最小的那个估计量为有效估计量。

3) 一致性

当样本容量无限增加时，估计量的值越来越接近总体参数值，则称估计量是总体参数的一致估计量。样本容量越大，估计的精度也越高。

4) 充分性

如果一个估计量充分地利用了样本提供的所有有关未知总体参数的信息，那么称该估计量为充分估计量。

2.1.3 参数估计的方法

参数估计的方法有两种：点估计和区间估计。点估计是直接用样本数据计算出的估计量的一个取值去估计总体参数，估计结果在数轴上是一个点。区间估计是以一定的置信度给出一个很可能包含总体参数真实值的区间范围，估计结果是数轴上的一个区间。

点估计简单、明确，但不能说明估计结果的可靠程度以及估计值与参数真实值之间的误差大小。区间估计可以说明估计结果的精度(或误差)，并且能够给出这种估计的可靠程度。两者关系密切，区间估计常常是以点估计为中心的，在点估计的基础上加减抽样误差即可得到区间估计。

2.2　点估计和区间估计

2.2.1　点估计

点估计也称为定值估计，即以实际抽样得到的抽样估计值作为总体参数的估计值。例如，抽选 100 名大学生，对他们的身高和体重进行调查，调查结果为 100 名大学生的平均身高为 1.75m，平均体重为 59kg，因此就可以推断出全体大学生的平均身高和体重分别是 1.75m 和 59kg。上面就是点估计的应用，一般在不需要十分精确数据的情况下，点估计是一种非常简单而且有效的方法。另外，当一个总体的分布已知是正态分布，但人们非常感兴趣的总体均值 μ 未知时，这时 μ 就是待估计的参数。在实际中，人们往往用样本均值 $\bar{x}$ 估计 μ，样本均值 $\bar{x}$ 即估计量。

【例 2-1】　某种灯泡寿命服从正态分布 $X \sim N(\mu,\delta^2)$，其中 μ、δ 都是未知的。今随机取得 5 支灯泡，测得寿命(以 h 计)为 1489、1502、1453、1367、1650，试估计 μ 及 δ^2。

μ 及 δ^2 分别是全部灯泡的平均寿命和总体方差，可以用已知灯泡寿命的样本均值和样本方差估计总体均值和总体方差，故

$$\bar{x} = \frac{1}{5}(1489 + 1502 + 1453 + 1367 + 1650) = 1492.2$$

$$\begin{aligned}\delta^2 = \frac{1}{5-1}[&(1489-1492.2)^2 + (1502-1492.2)^2 + (1453-1492.2)^2 \\ &+ (1367-1492.2)^2 + (1650-1492.2)^2]=10554.7\end{aligned}$$

由上式可知，μ 和 δ^2 的估计值分别为 1492.2h 和 10554.7。

2.2.2　区间估计

在实际工作中，人们进行测量或者计算时，对于总体的位置参数，除了可以用点估计进行预测，还希望能够给出一个取值的范围，并希望知道这个范围包含参数真值的可靠程度，这时就可以采用区间估计。

1. 置信区间

设 θ 为总体 X 分布的一个未知参数，$X_1, X_2, \cdots, X_n$ 为总体 X 的一个随机样本，若由样本确定的两个统计量为 $\hat{\theta}_1$ 及 $\hat{\theta}_2$，对于给定的常数 $\alpha(\theta < \alpha < 1)$ 满足：

$$P\left\{\hat{\theta}_1 < \hat{\theta} < \hat{\theta}_2\right\} = 1-\alpha \tag{2-1}$$

则称随机区间 $\left\{\hat{\theta}_1, \hat{\theta}_2\right\}$ 是 θ 的 $1-\alpha$ 置信区间，称为区间的置信度(或置信系数)。$\hat{\theta}_1$ 与 $\hat{\theta}_2$ 分别称为 θ 的置信下限和置信上限，α 称为显著性水平，这里 α 一般取 0.05、0.01、0.1。

由于待估计的总体参数是一个确定的数值，而样本估计量是随机变量，置信区间是

由样本估计量构造而得到的，因此置信区间是随着样本的不同而不同的随机区间。这样的区间可能包含了总体参数，也可能没有包含总体参数。由于总体参数是未知的，人们又并不知道哪些区间可能包含总体参数。但是，根据样本估计量的抽样分布理论可以知道，在大量类似的抽样所构成的置信区间中，有$100(1-\alpha)\%$的区间包含了总体参数，只有$100\alpha\%$的区间没有包含总体参数，可见置信度$1-\alpha$是从大量充分抽样的角度来说明区间估计结果的可靠程度的，而不是针对某个具体的区间。

人们在应用区间估计时，一方面希望建立的置信区间能够以较大的概率包含总体参数，同时又希望这个区间不能太大，因为区间越大说明估计结果的精确度就越低。也就是说在置信区间、置信度和估计精确度三者之间要寻求一个平衡。一般地，在样本量固定的情况下，置信度越大，相应的置信区间就越大，估计的精确度就会越低。反过来，要想提高估计的精确度，就需要缩小置信区间。在实际中，应根据具体情况来确定适当的置信度(置信度的取值经常为 0.9、0.95 或 0.99)，在保证可靠性的基础上尽可能去提高精确度。

2. 正态总体均值的区间估计

1) 总体标准差已知

根据抽样分布定理可以知道，样本均值的抽样分布服从正态分布，表示为$\bar{X}\sim N\left(\mu,\dfrac{\delta^2}{n}\right)$，标准化后为

$$Z=\frac{\bar{X}-u}{\delta/\sqrt{n}}\sim N(0,1)$$

对于给定的α，查正态分布表，可确定$Z_{\alpha/2}$，使得$p\left\{|Z|<Z_{\alpha/2}\right\}=1-\alpha$，即

$$p\left\{\left|\frac{\bar{X}-u}{\delta/\sqrt{n}}\right|<Z_{\alpha/2}\right\}=1-\alpha \tag{2-2}$$

式(2-2)还可以改写为

$$p\left\{\bar{X}-Z_{\alpha/2}\frac{\delta}{\sqrt{n}}<\mu<\bar{X}+Z_{\alpha/2}\frac{\delta}{\sqrt{n}}\right\}=1-\alpha \tag{2-3}$$

式(2-3)中所求的μ的$1-\alpha$置信区间为

$$\left\{\bar{X}-Z_{\alpha/2}\frac{\delta}{\sqrt{n}},\bar{X}+Z_{\alpha/2}\frac{\delta}{\sqrt{n}}\right\} \tag{2-4}$$

对于给定的一组样本观测值$(x_1,x_2,\cdots,x_n)$，代入式(2-4)，就可以给出μ的$1-\alpha$置信区间。

如图 2-1 所示，α表示正态曲线下置信区间以外的面积，$\alpha/2$ 表示正态曲线下置信区间以外一边的面积。可以用α找出用来描述图 2-1 中置信区间的 Z 值。因为标准正态分布表是根据 Z 取 0～$\alpha/2$ 的值所对应的面积编制的，Z 值对应 0.500～$\alpha/2$ 的面积，这是正

态分布曲线中部与一侧间的面积。另一种确定 Z 值的方法是改变置信水平，再除以 2，根据得到的数据去查表。二者得到的结果是一样的。置信区间的式(2-4)给出了一个区间，我们有一定的把握说总体均值在这个区间内。那这个把握有多大呢？如果想构建一个 95%的置信区间，则置信水平为 95%，根据式(2-4)，总体均值在此区间内的概率为 95%，概率给出了某一特定的区间确定包括总体均值的可能性。

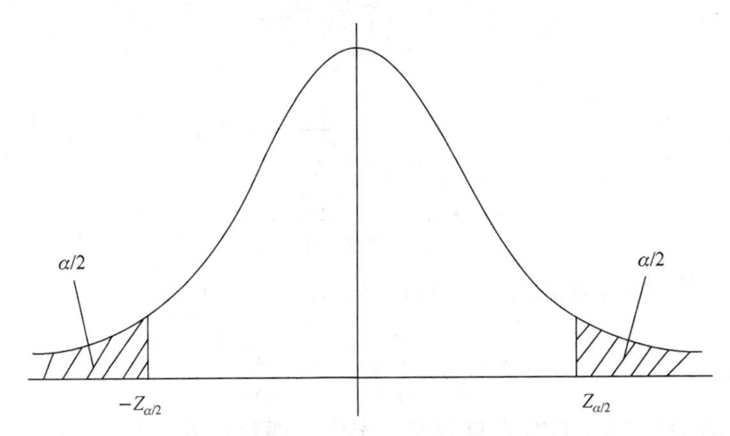

图 2-1　置信区间的 Z 值

【例 2-2】　某中学想估计一下该校学生的平均智商，根据以往的经验，该校学生的智商服从正态分布 $X \sim N(\mu, 5^2)$，现任意抽取 10 名学生，测得智商数分别为 112、114、120、121、106、115、116、118、108、110，试求 μ 的置信区间(α=0.05)。

根据题意，α=0.05，查正态分布表可知 $Z_{\alpha/2}$=1.96，$n=10$，$\delta=5$，$\bar{X}=114$。所以 μ 的 95%的置信区间为 $\left(\bar{X}-Z_{\alpha/2}\dfrac{\delta}{\sqrt{n}},\ \bar{X}+Z_{\alpha/2}\dfrac{\delta}{\sqrt{n}}\right)$，将数据代入此式可得 $114-1.96\times\dfrac{5}{\sqrt{10}}<\mu<114+1.9\times\dfrac{5}{\sqrt{10}}$，即 μ 的 95%置信区间为(110.9，117.1)。

【例 2-3】　对美国公司与印度公司的商业往来进行了调查。其中一个问题为：美国公司与印度公司的贸易往来已经进行了多长时间？随机抽取了 44 个样本，样本均值为 10.455 年。假设该问题的总体标准差为 7.7 年，利用这些信息，求解置信水平为 90%时，美国公司与印度公司进行贸易往来的平均年限的总体均值的区间。

本题中，已知 n=44，均值为 10.455，标准差为 7.7。为了确定 $Z_{\alpha/2}$，把 90%除以 2，或者 $0.5-\alpha/2=0.5-0.05=0.45$。$\bar{X}$ 周围的 Z 分布，在每一侧包含 0.45 的面积，查表可知，0.45 的面积对应的 Z 值为 1.645，则置信区间为

$$\bar{X}-Z\frac{\sigma}{\sqrt{n}}<\mu<\bar{X}+Z\frac{\sigma}{\sqrt{n}}$$

$$10.455-1.645\frac{7.7}{\sqrt{44}}<\mu<10.455+1.645\frac{7.7}{\sqrt{44}}$$

$$10.455-1.91<\mu<10.455+1.91$$

$$8.545<\mu<12.365$$

2) 总体标准差未知

在总体标准差未知的情况下，分两种情况讨论。

(1) 大样本容量。在总体标准差未知且样本容量较大的情况下，可用总体标准差(δ)的无偏估计量即样本标准差(S)替代总体标准差计算总体均值置信区间，即

$$S=\sqrt{\frac{1}{n-1}\sum_{i=1}^{n}(x_i-\overline{x})^2}$$

或

$$S=\sqrt{\frac{n\sum_{i=1}^{n}x_i^2-\left(\sum_{i=1}^{n}x_i\right)^2}{n(n-1)}}$$

将 S 代入总体均值的置信区间公式，可得置信区间为

$$\left(\overline{X}-Z_{\alpha/2}\frac{S}{\sqrt{n}},\overline{X}+Z_{\alpha/2}\frac{S}{\sqrt{n}}\right) \tag{2-5}$$

(2) 小样本容量。在研究实际问题时，经常会遇到总体标准差 δ 未知而且是小样本($n\leqslant 30$)的情况，这时可以用样本标准差 S 代替总体标准差 δ，这样形成新的随机变量 t：

$$t=\frac{\overline{X}-u}{S/\sqrt{n}}$$

该变量并不服从标准正态分布，而是服从 t 分布。在这种小样本情况下，做总体均值的区间估计需要使用 t 分布。

设 $(x_1,x_2,\cdots,x_n)$ 是取自正态分布总体 $X\sim N(\mu,\delta^2)$ 的一个简单随机样本，容量为 n，则有

$$T=\frac{\overline{X}-u}{S/\sqrt{n}}\sim t(n-1)$$

上式说明随机变量 T 服从自由度为 $n-1$ 的 t 分布。

那么，对于给定的 α，查 t 分布表可确定 $t_{\alpha/2}(n-1)$，使得

$$P\left\{|T|<t_{\alpha/2}(n-1)\right\}=1-\alpha$$

整理可得

$$P\left\{\overline{X}-t_{\alpha/2}(n-1)\frac{S}{\sqrt{n}}<\mu<\overline{X}+t_{\alpha/2}(n-1)\frac{S}{\sqrt{n}}\right\}=1-\alpha$$

故所求总体均值 $1-\alpha$ 的置信区间为

$$\left(\overline{X}-t_{\alpha/2}(n-1)\frac{S}{\sqrt{n}},\overline{X}+t_{\alpha/2}(n-1)\frac{S}{\sqrt{n}}\right) \tag{2-6}$$

戈塞创建了 t 分布，用来描述当总体服从正态分布，总体标准差未知时的小样本数据。t 值的计算公式为

$$t=\frac{\overline{X}-u}{S/\sqrt{n}}$$

本质上，该公式与 Z 公式一样，但分布表取的数值不同，详见 t 分布表。

t 分布实际上是一系列分布，因为样本容量不同，分布也就不同，所以可以建立很多 t 表格。为了使这些 t 值更容易使用，仅给出了重要的 t 值，表格中的每一行的 t 值都来自不同的 t 分布。

t 分布的特征：与正态分布一样，t 分布也是对称的、单峰的一族曲线，与正态分布相比，t 分布在中间更平，在两侧的尾部面积更大。随着 n 的增加，t 分布越来越接近正态分布。

t 分布表中，第一列为自由度，t 分布表格不像 Z 分布那样使用统计量和样本均值间的面积，而是使用了曲线两侧尾部的面积。t 分布表中的重要参数是 α，对一个特定的置信区间，曲线每一侧都包含 $\alpha/2$ 的面积。对一定的置信区间，t 值在 $\alpha/2$ 和自由度相交的那一列。自由度等于样本数减去 1。

【例 2-4】 如果例 2-2 中的 δ 未知，试求 μ 的置信区间(α=0.05)。

根据题意可知 $\overline{X}=114$，$S^2=25.1, S=5.01$。

α=0.05，查 t 分布表有 $t_{\alpha/2}(n-1)=t_{0.025}(9)=2.262$。

根据式(2-6)，μ 的 95%置信区间为 $\overline{X}\pm t_{\alpha/2}(n-1)\dfrac{S}{\sqrt{n}}$。

计算可得 $114-2.262\times\dfrac{5.01}{\sqrt{10}}<\mu<114+2.262\times\dfrac{5.01}{\sqrt{10}}$，$\mu$ 的 95%的置信区间为(110.42, 117.58)。

2.3　假设检验

2.3.1　假设检验的基本问题

1. 假设检验的概念

假设检验是根据样本提供的信息推断总体是否具有某一指定的特征，是根据研究的目的和要求，先对总体做出某种假设，再根据对该总体 n 次独立观测所获得的样本，按照一定的统计方法或规则，从该样本出发来检验事先对总体所做的假设是否正确。

2. 假设检验的分类

根据不同的角度，可以对假设检验进行不同的分类。假设，即任意一个有关总体未知分布上的假设。总体分布类型的假设是非参数假设；总体分布参数上的假设称为参数假设。例如，“H_0：总体 X 服从正态分布”是非参数假设，而“H_1：总体 X 的均值 $\mu=\mu_0$”为参数假设。

假设还可以分为简单假设和复杂假设。如果某一个假设可以完全确定一个总体的分布，就是简单假设，否则就是复杂假设。例如，“H_0: μ=800”是简单假设，“H_1: $\mu \leqslant 800$”是复杂假设。

假设也可以分为原假设和备择假设。假定对于总体 X 有两个假设，一个是需要去检验其是否为真的假设，这是原假设，通常用 H_0 来表示；当原假设不成立或被否定时，准备接受的那个假设就称为备择假设，通常用 H_1 来表示。原假设和备择假设之间的关系是二者必选其一，如 H_0: $\mu \leqslant 0$；H_1: $\mu > 0$。

3. 假设检验的基本思想

假设检验的理论依据是小概率原理，即概率很小的事件在一次实验中几乎是不可能发生的。

假设检验的基本思想是概率性的反证法，即首先对欲检验的对象做出某种假设，然后根据实验或抽样结果，利用小概率原理做出拒绝或接受该假设的判断。在原假设下，若抽样结果是小概率事件，则拒绝原假设，反之则接受原假设。

在假设检验中，因为做出判断的依据是一次抽样的样本，且样本的抽取具有随机性，所以在进行假设检验时会不可避免地发生错误的判别。假设检验可能出现以下两类错误：弃真和纳伪。在 H_0 为真时拒绝了 H_0，这种“弃真”的错误是第一类错误。也就是说假设实际上为真时，却做出拒绝的错误决策；在 H_0 为假时接受了 H_0，这种“纳伪”的错误是第二类错误，即当实际为不真时，我们却接受了。这里讨论的检验问题中的显著性水平控制了犯第一类错误的概率。这种只对犯第一类错误的概率加以控制，而不考虑犯第二类错误的检验问题称为显著性检验问题。

在 α 一定的条件下，根据实际问题的不同，可以构造出各种不同的原假设 H_0 与备择假设 H_1。例如，对正态分布的总体 μ 可给出原假设 $H_0: \mu = \mu_0$，备择假设 $H_1: \mu \neq \mu_0$（μ_0 为已知），在这种类型假设下所进行的检验称为双边检验。又如，对于正态总体均值 μ 可给出原假设 $H_0: \mu = \mu_0$，备择假设 $H_1: \mu > \mu_0$ 或 $H_1: \mu < \mu_0$（μ为已知）。在这种类型下所进行的检验称为单边检验。取 $H_1: \mu < \mu_0$ 时的检验称为左边检验；取 $H_1: \mu > \mu_0$ 时的检验称为右边检验。如图 2-2 所示，其中图 2-2(a)为双边检验，图 2-2(b)为单边检验。

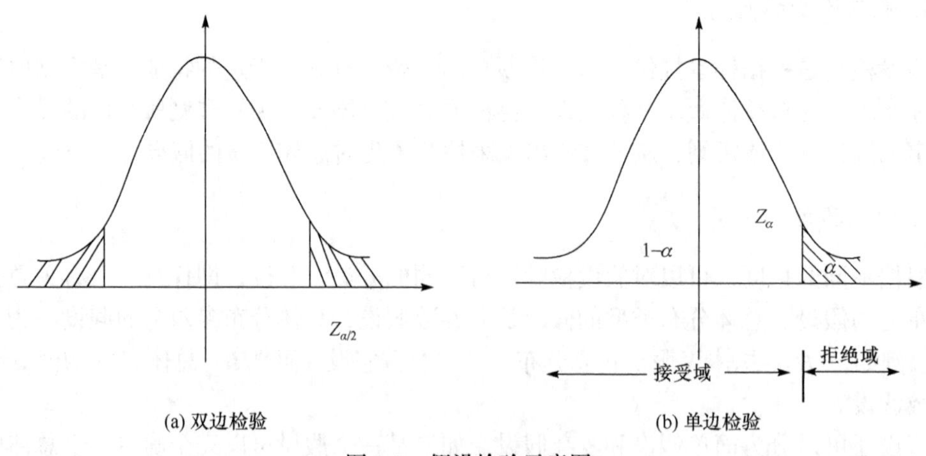

图 2-2 假设检验示意图

4. 假设检验的步骤

一个完整的假设检验过程通常包括以下几个步骤：

(1) 根据实际问题的要求提出原假设和备择假设。

(2) 给定显著性水平以及样本容量。

(3) 确定检验统计量及其分布，并由原假设的内容确定拒绝域的形式(构建统计量)。

(4) 由{拒绝 $P|H_0$ 为真}≤α 求出拒绝域。

(5) 根据样本观测值计算检验统计量的具体值。

(6) 做出拒绝还是接受原假设的统计判断。

2.3.2　假设检验的类型

1. Z 检验

Z 检验适用于大样本(n>30)、总体标准差已知的定距数据和定比数据的均值、比例和标准差等参数的假设检验。Z 检验是通过计算标准正态分布的 Z 值，对总体参数的显著性水平进行的检验。

【例 2-5】　某国家一工业部门职工的日工资呈正态分布，平均数为 13.20 美元，标准差为 2.50 美元。现随机抽取该工业部门所属某公司的 40 名工人计算得平均日工资为 12.20 美元。那么按照 0.05 的显著性水平能否认为这个公司支付的平均日工资接近该工业部门职工的平均日工资呢?

对于这个问题，要检验的是该公司职工工资是否等于该工业部门职工的平均工资，是一个双边检验。根据问题的要求提出检验假设：

$$H_0:\mu=13.20,\quad H_1:\mu\neq 13.20$$

$$Z=\frac{\overline{x}-\mu}{\delta/\sqrt{n}}=\frac{12.20-13.20}{2.50/\sqrt{40}}=-2.53$$

取 $\alpha=0.05$，查 Z 分布表得 $Z_{\alpha/2}=Z_{0.025}=1.96$。

因为 $|Z|=2.53>Z_{0.025}(=1.96)$，所以拒绝 $H_0:\mu=13.20$，即不能认为该公司职工的日工资等于该工业部门的平均日工资。

【例 2-6】　某一企业为弄清顾客服务对经理的重要性，研究者对苏格兰各工厂经理进行了调查研究。按照从 1 到 5 的顺序，1 表示低，5 表示高，调查后对数据进行了整理，均值为 4.30。于是，该企业提出了一个假设：顾客服务水平的高低是一种保持顾客的手段。假定这个企业的研究者认为不能认同这一假设，便需要进行一次假设检验来证明这一假设。设 α=0.05，数据如下：3、4、5、5、4、5、5、4、4、4、4、4、4、4、4、5、4、4、4、3、4、4、4、3、5、4、4、5、4、4、4、5。

根据题意，这个假设检验是单边检验。所以原假设和备择假设应该是

$$H_0:\mu=4.30,\quad H_1:\mu<4.30$$

$$Z=\frac{\overline{x}-\mu}{\delta/\sqrt{n}}=\frac{4.156-4.30}{0.574/\sqrt{32}}=-1.42$$

取 $\alpha = 0.05$，查 Z 分布表得 $Z_{0.05} = 1.645$，$|-1.42| < 1.645$ 在接受域内，因此不能拒绝原假设。

2. t 检验

当总体方差未知时，Z 统计量中包含未知参数 δ，因此不能作为检验统计量。在这种情况下，就需要应用 t 检验。用样本标准差 S 代替总体标准差 δ，此时的检验统计量及分布为

$$t = \frac{\overline{x} - \mu}{S / \sqrt{n}} \sim t(n-1)$$

当 δ^2 未知时，正态总体均值的假设检验与 δ^2 已知时的唯一区别就在于用 S 代替 δ，用 t 代替 Z。

【例 2-7】 某种零件的长度(cm)服从正态分布。现随机抽取 6 件，测得它们的长度分别为 36.4、38.2、36.6、36.9、37.8、37.6，那么能否认为该种零件的平均长度为 37cm 呢(α=0.05)?

根据题意，n=6 为小样本，且总体方差 δ^2 未知，应使用 t 统计量。而且这是一个双边检验问题，故有 H_0：U=37，可以认为该种零件的平均长度为 37cm；H_1：U≠37，不能认为该种零件的平均长度为 37cm。

计算：

$$\overline{x} = \frac{1}{n}\sum_{i=1}^{6} x_i = 37.25, \quad S = \sqrt{\frac{1}{n-1}\sum_{i=1}^{6}(x_i - \overline{x})^2} = 0.7204$$

$$t = \frac{\overline{x} - \mu}{S / \sqrt{n}} = \frac{37.25 - 37}{0.7204 / \sqrt{6}} = 0.850$$

对于给定的 α=0.05，自由度为 n−1=5，查 t 分布表得 $t_{\alpha/2}(n-1) = t_{0.025}(5) = 2.571$，因 $t = 0.850 < t_{0.025}(5) = 2.571$，故不能拒绝 H_0，可以认为该种零件的平均长度为 37cm。

【例 2-8】 某工厂用自动包装机包装葡萄糖，规定每袋的质量为 500g，现随机抽取 10 袋，测得各袋葡萄糖的质量分别为 495g、510g、505g、498g、503g、492g、502g、505g、497g、506g，设每袋葡萄糖的质量服从正态分布 $N(\mu, \delta^2)$，若 δ^2 未知，问包装机工作是否正常(取显著性水平 α=0.05)?

因为包装机正常工作时，总体均值 μ 应为 500g，所以要检验的假设应为双边检验，故有 $H_0: \mu = 500$；$H_1: \mu \neq 500$。

根据题意，由已知数据计算可得

$$\overline{x} = 501.3, \quad S^2 = 31.5667, \quad S = 5.62$$

因为总体方差 δ^2 未知，所以应选取统计量 t

$$t = \frac{\overline{x} - \mu}{S / \sqrt{n}} \sim t(n-1)$$

计算统计量 t 的观测值可得 $t = \frac{\overline{x} - \mu}{S / \sqrt{n}} = \frac{501.3 - 500}{5.62 / \sqrt{10}} = 0.732$。

对于给定的 α=0.05，自由度为 n−1=9，查 t 分布表得 $t_{\alpha-2}(n-1)=t_{0.025}(9)=2.26$ 。
因为 $t=0.732<t_{0.025}(9)=2.26$ ，所以在显著性水平 α=0.05 下，接受原假设 H_0，即认为包装机工作正常。

3. *F* 检验(方差分析)

运用方差分析法需要满足两个假设：一是每一个样本都取自正态分布的总体；二是各个总体有相同的方差 δ^2。

方差分析的基本原理是：假定容量为 n 的 k 个样本取自同一总体。用 k 个样本的方差估计总体的方差；用全体 k 个样本的所有元素作为一个样本(样本和)，并依此估算总体的方差。如果原假设成立，那么这两个估计值应该十分接近；如果两个估计值相差很大，那么这 k 个样本就不可能取自同一个总体。

方差分析的步骤：①建立方差分析的数学模型；②确定各个总体是否服从正态分布且具有相等的方差 δ；③建立检验用的原假设和被择假设，给出显著性水平；④计算总体方差的估计值和统计量；⑤根据 F 做出判断。

【例 2-9】 为了研究学生的考试成绩是否受教师教学水平的影响，现将一个班的学生分成三个小组，分别由甲、乙、丙三位教师任教。三个小组各随机抽取五名学生的最终成绩，见表 2-2。假定三个班学生的最终成绩服从正态分布，试问三个班学生的最终成绩是否存在显著差异？如果有差异，应推举哪位教师担任此班教学使教学效果最好(α=0.05)?

表 2-2　学生成绩表

教师编号	成绩				
甲	65	55	65	75	55
乙	85	70	80	90	65
丙	85	75	75	90	100

这里研究学生的最终成绩是否受教师的影响，也就是说，想了解在不同教师的教授下学习成绩是否具有显著性差异。这里很容易想到在对多个总体进行比较当中经常采用的方法，即方差分析(F 检验)。在分析最终成绩时只考虑一个因素，即教师，因此属于单因素方差分析。故有

原假设为 $H_0:\mu_1=\mu_2=\mu_3$ ；备择假设为 $H_1:\mu_1\neq\mu_2\neq\mu_3$ 。

(1) 计算样本均值 $\overline{x}_1=63,\ \overline{x}_2=78,\ \overline{x}_3=85$ 。

计算所有受测学生最终数学成绩的平均值：

$$\overline{\overline{x}}=\frac{1}{3}(\overline{x}_1+\overline{x}_2+\overline{x}_3)=75.33$$

(2) 计算方差。若三位教师教学效果相同，则三个样本取自同一总体。设此总体的方差为 δ^2，首先计算样本间方差：

$$S_{\overline{x}}^2=\frac{\sum(\overline{x}-\overline{\overline{x}})^2}{k-1}$$

本例题样本数 k=3，有

$$S_{\bar{x}}^2=\frac{\sum(\bar{x}-\bar{\bar{x}})^2}{k-1}=126.33$$

计算总体方差的估计值：由公式 $\delta_{\bar{x}}=\frac{\delta}{\sqrt{n}}$ 得到 $\delta^2=n\delta_{\bar{x}}^2$，其中 $\delta_{\bar{x}}^2$ 是样本均值之间的方差，在此以 $S_{\bar{x}}^2$ 替代。

所以，总体方差的第一个估计值是

$$\hat{\delta}_1^2=n\cdot s_{\bar{x}}^2=5\times126.33=631.65$$

计算样本内方差：目的是以样本内方差为基础，确定总体方差第二个估计值。计算公式为

$$S^2=\frac{\sum(x-\bar{x})^2}{n-1}$$

根据已知数据，计算可得

$$S_1^2=70,\ S_2^2=107.5,\ S_3^2=112.5$$

所以，总体方差的第二个估计值是

$$\hat{\delta}_2^2=\frac{S_1^2+S_2^2+S_3^2}{3}=96.67$$

(3) 计算 F 值。F=样本间方差/样本内方差，根据上面的计算可得

$$F=\frac{\hat{\delta}_1^2}{\hat{\delta}_2^2}=\frac{631.65}{96.67}=6.53$$

F 越接近 1，就越倾向接受原假设；反之 F 越远离 1，就越倾向拒绝原假设。

(4) 检验假设。对于给定的 α=0.05，查 F 分布表得 $F_{0.05}(2,4)=6.944$。其中 k–1=2 是分子的自由度，n–1=4 是分母的自由度。

因 F=6.53<6.94，落在接受区域内，即接受原假设，认为三个小组学生的最终成绩不存在显著差异。

4. χ^2 检验

χ^2 检验是在不要求每个总体服从正态分布的情况下，判断多个样本之间是否存在显著差异的一种检验方法。

χ^2 检验的基本原理：在两个样本取自同一总体的假设下，具备某一特征的元素在样本中所含比例和在总体中所占比例就应该相同。用特殊元素在样本集合的“和”中所占比例估算其在总体中所占比例，再作为期望比例计算各样本中的期望值。然后计算反映样本比和期望比关系的 χ^2 统计量与对应的 χ^2 单尾概率函数(或查 χ^2 检验的分布表)，并检验是否接受原假设。

【例 2-10】 某集团股份有限公司管理层为调动员工的积极性，提出了一份员工持

股计划，因涉及各方利益，稳妥起见，决定从工人、一般管理人员和中高层管理人员这三大利益主体中按比例随机抽取 300 人进行调查，了解对计划的支持情况，得到的调查见表 2-3，问这三大利益主体对该计划的态度是否一致(α=0.10)。

表 2-3　各大利益主体对员工持股计划的支持与反对情况

利益主体	工人	一般管理人员	中高层管理人员	合计
支持	120	32	7	159
反对	110	28	3	141
合计	230	60	10	300

根据题意，可以设定原假设 $H_0: p_1 = p_2 = p_3$，备择假设 $H_1: p_1$、p_2、p_3 不全等，其中 $p_i(i=1,2,3)$ 是三个样本中支持该计划人数的比例。显著性水平 $\alpha = 0.10$。

(1) 计算期望值。计算各样本中支持人数所占比例，假定三个样本来自同一总体，计算支持者人数所占比例的期望值，并依此期望比例计算各个样本的期望人数。计算结果见表 2-4。

表 2-4　样本期望人数计算表

利益主体	工人	一般管理人员	中高层管理人员	合计
支持人数(频数)f_0	120	32	7	159
样本容量	230	60	10	300
支持者所占比例	0.5217	0.5333	0.7	—
期望比例	0.53	0.53	0.53	—
期望人数(已取整)f_e	122	32	5	159

(2) 计算检验统计量：

$$\chi^2 = \sum \frac{(f_0 - f_e)^2}{f_e}, \quad \chi^2 = 0.83279$$

一个样本有两组观察值(支持者和反对者)，一共三个样本，自由度为

$$(2-1)\times(3-1)=2$$

查 χ^2 分布表得 $\chi^2_{0.10}(2) = 4.605$。

(3) 结论。由于 $\chi^2 = 0.83279 < \chi^2_{0.10}(2) = 4.605$，落在接受域内，即接受原假设，认为这三大利益主体对该计划的支持态度是一致的。

本 章 作 业

1. 随机从一批钢球中抽取 10 个，测量其直径分别为 31.0mm、30.7mm、31.4mm、

31.2mm、30.7mm、31.2mm、31.3mm、31.1mm、30.9mm、31.5mm，设钢球的直径服从正态分布，试求这一批钢球直径的均值的95%置信区间。

(1) 若已知 δ=0.25mm。

(2) 若 δ 未知。

2. 某公司生产的15只日光灯中一个样本的平均寿命为1570h，样本标准差为48h。假设 μ 为该公司生产的日光灯的平均寿命，问：

(1) 检验原假设 μ=1600h，备择假设 $\mu \neq$1600h，用显著性水平检验：① α=0.05；② α=0.01。

(2) 分别以 α=0.05 和 α=0.01，在备择假设为 H_1: μ<1600h 下检验假设 H_0: μ=1600h。

3. 某单位领导提出一项改革方案，采用抽样调查的方法，对下属的两个部门A、B进行调查，其中A部门调查了92人，支持者为47人(51%)，反对者36人(39%)，无所谓者9人(10%)；B部门调查了152人，其中支持者为81人(53%)，反对者54人(36%)，无所谓者17人(11%)。问A、B两个部门的调查结果是否一致？

4. 为了实验五种水稻品种之间的产量是否存在显著差异，科学家分别对五种水稻品种的单产量(kg)进行了三次观察，得到的数据结果如表2-5所示，试分析不同品种对水稻的单产量有无显著影响(α=0.05)。

表2-5　水稻单产量

品种	观察次数		
	1	2	3
1	410	390	40
2	330	370	35
3	380	350	35
4	370	390	38
5	310	340	34

第 3 章　相关分析与回归分析

相关分析和回归分析是最为重要的数据分析方法之一，它提供了一套描述和分析变量间的相关关系，揭示变量间的内在规律，并用于预测、控制等问题的行之有效的工具，有着极其广泛的应用领域。

3.1　相 关 分 析

3.1.1　函数关系和相关关系

任何事物的变化都与其他事物是相互联系和相互影响的，用于描述事物数量特征的变量之间自然也存在一定的关系。变量之间的关系研究在经济、管理等社会科学以及自然科学中都有着广泛的应用。变量之间的关系归纳起来可以分为两种类型，即函数关系和统计关系。

函数关系(functional relation)是一一对应的确定性关系，比较容易分析和测度。当一个变量 x 取一定值时，另一变量 y 可以按照确定的函数公式取一个确定的值，记为 $y=f(x)$，则称 y 是 x 的函数，也就是说 y 与 x 两变量之间存在函数关系。例如，某种商品在其价格不变的情况下，销售额和销售量之间的关系就是一种函数关系：销售额=单价×销售量。

但是在现实中，变量之间的关系往往并不那么简单，也就是说，变量之间有着密切的关系，但又不能由一个或几个变量的值确定另一个变量的值，即当自变量 x 取某一值时，因变量 y 的值可能会有多个。或者说，自变量 x 在取值范围内选取不同的值，因变量 y 虽然跟着变化，但是变化可能不是唯一的，也没有固定的、严格的对应规律，这种变量之间的非一一对应的、不确定性又相互依存的关系，称为相关关系(correlated relation)。

3.1.2　正相关与负相关

如果两个变量之间存在相关关系，那么按照相关的方向可以将两个变量之间的相关关系划分为正相关(positive correlation)和负相关(negative correlation)。正相关是指两个变量按照相同的方向变化，即一种现象的数量增加，另一种现象的数量也随之增加；负相关是指两个变量按照相反的方向变化，即一种现象的数量增加，另一种现象的数量减少。

【例 3-1】 分析表 3-1 中 A、B 两组观察值的相关关系。

表 3-1　A、B 两组观察值

A	x	2	3	4	6	7	8	12	13	15
	y	6	10	11	14	16	19	23	25	28
B	x	2	5	6	8	10	11	9	4	5
	y	44	40	35	22	18	10	8	38	30

利用 Excel 的绘图工具可以得到两幅散点图，如图 3-1 和图 3-2 所示。

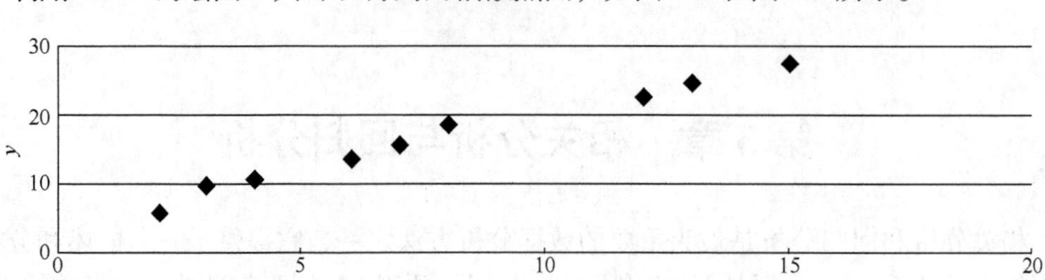

图 3-1 A 组数据的散点图

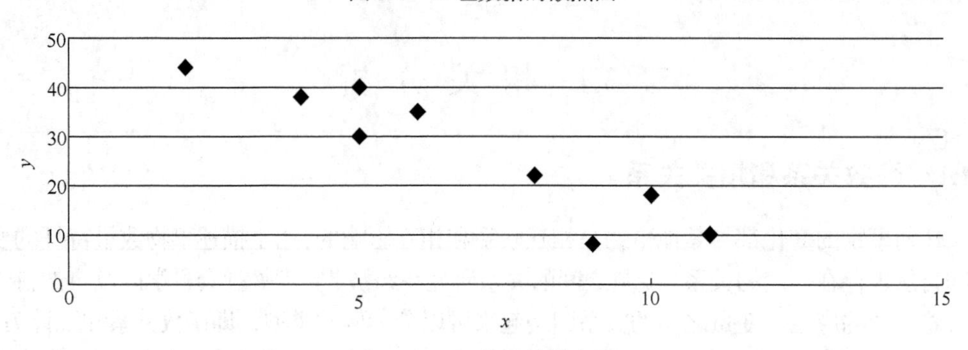

图 3-2 B 组数据的散点图

从上面的散点图可以看出，A 组和 B 组数据都呈现相关关系，其中 A 组数据中的 y 随着 x 的增大而增大，是正相关关系；B 组数据中的 y 随着 x 的增大而减小，是负相关关系。

3.1.3 相关系数

当显示有关数据组存在相关关系时，不能简单地凭直觉判断，为了能够更加准确地描述变量之间的线性相关程度，可以通过计算相关系数(coefficient of correlation)R 来进行相关分析。相关系数是衡量变量之间相关程度的一个量值，是表明现象之间客观存在的密切关系和程度的指标。相关系数能比直觉和图形更深刻地刻画两组观察值之间的相关程度。

线性相关系数 R 的计算公式为

$$R=\frac{n\sum xy-\sum x\sum y}{\sqrt{n\sum x^2-\left(\sum x\right)^2}\sqrt{n\sum y^2-\left(\sum y\right)^2}} \tag{3-1}$$

可以用相关系数的变化范围判断两组变量的相关程度，R 的绝对值越接近于 1，表示相关的程度越强。大致可以掌握这样的判断标准：

$R=0$	完全不相关
$0<\|R\|\leqslant 0.3$	基本不相关
$0.3<\|R\|\leqslant 0.5$	低度相关
$0.5<\|R\|\leqslant 0.8$	显著相关

$$0.8 < |R| < 1 \qquad 高度相关$$

$$|R| = 1 \qquad 完全相关$$

在上面的例 3-1 中，通过计算，A 组数据之间的相关系数 R=0.9919，所以两组数据高度正相关；B 组数据之间的相关系数 R=–0.9277，所以两组数据高度负相关。

若相关系数是根据总体全部数据计算的，则称其为总体相关系数，记为 ρ；若相关系数是根据样本数据计算而来的，则称其为样本相关系数，记为 R。在统计学中，一般用样本相关系数 R 来推断总体相关系数 ρ。

在一般情况下，总体相关系数 ρ 是未知的，往往用样本相关系数 R 作为总体相关系数 ρ 的估计值。但由于存在样本抽样的随机性，样本相关系数并不能直接反映总体的相关程度。

为了判断 R 对 ρ 代表性的大小，需要对相关系数进行假设检验。

(1) 假设总体相关性为零，即 H_0 为两总体无显著的线性相关关系。

(2) 计算相应的统计量，并得到对应的相伴概率值。若相伴概率值小于或等于指定的显著性水平，则拒绝 H_0，认为两总体存在显著的线性相关关系；若相伴概率值大于指定的显著性水平，则不能拒绝 H_0，认为两总体不存在显著的线性相关关系。

3.1.4 相关分析

在实际中，因为研究目的不同，变量的类型不同，采用的相关分析方法也不同。比较常用的相关分析是二元相关分析和偏相关分析。

1. 二元相关分析

二元相关分析是指通过计算变量间两两之间的相关系数，对两个或两个以上变量之间两两相关的程度进行分析。根据所研究的变量类型不同，二元相关分析又可以分为二元定距变量相关分析和二元定序变量相关分析。

二元定距变量相关分析是指通过计算定距变量间两两之间的相关系数，对两个或两个以上定距变量之间两两相关的程度进行分析。

定距变量又称为间隔(interval)变量，它的取值之间可以比较大小，可以用加减法计算出差异的大小，如“年龄”变量、“收入”变量、“成绩” 变量等都是典型的定距变量。

在二元相关分析过程中比较常用的几个相关系数是 Pearson 简单相关系数(积差相关系数)、Spearman(秩相关系数)和 Kendall’s tau-b 等级相关系数。

1) Pearson 简单相关系数的计算和 SPSS 的实现

Pearson 简单相关系数用来衡量定距变量间的线性关系，如衡量国民收入和居民储蓄存款、身高和体重、高中成绩和高考成绩等变量间的线性相关关系。

Pearson 简单相关系数也称为积差相关系数，适用条件如下：

(1) 适用于线性相关的情形，对于曲线相关等更为复杂的情形，Pearson 简单相关系数的大小并不能代表其相关性的强弱。

(2) 样本中存在的极端值对 Pearson 简单相关系数的影响极大，因此要慎重考虑和处理，必要时可以对其进行剔除，或加以变量变换，以避免因为一两个数值导致出现错误的结论。

(3) Pearson 简单相关系数要求相应的变量呈双变量正态分布。注意双变量正态分布并非简单地要求 x 变量和 y 变量各自服从正态分布，而是要求服从一个联合的双变量正态分布。上述要求中，前两个要求比较严，第三个条件比较宽松。

Pearson 简单相关系数计算公式为

$$r = \frac{\sum_{i=1}^{n}(x_i - \overline{x})(y_i - \overline{y})}{\sqrt{\sum_{i=1}^{n}(x_i - \overline{x})^2 \sum_{i=1}^{n}(y_i - \overline{y})^2}} \tag{3-2}$$

对 Pearson 简单相关系数的统计检验是计算 t 统计量，公式为

$$t = \frac{r\sqrt{n-2}}{\sqrt{1-r^2}} \tag{3-3}$$

t 统计量为服从 n–2 个自由度的 t 分布。

【例 3-2】 某班级学生数学和化学的期末考试成绩如表 3-2 所示，现要研究该班学生的数学和化学成绩之间是否具有相关性。

表 3-2　学生的数学和化学成绩

人名	数学成绩	化学成绩	人名	数学成绩	化学成绩
hxh	99.00	90.00	laly	80.00	99.00
yaju	88.00	99.00	john	70.00	89.00
yu	65.00	70.00	chen	89.00	98.00
shizg	89.00	78.00	david	85.00	88.00
hah	94.00	88.00	caber	50.00	60.00
smith	90.00	88.00	marry	87.00	87.00
watet	79.00	75.00	joke	87.00	87.00
jess	95.00	98.00	jake	86.00	88.00
wish	95.00	98.00	herry	76.00	79.00

将题中所给数据输入 SPSS 中形成数据文件，然后按照下列操作进行计算。

打开数据文件，单击【分析】→【相关】→【双变量】(图 3-3(a))，进入如图 3-3(b) 所示界面，把“数学成绩”和“化学成绩”移入待分析变量，在【相关系数】选项中勾选所示“Pearson”；【显著性检验】用于确定是进行相关系数的单侧(单边)检验还是双侧(双边)检验，一般选双侧检验。“标记显著性相关”会要求在结果中用星号标记有统计学意义的相关系数，一般要选中。此时，$P \leqslant 0.05$ 的系数值旁会标记一个星号；$P \leqslant 0.01$ 则标记两个星号；单击【确定】会输出如下结果：学生的数学成绩和化学成绩的相关系数为 0.742，如表 3-3 所示。

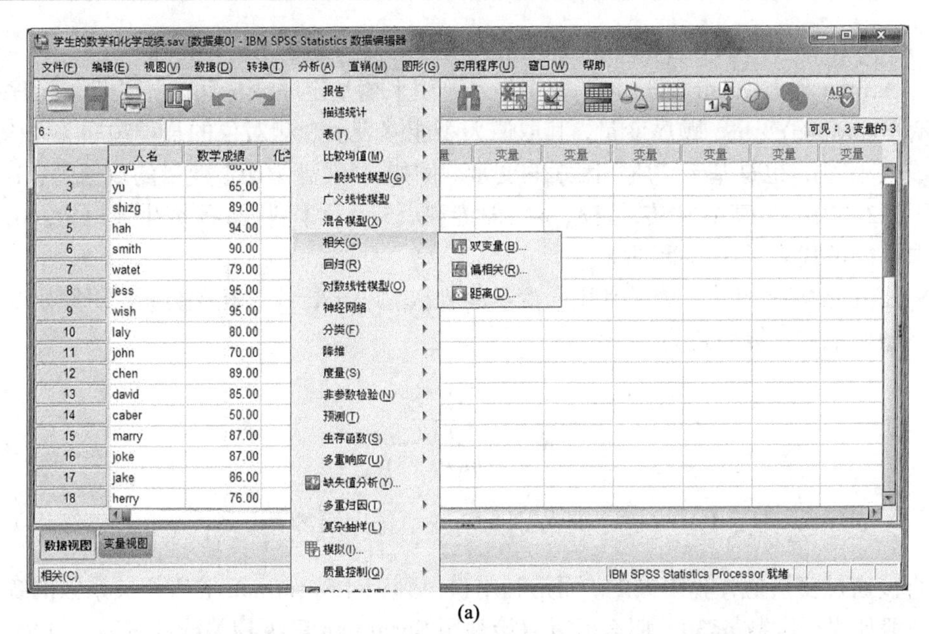

(a)

(b)

图 3-3　Pearson 相关系数操作图

表 3-3　Pearson 相关系数输出结果

相关性			
控制变量		数学成绩	化学成绩
数学成绩	Pearson 相关性	1	0.742**
	显著性(双边)		0.000
	N	18	18
化学成绩	Pearson 相关性	0.742**	1
	显著性(双边)	0.000	
	N	18	18

2) Spearman 和 Kendall's tau-b 等级相关系数的计算和 SPSS 的实现

Spearman 和 Kendall's tau-b 等级相关系数用来衡量定序变量间的相关性。定序变量又称有序(ordinal)变量、顺序变量，其取值大小能够表示观测对象的某种顺序关系(等级、方位或大小等)，也是基于“质”因素的变量。例如，“最高学历”变量的取值是：1-小学及以下、2-初中、3-高中/中专/技校、4-大学专科、5-大学本科、6-研究生及以上。由小到大的取值能够代表学历由低到高。

Spearman 等级相关系数是利用两变量的秩次大小进行线性相关分析，对原始变量的分布不做要求。计算公式为

$$R = 1 - \frac{6\sum_{i=1}^{n} D_i^2}{n(n^2 - 1)} \tag{3-4}$$

其中，$\sum_{i=1}^{n} D_i^2 = \sum_{i=1}^{n}(U_i - V_i)^2$（$U_i$、$V_i$ 分别为两变量排序后的秩)。Spearman 等级相关系数不是直接通过变量值计算得到的，而是利用秩得到。对 Spearman 等级相关系数的统计检验，一般如果个案数 $n \leqslant 30$，那么可以直接利用 Spearman 等级相关统计量表，SPSS 将自动根据该表给出对应的相伴概率值。如果个案数 $n>30$，那么计算 Z 统计量即 $Z = R\sqrt{n-1}$，Z 统计量近似服从正态分布，SPSS 将依据正态分布表给出相应的相伴概率。

Kendall's tau-b 等级相关系数的计算公式为

$$T = 1 - \frac{4V}{n(n-1)} \tag{3-5}$$

V 是利用变量的秩计算而得的非一致对数。对 Kendall's tau-b 等级相关系数的统计检验，一般如果个案数 $n \leqslant 30$，将直接利用 Kendall's tau-b 等级相关统计量表，SPSS 将自动根据该表给出对应的相伴概率值。若个案数 $n>30$，则计算 Z 统计量即 $Z = \frac{3T\sqrt{n(n-1)}}{\sqrt{2(2n+5)}}$，$Z$ 统计量近似服从正态分布，SPSS 将依据正态分布表给出相应的相伴概率值。

【例 3-3】 某语文老师先后两次对其班级学生同一篇作文加以评分，两次成绩分别记为变量“作文 1”和“作文 2”，数据如表 3-4 所示。问两次评分的等级相关有多大，是否达到显著性水平？

表 3-4 学生两次作文的得分情况

人名	作文 1	作文 2	人名	作文 1	作文 2
hxh	86.00	83.00	laly	59.00	65.00
yaju	78.00	82.00	john	79.00	75.00
yu	62.00	70.00	chen	68.00	70.00
shizg	75.00	73.00	david	85.00	80.00
hah	89.00	92.00	caber	87.00	75.00
smith	67.00	65.00	marry	75.00	80.00
watet	96.00	93.00	joke	73.00	78.00
jess	80.00	85.00	jake	95.00	90.00
wish	77.00	75.00	herry	88.00	90.00

将题中所给数据输入 SPSS 的数据文件，然后按照图 3-4 所示操作进行计算。

(a)

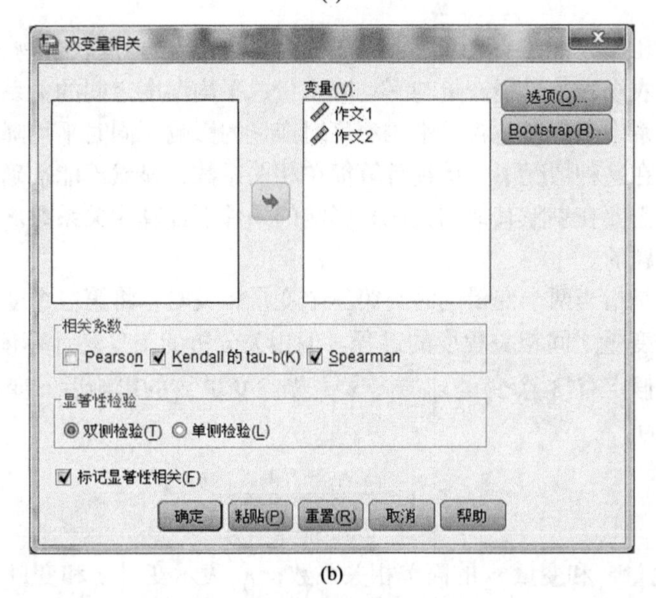

(b)

图 3-4　Spearman 相关系数操作图

打开数据文件，单击【分析】→【相关】→【双变量】(图 3-4(a))，进入如图 3-4(b) 所示界面，把“作文 1”和“作文 2”移入待分析变量，在【相关系数】选项中勾选“Spearman”和“Kendall 的 tau-b”；【显著性检验】中选择“双侧检验”。勾选上“标记显著性相关”。单击【确定】会输出如下结果：学生的两次作文成绩的 Spearman 相关系数为 0.874，Kendall’s tau-b 等级相关系数为 0.745(表 3-5)。

表 3-5　Spearman 和 Kendall's tau-b 等级相关系数输出结果

相关系数				
控制变量			作文 1	作文 2
Kendall's tau_b	作文 1	相关系数	1.000	0.745**
		显著性(双边)		0.000
		N	18	18
	作文 2	相关系数	0.745**	1.000
		显著性(双边)	0.000	
		N	18	18
Spearman	作文 1	相关系数	1.000	0.874**
		显著性(双边)		0.000
		N	18	18
	作文 2	相关系数	0.874**	1.000
		显著性(双边)	0.000	
		N	18	18

2. 偏相关分析

二元变量的相关分析在一些情况下无法较为真实、准确地反映事物之间的相关关系。例如，在研究某农场春季早稻产量与平均降水量、平均温度之间的关系时，产量和平均降水量之间的关系中实际还包含了平均温度对产量的影响。同时平均降水量对平均温度也会产生影响。在这种情况下，单纯计算简单相关系数，显然不能准确地反映事物之间的相关关系，而需要在剔除其他相关因素影响的条件下计算相关系数。偏相关分析正是用来解决这个问题的。

偏相关分析是指当两个变量同时与第三个变量相关时，将第三个变量的影响剔除，只分析另外两个变量之间相关程度的过程。偏相关分析的工具是计算偏相关系数$r_{12,3}$，计算公式如下：假定有 3 个变量x_1、x_2、x_3，剔除变量x_3的影响后，变量x_1和x_2之间的偏相关系数$r_{12,3}$为

$$r_{12,3}=\frac{r_{12}-r_{13}r_{23}}{\sqrt{1-r_{13}^2}\sqrt{1-r_{23}^2}} \tag{3-6}$$

其中，r_{12}表示变量x_1和变量x_2的简单相关系数；r_{13}表示变量x_1和变量x_3的简单相关系数；r_{23}表示变量x_2和变量x_3的简单相关系数。

显著性检验公式为

$$t=\frac{r_{12,3}}{\sqrt{\dfrac{1-r_{12,3}^2}{n-3}}} \tag{3-7}$$

其中，n为个案数；$n-3$为自由度。

【例 3-4】　某农场通过实验取得某农作物产量与春季降水量和温度的数据，如表 3-6 所示(忽略单位)。现求降水量对产量的偏相关系数。

表 3-6　早稻产量与降水量和温度之间的关系

产量	降水量	温度
150.00	25.00	6.00
230.00	33.00	8.00
300.00	45.00	10.00
450.00	105.00	13.00
480.00	111.00	14.00
500.00	115.00	16.00
550.00	120.00	17.00
580.00	120.00	18.00
600.00	125.00	18.00
600.00	130.00	20.00

将题中所给数据输入 SPSS 的数据文件，然后按照图 3-5 所示操作进行计算。

(a)

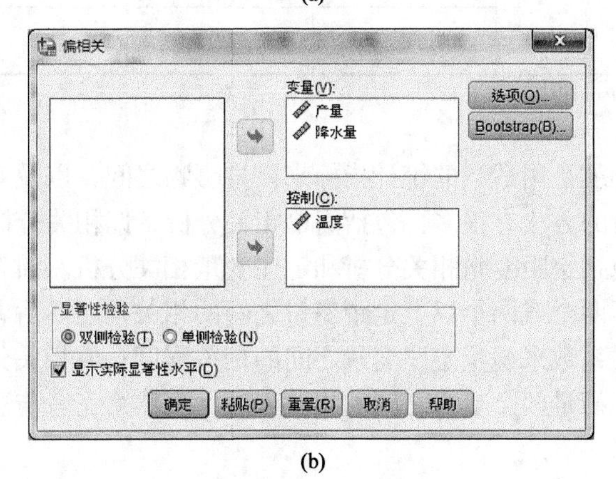

(b)

图 3-5　偏相关系数操作图

打开数据文件，单击【分析】→【相关】→【偏相关】(图 3-5(a))，进入如图 3-5(b)所示界面，将“产量”和“降水量”移入待分析变量，将“温度”移入控制变量；【显著性检验】选“双侧检验”；勾选上“显示实际显著性水平”。单击【确定】会输出如下结果：在控制“温度”的情况下，产量和降水量的偏相关系数为 0.780(表 3-7)。

表 3-7　偏相关系数输出结果

相关性					
控制变量			产量	降水量	温度
无①	产量	相关性	1.000	0.981	0.986
		显著性(双侧)		0.000	0.000
		df	0	8	8
	降水量	相关性	0.981	1.000	0.957
		显著性(双侧)	0.000		0.000
		df	8	0	8
	温度	相关性	0.986	0.957	1.000
		显著性(双侧)	0.000	0.000	
		df	8	8	0
温度	产量	相关性	1.000	0.780	
		显著性(双侧)		0.013	
		df	0	7	
	降水量	相关性	0.780	1.000	
		显著性(双侧)	0.013		
		df	7	0	

① 单元格包含零阶(Pearson)相关

小结：相关分析就是用适当的统计指标来衡量事物之间，以及变量之间线性相关程度的强弱。相关分析的方法有很多，包括简单相关分析、偏相关分析和距离相关分析。

简单相关分析包括定距变量相关分析和定序变量相关分析。前者通过计算定距变量间的相关系数来判断两个或两个以上定距变量之间的相关程度。后者则采用非参数检验的方法利用等级相关系数来衡量定序变量之间的相关程度；偏相关分析是指在排除了第三者影响的前提下，衡量两个变量之间的相关程度，当然第三者与这两个变量之间要有一定的联系。

3.2　回 归 分 析

回归的概念最早由英国统计学家弗朗西斯·高尔顿在 19 世纪末提出。回归分析是处理变量间相关关系的一种有效方法，它是运用概率统计的原理，对变量间关系进行分析和讨论，建立数学模型，以进行推算和预测，主要用于中、长期预测。回归分析分为线性回归分析和非线性回归分析，本节主要讨论线性回归分析，而线性回归分析又可以分为一元线性回归分析、二元线性回归分析和多元线性回归分析。

3.2.1　一元线性回归分析(单因素预测)

对数据进行一元线性回归分析主要有以下内容：建立 x 与 y 之间的线性回归模型；估计回归系数(最小二乘法)并进行显著性检验；判断变量 x 和 y 之间是否存在线性关系；根据一个变量的值，预测或控制另一变量的取值。

1. 线性回归模型的建立

一元线性回归方程的模型可以表述为

$$y_i = a + bx_i + u_i,\quad i = 1,2,\cdots,n \tag{3-8}$$

其中，a、b 为回归方程的参数；未知参数 x_i 为自变量；y_i 为因变量；u_i 为剩余残差项或称随机干扰项。

在实际中，式(3-8)中的 x_i、y_i 是可观察的，而 u_i 不可观察。由于存在 u_i 的影响，x_i 的值总在某一直线周围波动。回归分析就是利用所观测到的数据(x_i、y_i)来确定 x_i、y_i 之间的线性相关关系并给出 y_i 围绕这条直线波动的程度。

为了达到所要求的目的，可以做如下几点假设：

(1) x_i 是确定的非随机变量。

(2) y_i 对同样的 x_i，由于 u_i 的影响是允许变动的。

(3) u_i 为随机变量，服从正态分布，即 $u_i \sim N(0,6u_i^2)$，$i = 1,2,\cdots,n$。

有了上述假设，对式(3-8)两边求数学期望，即

$$E(y_i)=E(a + bx_i + u_i) = a + bx_i,\quad i = 1,2,\cdots,n$$

方便起见，也可记为

$$\hat{y} = E(y) = a + bx_i + u_i,\quad i = 1,2,\cdots,n \tag{3-9}$$

并称 $\hat{y}$ 为估计值。

对式(3-8)两边取方差：

$$\mathrm{Var}(y_i) = \mathrm{Var}(a + bx_i + u_i) = \mathrm{Var}(u_i) = \sigma_{u_i}^2,\quad i = 1,2,\cdots,n \tag{3-10}$$

实际上，a、b、$\sigma_{u_i}^2$ 都是真实存在的参数，回归分析的内容之一就是用样本值(x_i、y_i)将回归系数估计出来。回归方程的确定实质上是要求给出待定的参数 a、b，若 a、b 求出，则回归方程也就随之确定。

2. 回归方程的参数估计

线性回归模型的参数估计通常使用最小二乘法。最小二乘法的中心思想是通过数学模型，配合一条较为理想的趋势线(图 3-6)，这条趋势线必须满足下列两点要求：一是原数列的观测值与模型估计值的离差平方和为最小；二是原数列的观测值与模型估计值的离差总和为零。

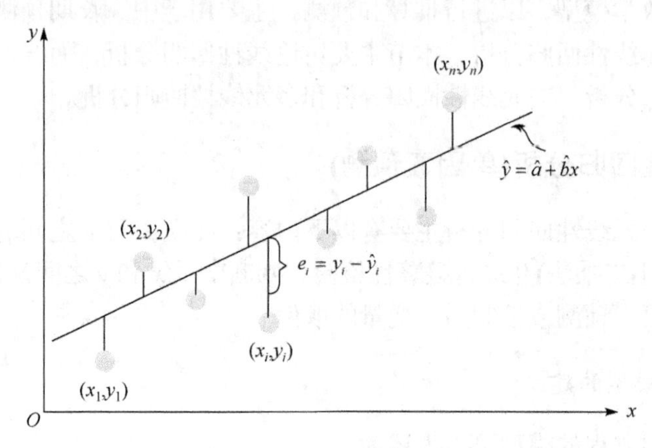

图 3-6 最小二乘法图示

$\hat{y}_i$ 表示第 i 个因变量的计算值，与实际值 y_i 是有差别的(误差)。令

$$d_i=\left|\hat{y}_i-y_i\right|=\left|a+bx_i-y_i\right| \tag{3-11}$$

其中，d_i 表示实测值(y_i)与计算值($\hat{y}_i$)之间的误差。为了求得较为准确的参数 a 和 b，不妨令 $S=\sum_{i=1}^{n}(a+bx_i-y_i)^2$，$S$ 表示离差平方和，S 越小，y_i 与 $\hat{y}_i$ 越逼近。可利用二元函数求极值，即 S 对 a、b 的一阶偏导数为零，求得 a 和 b 的值。

$$\begin{aligned}&\frac{\mathrm{d}S}{\mathrm{d}a}=2\sum_{i=1}^{n}(a+bx_i-y_i)=0\\&\frac{\mathrm{d}S}{\mathrm{d}b}=2\sum_{i=1}^{n}(a+bx_i-y_i)x_i=0\end{aligned}\qquad\left\{\begin{aligned}&na+b\sum_{i=1}^{n}x_i=\sum_{i=1}^{n}y_i\\&a\sum_{i=1}^{n}x_i+b\sum_{i=1}^{n}x_i^2=\sum_{i=1}^{n}x_iy_i\end{aligned}\right. \tag{3-12}$$

利用式(3-12)可以求得回归方程的参数 a 和 b：

$$a=\overline{y}-\hat{b}\overline{x}$$

$$b=\frac{n\sum x_iy_i-\sum x_i\sum y_i}{n\sum x_i^2-\left(\sum x_i\right)^2} \tag{3-13}$$

3. 模型的显著性检验

模型的显著性检验包括相关系数检验、t 检验、F 检验、计算剩余均方差和计算可决系数等。

1) 离差平方和的分解(三个平方和的关系)

由于 $y-\overline{y}=(y-\hat{y})+(\hat{y}-\overline{y})$，则有

$$\sum_{i=1}^{n}(y_i-\overline{y}_i)^2=\sum_{i=1}^{n}(\hat{y}_i-\overline{y}_i)^2+\sum_{i=1}^{n}(y_i-\hat{y}_i)^2 \tag{3-14}$$

其中，$\sum_{i=1}^{n}(y_i-\overline{y}_i)^2$ 称为总离差平方和，记为 SST，SST 反映了因变量的 n 个观察值与其均值的总离差；$\sum_{i=1}^{n}(\hat{y}_i-\overline{y}_i)^2$ 为回归平方和，记为 SSR，SSR 反映了自变量 x 的变化对因变量 y 取值变化的影响，或者说，是由于 x 与 y 之间的线性关系引起的 y 的取值变化，也称为可解释的平方和；$\sum_{i=1}^{n}(y_i-\hat{y}_i)^2$ 称为残差平方和，记为 SSE，SSE 反映了除 x 以外的其他因素对 y 取值的影响，也称为不可解释的平方和或剩余平方和。

2) 可决系数(也称为决定系数、判定系数)

可决系数是回归平方和占总离差平方和的比例，计算公式为

$$r^2=\frac{\text{SSR}}{\text{SST}}=\frac{\sum_{i=1}^{n}(\hat{y}_i-\overline{y}_i)^2}{\sum_{i=1}^{n}(y_i-\overline{y}_i)^2}=1-\frac{\sum_{i=1}^{n}(y_i-\hat{y}_i)^2}{\sum_{i=1}^{n}(\hat{y}_i-\overline{y}_i)^2} \tag{3-15}$$

可决系数反映回归直线的拟合程度，取值范围为[0, 1]；r^2 越趋近 1 说明回归方程拟合得越好；r^2 越趋近 0，说明回归方程拟合得越差；可决系数等于相关系数的平方，即当相关系数为 0.8 时，表明变量 y 的变异中有 64%是由变量 x 引起的。

3) 回归方程的显著性检验

回归方程的显著性检验是检验自变量和因变量之间的线性关系是否显著。检验的具体方法是将 SSR 同 SSE 加以比较，应用 F 检验来分析二者之间的差别是否显著。若是显著的，则两个变量之间存在线性关系；若不显著，则两个变量之间不存在线性关系。具体步骤如下：

(1) 提出假设，即 H_0：线性关系不显著。

(2) 计算检验统计量 F，即

$$F=\frac{\text{SSR}/1}{\text{SSE}/(n-2)}=\frac{\sum_{i=1}^{n}(\hat{y}_i-\overline{y}_i)^2/1}{\sum_{i=1}^{n}(y_i-\hat{y}_i)^2/(n-2)}\sim F(1,n-2) \tag{3-16}$$

(3) 确定显著性水平 α，并根据分子自由度 1 和分母自由度 n–2 找出临界值 F_α。

(4) 做出决策。若 $F \geqslant F_\alpha$，则拒绝 H_0；若 $F<F_\alpha$，则接受 H_0。

表 3-8 为回归方程的方差分析表。

表 3-8　回归方程的方差分析表

变异来源	SS	自由度	MS	F
总离差平方和	SST	n–1		
回归平方和	SSR	1	MSR	MSR/MSE
残差平方和	SSE	n–2	MSE	

注：SS 为平方和；MS 为均方和；MSR=SSR/1；MSE=SSE/(n–2)

4) 回归系数的显著性检验

在一元线性回归中对回归系数的显著性检验与对回归方程的方差分析是等效的。检验 x 与 y 之间是否具有线性关系，也就是检验自变量 x 对因变量 y 的影响是否显著，其理论基础是回归系数的抽样分布。

4. 用一元线性回归方程进行计算及 SPSS 的实现

【例 3-5】　一条河流流经某地区，其降水量 X(mm)和径流量 Y(mm)多年观测数据如表 3-9 所示。试建立 Y 与 X 的线性回归方程，并根据降水量预测径流量。

表 3-9　某河流流经某地区的降水量和径流量数据(单位：mm)

Y	25	81	36	33	70	54	20	44	14	41	75
X	110	184	145	122	165	143	78	129	62	130	168

将题中所给数据输入 SPSS 的数据文件，然后按照如图 3-7 所示操作进行计算。

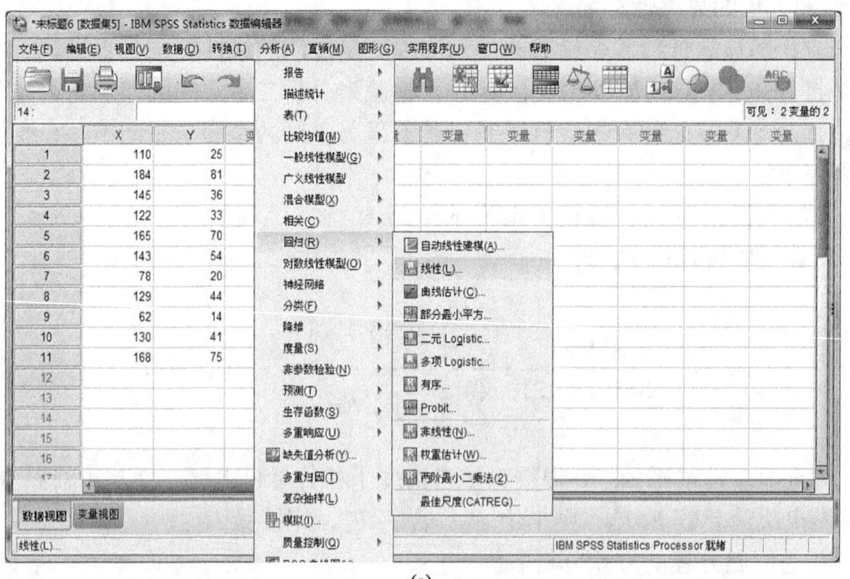

(a)

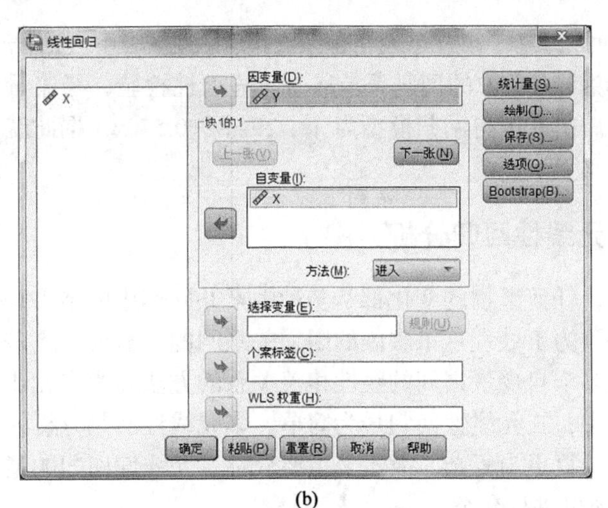

(b)

图 3-7　一元线性回归分析操作图

打开数据文件，单击【分析】→【回归】→【线性】(图 3-7(a))，进入如图 3-7(b)所示界面，将“Y”移入因变量，“X”移入自变量；【方法】选择“进入”；还可以对【统计量】和【绘制】进行选择；单击【确定】会输出如图 3-8 所示结果。

模型汇总

模型	R	R^2	调整 R^2	标准估计的误差
1	0.934①	0.872	0.858	8.547

① 预测变量：(常量)、X

Anova①

模型		平方和	df	均方	F	Sig.
1	回归	4472.224	1	4472.224	61.225	0.000②
	残差	657.412	9	73.046		
	总计	5129.636	10			

① 因变量：Y。

② 预测变量：(常量)、X

系数①

模型		非标准系数		标准系数	t	Sig.
		B	标准误差	试用版		
1	(常量)	−29.582	9.852		−3.003	0.015
	X	0.570	0.073	0.934	7.825	0.000

① 因变量：Y

图 3-8　一元线性回归分析输出结果

在输出结果中可显示三个表格，第一个为模型汇总，表中给出了相关系数和可决系数。其中相关系数为 0.934，可决系数为 0.872。第二个表格是方程检验表，是对方程进行显著性检验的结果，表中给出了回归平方和和残差平方和以及计算出的 F 值和检验结果。从表中可知 $F > F_{0.01}(p < 0.01)$，说明方程通过了显著性检验，径流量与降水量之间存

在着极显著的直线回归关系。第三个表格是系数检验表，从表中可知，a=–29.582，b=0.570，$t > t_{0.01}$($p < 0.01$)，说明方程中的回归系数通过了显著性检验，径流量与降水量之间有真实的直线回归关系。由此可得回归模型为 y=–29.582+0.570x，据此就可以根据降水量 X 预测河流的径流量 Y 了。

3.2.2　二元及多元线性回归分析

在现实问题中，任何事物的变化都是多种因素共同作用的结果，一因多果、一果多因的情况比比皆是。为了处理一果多因的因果关系问题，需要引入多元回归知识。把研究某一个因变量和多个自变量之间的线性相关关系的方法称为多元线性回归分析法。在多元线性回归分析中，二元线性回归最为简单，多元线性回归分析的原理和二元线性回归基本相同，只是计算更为复杂。故本节主要介绍二元线性回归的基本原理，对多元线性回归的 SPSS 实现也进行介绍。

1. 二元线性回归分析

假定预测对象为 y，影响预测对象的大量因素为 x_j，$j=1,2,\cdots,p$，为了从大量的影响因素 x_j 中选择主要的、起决定作用的影响因素作为影响因子，舍弃关系不大的影响因素，必须进行必要的因素选择工作，从而避免预测方程中混有不必要的影响因素。

因素选择的方法主要有两种：经验选择法和相关消元法(根据相关系数选择)。

2. 二元线性回归模型的建立

二元线性回归模型可以表述为

$$y = a + b_1x_1 + b_2x_2 \tag{3-17}$$

其中，a、b_1、b_2 为待定的偏回归参数。

理论上的预测模型为 $\hat{y} = a + b_1x_{1i} + b_2x_{2i}$，原理同一元线性回归相似，也是使实际值和预测值的误差最小，分别对 a、b_1、b_2 求偏导，并令其为 0，然后根据线性代数的有关理论进行求解，可得偏回归参数。

$$a = \overline{Y} - b_1\overline{X}_1 - b_2\overline{X}_2 \tag{3-18}$$

$$b_1 = \frac{\sum x_1y\sum x_2^2 - \sum x_2y\sum x_1x_2}{\sum x_1^2\sum x_2^2 - \left(\sum x_1x_2\right)^2} \tag{3-19}$$

$$b_2 = \frac{\sum x_1^2\sum x_2y - \sum x_1y\sum x_1x_2}{\sum x_1^2\sum x_2^2 - \left(\sum x_1x_2\right)^2} \tag{3-20}$$

3. 二元线性回归模型的检验

二元线性回归方程建立后，为进一步分析回归模型所反映的变量关系是否符合实际，引入的影响因素是否有效，一般必须对其进行一系列检验。检验的类型与一元线性回归相似，包括相关系数检验、标准误差检验、F 检验、t 检验等。但是，对于二元线性回归分析，相关系数不再等价于 F 检验和 t 检验，而且相关系数的检验也比一元线性回归的情况要复杂得多。

相关系数检验是对模型拟合优度的检验，包括以下几种相关系数的检验。

1) 复相关系数(multiple correlation coefficient)检验

复相关系数也称为多重相关系数，用于度量因变量的观测值与由自变量经回归方程算得的预测值之间的关系的强度，复相关系数包含了所有自变量与因变量的相关关系，计算公式为

$$R=\sqrt{\frac{\sum(\hat{y}_i-\overline{y})^2}{\sum(y_i-\overline{y})^2}}=\sqrt{1-\frac{\sum(y_i-\hat{y}_i)^2}{\sum(y_i-\overline{y})^2}} \tag{3-21}$$

其值取正数，即有 $0\leqslant R\leqslant 1$。

可以看出，可决系数(R^2)可以反映回归离差在总离差中所占的比例——R^2 值表明变量相关的密切程度。在多元回归分析中，为了避免由于自变量数目(k)增加而过高估计相关性的实际情况，有必要对 R^2 进行修正，修正后的公式为

$$R^2=1-\frac{(n-1)(1-R^2)}{n-k-1} \tag{3-22}$$

其中，n 为样本数目；k 为变量数目，对于二元线性回归，显然 k=2。

2) 简单相关系数检验

简单相关系数分别反映各个自变量与因变量的相关关系，计算公式为

$$R_{yx_1}=\frac{\sum(x_{1i}-\overline{x}_1)(y_i-\overline{y})}{\sqrt{\sum(x_{1i}-\overline{x}_1)^2\sum(y_i-\overline{y})^2}} \tag{3-23}$$

$$R_{yx_2}=\frac{\sum(x_{2i}-\overline{x}_1)(y_i-\overline{y})}{\sqrt{\sum(x_{2i}-\overline{x}_1)^2\sum(y_i-\overline{y})^2}} \tag{3-24}$$

式(3-23)和式(3-24)中只考虑 x_1、x_2 对 y 的个别影响，不尽准确。既然 x_1、x_2 都与 y 线性相关，那么 x_1、x_2 之间也可能线性相关，相关系数的计算公式为

$$R_{x_1x_2}=\frac{\sum(x_{1i}-\overline{x}_1)(x_{2i}-\overline{x}_1)}{\sqrt{(x_{1i}-\overline{x}_1)^2\sum(x_{2i}-\overline{x}_1)^2}} \tag{3-25}$$

3) t 检验

t 值用于对回归系数进行检验，计算公式为

$$t_1=\frac{b_1}{\hat{S}_{b_1}},\quad t_2=\frac{b_2}{\hat{S}_{b_2}}$$

其中

$$\hat{S}_{b_1}=S\sqrt{\frac{\mathrm{Var}(x_1)}{n\left[\mathrm{Var}(x_1)\mathrm{Var}(x_2)-\mathrm{Cov}(x_1,x_2)^2\right]}}$$

$$\hat{S}_{b_2}=S\sqrt{\frac{\mathrm{Var}(x_2)}{n\left[\mathrm{Var}(x_1)\mathrm{Var}(x_2)-\mathrm{Cov}(x_1,x_2)^2\right]}}$$

Var 表示方差；Cov 表示协方差。后面的步骤与一元线性回归完全类似。

4) F 检验

F 值用于对变量线性关系进行检验，其计算公式为

$$F=\frac{\frac{\sum(\hat{y}_i-\overline{y})^2}{k}}{\frac{1}{n-k-1}\sum(y_i-\hat{y}_i)^2}=\frac{1}{kS^2}\sum(\hat{y}_i-\overline{y})^2 \tag{3-26}$$

后面的检验方法与一元线性回归中的 F 检验步骤一致。

4. 用二元线性回归方程进行计算及 SPSS 实现

【例 3-6】 随机抽测某渔场 16 次放养记录，结果如表 3-10 所示(投饵量为 X_1，放养量为 X_2，鱼产量为 Y)。试求鱼产量对投饵量、放养量的二元回归方程(要求进行方程和系数的显著性检验)。

表 3-10 某渔场放养记录

X_1	9.5	8.0	9.5	9.8	9.7	13.5	9.5	12.5
X_2	1.9	2.0	2.6	2.7	2.0	2.4	2.3	2.2
Y	7.1	6.4	10.4	10.9	7.0	10.0	7.9	9.3
X_1	9.4	11.4	7.7	8.3	12.5	8.0	6.5	12.9
X_2	3.3	2.3	3.6	2.1	2.5	2.4	3.2	1.9
Y	12.8	7.5	10.3	6.6	9.5	7.7	7.0	9.5

将题中所给数据输入 SPSS 的数据文件，然后按照如图 3-9 所示操作进行计算。

(a)

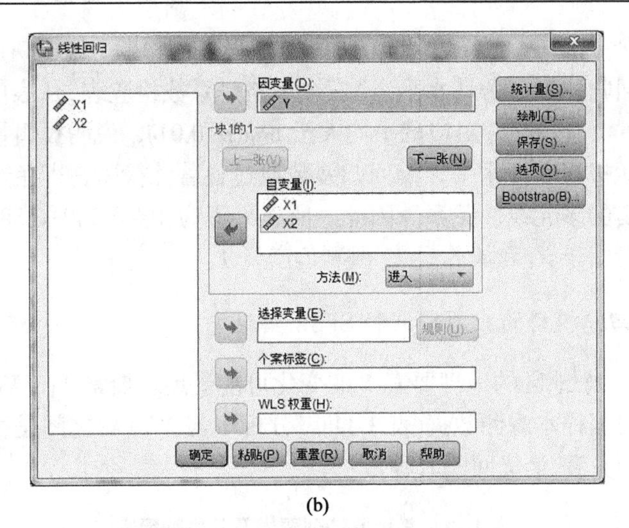

(b)

图 3-9　二元线性回归分析操作图

打开数据文件，单击【分析】→【回归】→【线性】(图 3-9(a))，进入如图 3-9(b)所示界面，将“Y”移入因变量，“X1”(X_1)、“X2”(X_2)移入自变量；【方法】选择“进入”；还可以对【统计量】和【绘制】进行选择。单击【确定】会输出如图 3-10 所示结果。

模型汇总

模型	R	R^2	调整 R^2	标准估计的误差
1	0.823①	0.677	0.627	1.1312

① 预测变量：(常量)、X_2、X_1

Anova①

模型		平方和	df	均方	F	Sig.
1	回归	34.884	2	17.442	13.630	0.001②
	残差	16.636	13	1.280		
	总计	51.519	15			

① 因变量：Y。

② 预测变量：(常量)、X_2、X_1

系数①

模型		非标准系数		标准系数	t	Sig.
		B	标准误差	试用版		
1	(常量)	−4.349	2.558		−1.700	0.113
	X_1	0.584	0.153	0.655	3.817	0.002
	X_2	2.964	0.620	0.819	4.778	0.000

① 因变量：Y

图 3-10　二元线性回归分析输出结果

在输出结果中可显示三个表格，第一个为模型汇总，表中给出了相关系数和可决系数。其中相关系数为 0.823，可决系数为 0.677；第二个表格是方程检验表，是对方程进行显著性检验的结果，表中给出了回归平方和和残差平方和以及计算出的 F 值和检验结果。从表中可知 $F>F_{0.01}(p<0.01)$，说明方程通过了显著性检验，说明鱼产量依投饵量、放养量的二元线性回归达到显著性水平。第三个表格是系数检验表，从表中可知，$a=-4.349$，$b_1=0.584$，$b_2=2.964$，X_1 和 X_2 对应的 t 均大于 $t_{0.01}(p<0.01)$，说明投饵量和放养量对鱼产量的偏回归系数达极显著性水平，偏回归系数通过显著性检验，即鱼产量与投饵量、放养量之间存在真实的多元线性关系。因此，所建方程为 $Y=-4.349+0.584X_1+2.964X_2$ 。据此，就可以根据投饵量 X_1 和放养量 X_2 预测鱼产量 Y。

5. 多元线性回归模型的应用举例和 SPSS 实现

【例 3-7】　一个地区的地理要素 Y 的变化可能受地理要素 X_1、X_2、X_3、X_4、X_5、X_6 的综合影响，请根据样本观测数据(表 3-11)，分析 Y 与 X_1～X_6 之间是否存在线性关系，并建立其逐步回归方程(最优回归方程)。

表 3-11　某地区地理要素及其影响因素

Y	X_1	X_2	X_3	X_4	X_5	X_6
5.77539	1.1	3.9	16.65	15.5	1.2	40.75639
4.38263	1.7	5.2	38.62	36.2	2.5	42.48211
2.27277	1.6	4.8	65.6	61.1	4.5	55.13187
3.64637	7.8	8.2	10.56	9.5	1.1	44.67465
3.11833	7	8.4	25.22	22.7	2.6	42.4436
1.89801	7.9	8.9	36.21	32.6	3.6	50.60703
3.42019	6.1	6.7	42.96	41.7	1.2	49.32347
1.53456	7.2	7.9	69.89	68.4	1.5	65.03308
1.03103	8.3	9.8	61.1	59.8	1.3	63.94236
0.09246	7.2	7.8	98.48	95.3	3.2	72.62808

将题中所给数据输入 SPSS 形成数据文件，然后按照如图 3-11 所示操作进行计算。

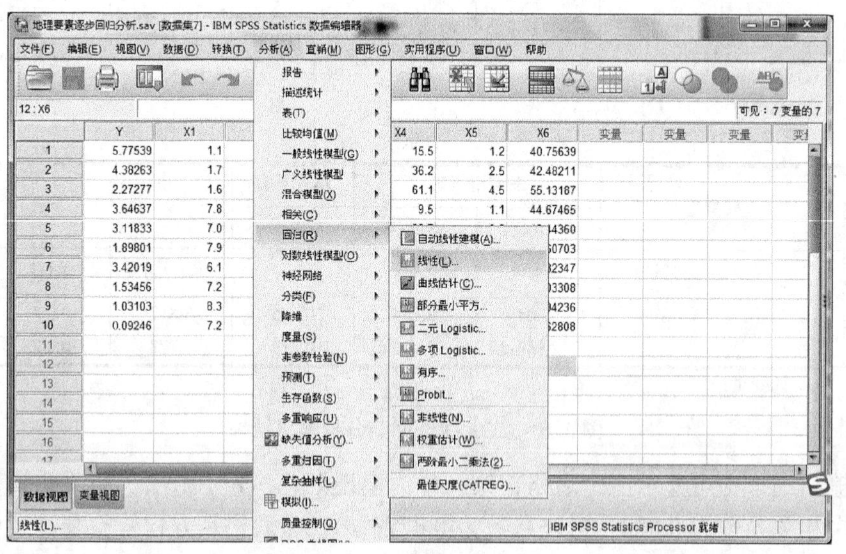

(a)

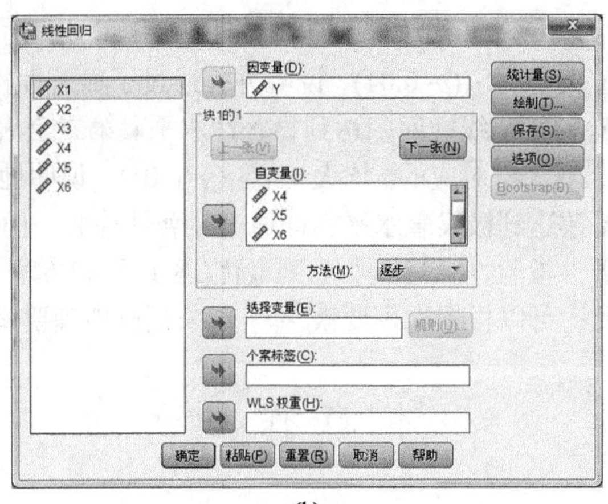

(b)

图 3-11　多元线性回归分析操作步骤

打开数据文件，单击【分析】→【回归】→【线性】(图 3-11(a))，进入如图 3-11(b)所示界面，将“Y”移入【因变量】，将“X1”、“X2”、“X3”、“X4”、“X5”和“X6”(分别代表 X_1～X_6)移入【自变量】；【方法】选择“逐步”；还可以对【统计量】和【绘制】进行选择。单击【确定】会输出如图 3-12 所示结果。

Anova[①]

模型		平方和	df	均方	F	Sig.
1	回归	20.932	1	20.932	35.538	0.000[②]
	残差	4.712	8	0.589		
	总计	25.644	9			
2	回归	23.399	2	11.699	36.467	0.000[③]
	残差	2.246	7	0.321		
	总计	25.644	9			
3	回归	25.492	3	8.497	335.308	0.000[④]
	残差	0.152	6	0.025		
	总计	25.644	9			

① 因变量：Y。

② 预测变量：(常量)、X_6。

③ 预测变量：(常量)、X_6、X_2。

④ 预测变量：(常量)、X_6、X_2、X_5

系数[①]

模型		非标准系数		标准系数	t	Sig.
		B	标准误差	试用版		
1	(常量)	9.942	1.236		8.044	0.000
	X_6	–0.137	0.023	–0.903	–5.961	0.000
2	(常量)	10.923	0.978		11.164	0.000
	X_6	–0.115	0.019	–0.760	–6.163	0.000
	X_2	–0.298	0.107	–0.342	–2.773	0.028
3	(常量)	11.675	0.287		40.656	0.000
	X_6	–0.103	0.005	–0.677	–18.894	0.000
	X_2	–0.362	0.031	–0.416	–11.686	0.000
	X_5	–0.419	0.046	–0.298	–9.089	0.000

① 因变量：Y

图 3-12　多元线性回归分析输出结果

输出结果中有两个表，第一个为方程检验表，从表中可知，方程最多引入变量 X_6、X_2、X_5 时其对应的 F 值大于 $F_{0.01}(p<0.01)$，说明方程通过了显著性检验，说明地理要素 Y 依地理要素 X_6、X_2、X_5 的逐步线性回归达到显著性水平。第二个表为系数检验表，从表中可知引入自变量 X_6、X_2、X_5 对应的 t 均大于 $t_{0.01}(p<0.01)$，说明地理要素 Y 对地理要素 X_6、X_2、X_5 的偏回归系数达到极显著水平，即通过显著性检验；而其他 X_1、X_3、X_4 的偏回归系数没有通过显著性检验，所以被剔除。则最优(逐步)回归方程为 $Y=11.675-0.103X_6-0.362X_2-0.419X_5$，据此，可以根据地理要素 $X_1 \sim X_6$ 来预测地理要素 Y。

本 章 作 业

1. 为考察某地区婴幼儿的年龄 X(岁)和身高 Y(cm)的相关关系，进行了抽样调查，得到的资料见表 3-12。试求 X 与 Y 的回归方程。

表 3-12　某地区婴幼儿的年龄和身高观测数据

X/岁	1.7	3.2	3.1	0.3	1.2	1.8	3.8
Y/cm	72	88	85	63	77	84	100

2. 某工厂生产某种型号的产品，其成本费用与劳动量及原材料价格有密切关系，表 3-13 列出了 2015 年 1 月～2016 年 7 月的成本、劳动量和原材料价格的统计资料。

表 3-13　产品的成本、劳动量和原材料价格统计资料

时间	成本 Y/万元	劳动量 $X_1/10^3$h	原材料价格/(万元/万 t)
2015.1	6.06	3.66	2.37
2015.2	8.63	1.75	3.36
2015.3	8.39	2.45	3.26
2015.4	6.46	1.02	2.51
2015.5	3.23	1.25	2.03
2015.6	2.98	0.83	1.18
2015.7	3.24	1.07	1.27
2015.8	5.88	2.17	2.19
2015.9	9.31	2.29	3.37
2015.10	6.85	1.99	2.68
2015.11	7.59	2.97	2.82
2015.12	0.12	0.01	0.74
2016.1	3.67	1.72	1.86
2016.2	4.30	1.88	1.50

续表

时间	成本 Y/万元	劳动量 $X_1/10^3$h	原材料价格/(万元/万 t)
2016.3	3.72	1.72	1.35
2016.4	5.73	2.61	1.88
2016.5	1.35	0.57	0.46
2016.6	4.50	1.95	1.54
2016.7	3.27	1.59	1.23

(1) 试建立一个二元线性回归方程。

(2) 试预测 2016 年 8 月(2016 年 8 月劳动量为 1.19×10^3h，原材料价格为 2.31 万元/万 t)的成本费用。

第 4 章　趋势外推预测分析

当两个变量之间存在相关关系时，利用回归分析技术能够较为方便且准确地反映变量之间的关系，但当某一事物的发展变化受众多因素的影响，而且各因素之间又相互影响时，虽然可以应用多元回归分析技术，但是应用起来不太方便。尽管如此，还是可以通过事物发展变化的表面现象寻找到它的发展变化规律，利用其变化规律进行分析，其中比较常用的方法就是时间序列分析技术。

时间序列分析法的基本思想是认为历史将延续到未来，因此可以利用事物历史的变化趋势来预测它的未来。所以，时间序列分析也称为趋势外推预测。时间序列就是调查或统计到的一组按照时间顺序排列起来的数字序列。在进行数字调查或统计时，通常按一定的时间间隔进行。

按时间顺序排列的统计数据，其变化主要受长期趋势变化、季节性周期变化、随机性变化三个因素的影响。时间序列分析属于历史性资料的延续性分析。现实生活中，技术经济现象往往会受诸多因素的影响，其变化规律也比较复杂，在长时间内某种规则稳定变化也是极少见的。时间序列分析技术采用的是平滑技术，主要包括全平均法、移动平均数法和指数平滑法。

4.1　水平趋势和线性趋势分析

假设收集到的一组数据 $x_1, x_2, \cdots, x_t$ 具有水平趋势，其散点图表现为在某一条水平直线的上下随机波动，如图 4-1 所示。从这组数据出发，求得内插值 $\hat{x}_1, \hat{x}_2, \cdots, \hat{x}_t$ 以及预测值 $\hat{x}_{t+1}, \hat{x}_{t+2}, \cdots$。为了叙述方便，这里把 $\hat{x}_1, \hat{x}_2, \cdots, \hat{x}_t, \hat{x}_{t+1}, \hat{x}_{t+2}, \cdots$ 统称为预测值。

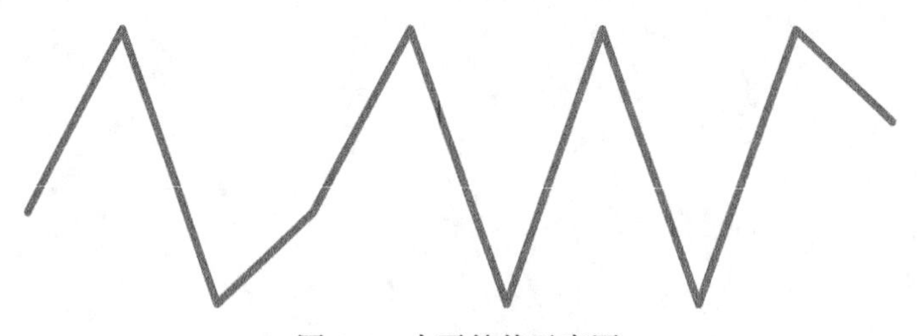

图 4-1　水平趋势示意图

4.1.1　全平均法

在 t 时刻，将 t 期以前的全部数据取平均值，即

$$\lambda_t = \frac{1}{t}(x_1 + x_2 + \cdots + x_t) = \frac{1}{t}\sum_{i=1}^{t} x_i \tag{4-1}$$

λ_t 作为未来的数据预测值，$\hat{x}_{t+l} = \lambda_t$，一般取 $l = 1$，即 $\hat{x}_{t+1} = \lambda_t$。在第 t 期，有 $\hat{x}_{t+l} = \lambda_t$ ($l = 1,2,\cdots$)，这就是全平均法。式(4-1)称为直接式，由式(4-1)可得

$$\hat{x}_{t+1} = \frac{t-1}{t}\hat{x}_t + \frac{1}{t}x_t \tag{4-2}$$

式(4-2)称为循环式。有了新的数据 x_t 以后，下一期(t+1 期)预测值即可由新数据 x_t 及原来的预测值 $\hat{x}_t$ 的加权平均得到。权系数分别为(t–1)/t 和 1/t。当 t 较大时，x_t / t 一般比较小，$\hat{x}_{t+1}$ 主要由 $\hat{x}_t$ 决定，新数据 x_t 对预测值 $\hat{x}_{t+1}$ 的影响非常小。可见，全平均法有很强的平滑作用，即消除波动的作用，但它跟踪数据变化的能力较差，一般只适用于数据波动不大的情况。

再把误差 $e_t = x_t - \hat{x}_t$ 引进来，由式(4-2)推导可得

$$\hat{x}_{t+1} = \frac{1}{t}e_t + \hat{x}_t \tag{4-3}$$

式(4-3)称为误差修正式，它表明 $\hat{x}_{t+1}$ 由 $\hat{x}_t$ 及误差项 $\frac{1}{t}e_t$ 构成。随着 t 的增加，$\hat{x}_{t+1} \approx \hat{x}_t$，由此可知，预测结果近似为常数。

全平均法是把大量的新数据与历史数据加以等权看待，不符合“重近轻远”的预测基本原则，即近期数据对预测的影响大，远期数据对预测的影响小，因此全平均法在实际运用中会有比较大的局限性。式(4-2)和式(4-3)均为递推计算公式，其数据量比较小，适合在计算机上编程计算。

4.1.2　移动平均数法

移动平均数法是时间序列技术中一种较常用的方法，即使是在各种数据分析技术层出不穷的今天，仍有其一定的应用价值。移动平均数法是在算术平均数法的基础上发展起来的，当得到的数据受某些因素影响时，可以用移动平均数法消除这些因素的影响，分析时间序列的长期趋势并进行预测。

移动平均数法是将得到的调查数据按照时间序列分段，并推移计算逐段的平均数，由于时间间隔依次后移，因此求出的平均数称为移动平均数。移动平均数分一次移动平均数、二次移动平均数和三次移动平均数。下面着重介绍一次移动平均数法与二次移动平均数法。

1. 一次移动平均数法

一次移动平均数法又称简单移动平均数法，其计算公式为

$$\overline{X}_t^{(1)} = \frac{X_t + X_{t-1} + \cdots + X_{t-N+1}}{N} \tag{4-4}$$

其中，$\overline{X}_t^{(1)}$ 为第 t 期的移动平均数；N 为时间序列每段内的数据量；t 为时间序数。

如果分段的时间间隔取 5，也就是说时间序列中每段内有 5 个数据，那么一次移动

平均数为

$$\overline{X}_5^{(1)}=\frac{X_5+X_4+\cdots+X_1}{5}$$

$$\overline{X}_6^{(1)}=\frac{X_6+X_5+\cdots+X_2}{5}$$

变换式(4-4)可得

$$\begin{aligned}\overline{X}_t^{(1)}&=\frac{X_t+X_{t-1}+\cdots+X_{t-N+1}}{N}\\&=\frac{X_t+X_{t-1}+\cdots+X_{t-N+1}+X_{t-N}-X_{t-N}}{N}\\&=\frac{X_{t-1}+\cdots+X_{t-N+1}+X_{t-N}}{N}+\frac{X_t-X_{t-N}}{N}\\&=\overline{X}_{t-1}^{(1)}+\frac{X_t-X_{t-N}}{N}\end{aligned}\tag{4-5}$$

式(4-5)是式(4-4)的改进形式，它是一个递推公式。当 $\overline{X}_{t-1}^{(1)}$ 已知时，只需计算 $\frac{X_t-X_{t-N}}{N}$ 就可以得到 $\overline{X}_t^{(1)}$ 的值。

【例 4-1】 已知某商店过去一年的啤酒销售量(箱)数据如表 4-1 所示，求当分段数据点数分别为 3 和 5 时的一次移动平均数。

表 4-1 一次移动平均数法计算表

序号	原始数据	N=3	N=5	N=5 二次移动
1	50	—	—	—
2	45	—	—	—
3	60	51.7	—	—
4	52	52.3	—	—
5	45	52.3	50.4	—
6	51	49.3	50.6	—
7	60	52	53.6	—
8	43	51.3	50.2	—
9	57	53.3	51.2	51.2
10	40	46.7	50.2	51.2
11	56	51.0	51.2	51.3
12	67	54.3	52.6	51.1

由图 4-2 可以看出，移动平均的新序列平滑了原来序列中的峰谷，消除了某些偶然因素的影响，使原来无规律的数据变得平稳且有规律。这里 N 的作用是比较大的，包含

在分段内的数据越多，即 N 越大，修匀的程度也越大，数字的变化越平稳；包含在分段内的数据越少，即 N 取得越小，原始序列的特征保留得就越多，因此存在的偶然因素的影响也就会越多，在本例中，N=5 时的数据连线就显得更为平直。一般来说，当 N 的取值较大时，移动平均数对干扰的敏感性比较低，易于消除随机因素的影响，但容易落后于可能的发展趋势。与此相反，当 N 的取值比较小时，移动平均的灵敏度提高，能较快地适应可能的发展趋势，但是其包含的随机干扰成分也会比较多，从而可能对随机干扰反应过度而造成错觉，降低移动平均数法的预测精度。由此可见，N 的选取直接影响移动平均数法预测的敏感度和精度，N 的选取是移动平均数法的关键。在实际操作中，一般如果考虑历史数据中包含大量的随机成分，或者数据序列的基本发展趋势变化不大，那么 N 可以取大一些，这样可以使平滑修匀的效果更加显著；如果事物发展变化的基本趋势在不断变化，各影响因素的条件也在不断变化，那么 N 应该取小一些，这样可以使移动平均数更能反映事物当前的变化趋势。一般地，N 的取值范围是 5～200，其取值可视数据的系列长度和具体情况而定。

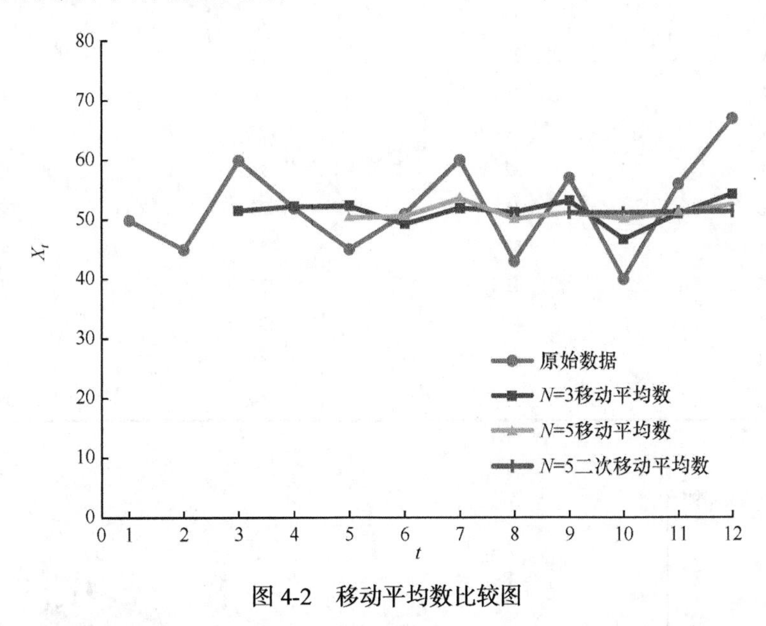

图 4-2　移动平均数比较图

2. 二次移动平均数法

前面介绍的一次移动平均数法灵敏度的高低与移动平均所取的周期数 N 有很大关系。当出现新的实际值时，也需要经过 N 个周期才能反映出新的水平。这就是说，不管分段移动平均数据的量有多大，总是会影响预测数据的灵敏度的，即会使移动平均数滞后于实际数据的演变趋势，虽然经过多个周期后两者将趋于一致。但是，当给定的数据具有线性上升趋势时，不管经过多少周期的移动平均，作为预测数的移动平均数也不可能趋向于实际数据的演变，而总是会落后于实际数据的演变而形成一定的偏差，将这种偏差称为滞后偏差。表 4-2 所列数据和图 4-3 所示的图形就属于上述类型。利用一次移动平均数的数据，再进行一次移动平均，称为二次移动平均数法。二次移动平均数法的目的不是用于直接预测，而是利用滞后偏差的演变规律去求出平滑系数，当时间序列的数据具有线性趋势时，用来修正一次移动平均数的滞后偏差，从而可以建立起便于数据分析的数学模型。二次移动平均数的计算公式为

$$\overline{X}_t^{(2)} = \frac{\overline{X}_t^{(1)} + \overline{X}_{t-1}^{(1)} + \cdots + \overline{X}_{t-N+1}^{(1)}}{N} \tag{4-6}$$

其中，$\overline{X}_t^{(2)}$ 为二次移动平均数。

表 4-2　一次移动平均数与二次移动平均数计算表

周期数 t	实际值 X_t	$\overline{X}_t^{(1)}$ (N=5)	$\overline{X}_t^{(2)}$ (N=5)
1	8	—	—
2	11	—	—
3	14	—	—
4	17	—	—
5	20	14	—
6	23	17	—
7	26	20	—
8	29	23	—
9	32	26	20
10	35	29	23
11	38	32	26
12	41	35	29
13	44	38	32
14	47	41	35
15	50	44	38

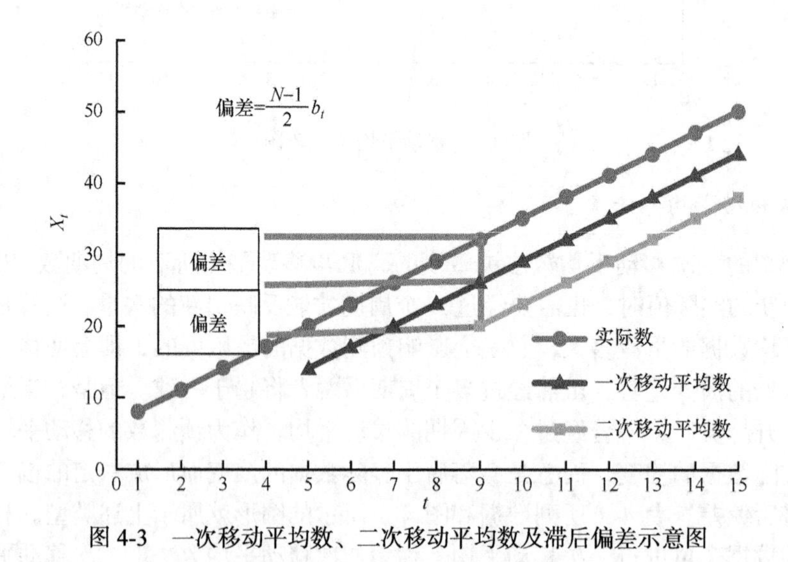

图 4-3　一次移动平均数、二次移动平均数及滞后偏差示意图

从图 4-3 中可以看出，当时间序列具有线性趋势时，每经过一个周期就会增长 b_t 单位的量，显然，b_t 就是实际值 X_t 与周期 t 直线方程的斜率，这时的移动平均数，当 N 为奇数时，正好等于 N 个数的点的中值，滞后于实际数据演变的 $\frac{N-1}{2}$ 个周期，其滞后偏差为

$$
\begin{aligned}
\bar{X}_t^{(1)} &= \frac{X_t + X_{t-1} + \cdots + X_{t-N+1}}{N} \\
&= \frac{X_t + (X_t - b_t) + \cdots + [X_t - (N-1)b_t]}{N} \\
&= \frac{NX_t - [1+2+\cdots+(N-1)]b_t}{N} \\
&= \frac{NX_t - \frac{N}{2}(N-1)b_t}{N} \\
&= X_t - \frac{N-1}{2}b_t
\end{aligned}
$$

其中，b_t=$X_t - X_{t-1}$ 是周期为 t 时实际数的增量。

可以证明如下：

$$
\begin{aligned}
X_{t-1} &= X_t - b_t \\
X_{t-2} &= X_t - 2b_t \\
&\vdots \\
X_{t-N+1} &= X_t - (N-1)b_t
\end{aligned}
$$

得

$$
\begin{aligned}
\bar{X}_t^{(1)} &= \frac{X_t + X_{t-1} + \cdots + X_{t-N+1}}{N} \\
&= \frac{X_t + (X_t - b_t) + \cdots + [X_t - (N-1)b_t]}{N} \\
&= \frac{NX_t - [1+2+\cdots+(N-1)]b_t}{N} \\
&= \frac{NX_t - \frac{N}{2}(N-1)b_t}{N} \\
&= X_t - \frac{N-1}{2}b_t
\end{aligned}
$$

所以有

$$
X_t - \bar{X}_t^{(1)} = \frac{N-1}{2}b_t \tag{4-7}
$$

由式(4-7)还可以得到

$$\overline{X}_t^{(1)} - \overline{X}_{t-1}^{(1)} = X_t - X_{t-1} = b_t$$

同理，根据上述证明过程并参考二次移动平均数的公式可以得到

$$\overline{X}_t^{(1)} - \overline{X}_t^{(2)} = \frac{N-1}{2} b_t \tag{4-8}$$

由式(4-7)和式(4-8)可得

$$X_t - \overline{X}_t^{(1)} = \overline{X}_t^{(1)} - \overline{X}_t^{(2)} \tag{4-9}$$

由此可知，在同一周期内，实际数、一次移动平均数、二次移动平均数之间的滞后偏差是相等的，这种滞后偏差的规律性为建立线性时间关系的数据分析模型提供了方便。这一数据分析模型为

$$X_{t+T} = a_t + b_t T \tag{4-10}$$

其中，T 为由目前周期 t 到需要预测的周期之间的周期个数；b_t 为斜率，即单位周期的变化量；a_t 为截距，即数据分析的起始数据。

一般可以将预测直线方程中的 a_t 和 b_t 称为平滑系数，它们的计算公式为

$$\begin{aligned} a_t &= 2\overline{X}_t^{(1)} - \overline{X}_t^{(2)} \\ b_t &= \frac{2}{N-1}(\overline{X}_t^{(1)} - \overline{X}_t^{(2)}) \end{aligned} \tag{4-11}$$

根据例 4-1 中的啤酒销售量数据，请预测一下第 15 个月的啤酒销售量。

首先计算一下 a_t 和 b_t，根据题意，目前正处在第 12 个周期，即 t=12，则有

$$a_t = 2\overline{X}_t^{(1)} - \overline{X}_t^{(2)} = 2\times 52.6 - 51.1 = 54.1$$

$$b_t = \frac{2}{N-1}(\overline{X}_t^{(1)} - \overline{X}_t^{(2)}) = \frac{2}{5-1}(52.6 - 51.1) = 0.75$$

由式(4-10)可得

$$X_{15} = 54.1 + 0.75\times(15-12) = 56.35\ (箱)$$

这就是对未来第三个周期的啤酒销售量的预测值。通过二次移动平均数法建立起来的线性平滑预测分析模型，实际上是根据目前的修正数加上未来周期数与斜率的乘积建立起来的线性方程，这样就可以使具有线性趋势的事物发展的预测工作大为简化，如果目前的发展趋势可以保持下去，那么预测分析就会相对准确。不过二次移动平均数法只适用于具有线性趋势的情况，如果实际调查数据的变化具有曲线趋势，那么就需要使用三次移动平均数法。

4.1.3 指数平滑法

前面分析的移动平均数法在使用过程中存在两个不足之处：①使用这种方法进行分析时，每计算一次移动值就必须存储最近的 N 个数据值，数据的存储量比较大，没有足够的数据量，使用起来就不太方便；②移动平均数法实际上是对最近的 N 个数据进行等全看待，不但没有考虑各期数据对事物的影响程度，而且对 t–N 期以前的数据完全不做

考虑。在实际的经济生活中，最新的调查值往往包含更多的有关未来情况的信息，对预测分析的影响比较大；而早期的调查数据则包含较少的有关未来情况的信息，对预测分析的影响比较小。

根据“重近轻远”的基本预测原则，可以通过对数据加以不等的权重，对近期的数据给予较大的权重，远期数据给予较小的权重，目的在于强化近期数据的作用，弱化远期数据的影响。所以，较为切合实际的方式是对不同时期的数据，按时间顺序进行加权，基于这样的思想就产生了指数平滑法。指数平滑考虑了所有数据对分析的影响，又不需要很多的历史数据。根据平滑次数的不同，指数平滑分为一次指数平滑、二次指数平滑、三次指数平滑和高次指数平滑，不过高次指数平滑应用很少。指数平滑法适用于时间序列中的中、短期预测分析。

1. 一次指数平滑法

对于时间序列 $X_1,X_2,\cdots,X_t$，一次指数平滑的计算公式为

$$S_t^{(1)}=\alpha X_t+(1-\alpha)S_{t-1}^{(1)} \tag{4-12}$$

其中，$S_t^{(1)}$ 为第 t 次一次指数平滑值；α为加权系数$(0<\alpha<1)$。

假设$\{X_t\}$是一个无穷长的时间序列，将式(4-12)中的 t 分别以 $t-1,t-2,t-3,\cdots$依次代入即可得

$$\begin{aligned}S_t^{(1)}&=\alpha X_t+(1-\alpha)[\alpha X_{t-1}+(1-\alpha)S_{t-2}^{(1)}]\\&=\alpha X_t+\alpha(1-\alpha)X_{t-1}+(1-\alpha)^2[X_{t-2}^{(1)}+(1-\alpha)S_{t-3}^{(1)}]\\&\ \vdots\\&=\alpha X_t+\alpha(1-\alpha)X_{t-1}+\alpha(1-\alpha)^2X_{t-2}^{(1)}+\cdots+\alpha(1-\alpha)^tS_0^{(1)}\end{aligned}$$

由上式可见，指数平滑法实际包含了所有的原始数据，是一种以时间定权的加权平均法。只是随着时间的推移，离现时刻越近的数据权系数越大，离现时刻越远的数据权系数越小。权系数分别为$\alpha,\alpha(1-\alpha),\alpha(1-\alpha)^2,\cdots$。可以看出，权系数是呈指数几何级数变化的，所以指数平滑法由此而来。加权系数的和为

$$\begin{aligned}&\alpha+\alpha(1-\alpha)+\alpha(1-\alpha)^2+\cdots+\alpha(1-\alpha)^t\\&=\alpha\sum_{t=0}^{\infty}(1-\alpha)^t=\alpha\frac{1}{1-(1-\alpha)}=1\end{aligned}$$

由一次指数平滑公式可以看出，指数平滑法的预测分析结果与平滑系数α的取值大小密切相关。α的取值体现了本期新的调查数据与上期平滑值之间的比例关系。α值越大，本期新的调查数据 X_t 在平滑值中占的比例就越大，上期平滑值 $S_{t-1}^{(1)}$ 在平滑值中占的比例就越小，否则正好相反。若$\alpha=1$，则 $S_t^{(1)}=X_t$，平滑值等于本期调查数据值；若$\alpha=0$，则有 $S_t^{(1)}=S_{t-1}^{(1)}$，平滑值等于上期平滑值。$\alpha=1$，表示仅考虑本期调查数据的影响，而不考虑过去数据的影响，而$\alpha=0$ 表示仅考虑过去数据的影响，而不考虑本期调查数据的影响。由以上分析可知，指数平滑法中α的取值就如同移动平均数法中 N 的取值，是非常

重要的。α 的取值范围一般在 0.01～0.03，随着 α 的增大，对新数据的重视程度不断增加，这与移动平均数法中的 N 值减小情况是完全一样的。在 0.01～0.03 选取 α 的值时，可以考虑以下两个条件：

(1) 如果进行预测分析的时间序列的发展趋势比较稳定，只是因某些偶然因素而使预测分析产生或大或小的偏差，这时 α 的取值应该适当小一些，这样可以使预测分析模型包含较长时间序列的信息。

(2) 如果进行预测分析的时间序列的基本趋势已经发生了系统变化，误差的产生由系统变化造成，那么 α 的取值可大一些。这样可以使时间序列分析模型包含较大量的现时信息，从而跟上预测数据的变化，但是 α 的取值过大，容易对随机波动反应过分敏感，降低预测分析的精度。

在实际应用中，α 的取值要根据被预测分析事物的具体情况来定，有时即使找到了比较满意的 α 的取值，也需要定期校核其连续使用的适用性。另外，在利用指数平滑法分析数据时，还需要估计初始值 $S_0^{(1)}$。当得到的统计数据较多时，如 50 个以上，初始值的影响将会被平滑掉，可以用 X_1 代替 $S_0^{(1)}$。当数据比较少时，如 20 个以内，初始值影响会比较大，需要根据开始少数原始数据求平均值来估算 $S_0^{(1)}$，并在计算最初几期平滑值时，将 α 取大一些，以消除 $S_0^{(1)}$ 选择不当而引起的偏差。

【例 4-2】 已知某企业 2018 年 12 个月各期销售额如表 4-3 所示，分别计算平滑系数 α=0.1, 0.5, 0.9 时每月的指数平滑值，并设 $S_0^{(1)}$=45。

表 4-3 某企业 2018 年的销售额数据表

时间序列 t	销售额 X	$S_t^{(1)}$ 一次平滑		
		α=0.1	α=0.5	α=0.9
0		45	45	45
1	45	45	45	45
2	50	45.5	47.5	49.5
3	43	45.61	45.25	43.65
4	45	45.55	45.13	44.87
5	40	45	42.57	40.49
6	42	44.7	42.29	41.85
7	48	45.03	45.15	47.39
8	55	46.03	50.08	54.24
9	49	46.33	49.54	49.52
10	47	46.4	48.27	47.25
11	50	46.76	49.14	49.73
12	60	48.08	54.57	58.97

从图 4-4 中可以看出，α 的取值对时间序列的均匀程度影响是很大的。当 α=0.1 取值较小时，近期变动倾向性影响小，此时所求的指数平滑数列比较平稳，可以代表该时

间序列的长期趋势，消除了季节性、随机性和周期性的全部或部分影响。当α=0.9 取值较大时，平滑值对近期变得反应敏感，此时所求的指数平滑值代表了近期倾向性的影响，消除不了季节性、随机性和周期性的影响。

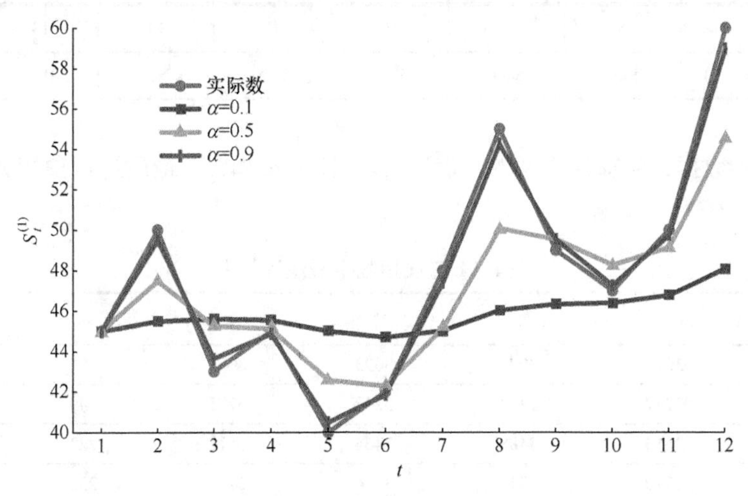

图 4-4　不同平滑系数的示意图

与移动平均数法的特征相同，经过一次指数平滑后，对于没有明显上升或下降趋势的稳定序列，可将$S_t^{(1)}$值作为下期预测值。但当数据有明显的上升或下降趋势时，一次指数平滑法还是不便于进行数据预测分析，需要进行二次指数平滑或高次指数平滑。

2. 二次指数平滑法

为了提高指数平滑对时间序列的吻合程度，就像二次移动平均数法一样，可以在一次指数平滑的基础上再进行一次指数平滑，这就是二次指数平滑。其计算公式为

$$S_t^{(2)} = \alpha S_t^{(1)} + (1-\alpha) S_{t-1}^{(1)} \tag{4-13}$$

其中，$S_t^{(2)}$为第 t 期的二次指数平滑值。

二次指数平滑一般不直接用于预测分析，而是和二次移动平均数法的原理一样，用来修正线性趋势变化的滞后现象。当时间序列存在线性趋势时，需要用二次指数平滑公式。线性趋势指数平滑数据分析模型为

$$y_{t+T} = a_t + b_t T \tag{4-14}$$

其中

$$a_t = 2S_t^{(1)} - S_t^{(2)}$$

$$b_t = \frac{\alpha}{1-\alpha}(S_t^{(1)} - S_t^{(2)})$$

【例 4-3】　我国某个时期第 1～14 年的发电量数据如表 4-4 所示，用二次指数平滑法进行预测。取α=0.9，以$S_t^{(1)} = S_t^{(2)} = x_1$作为初始值，试对第 16 年的发电量进行预测。

表 4-4 我国某个时期第 1～14 年的发电量数据表

序号	1	2	3	4	5	6	7
发电量/(亿 kW · h)	3093	3277	3514	3770	4107	4496	4973
序号	8	9	10	11	12	13	14
发电量/(亿 kW · h)	5451	5846	6212	6750	7420	8150	9055

根据原始数据，分别计算 $S_t^{(1)}$ 、$S_t^{(2)}$ ，然后计算 a_t 和 b_t ，最后进行预测分析，可以得到表 4-5。

表 4-5 二次指数平滑法计算表

序号	发电量	$S_t^{(1)}$	$S_t^{(2)}$	a_t	b_t	预测值
1	3093	3093	3093	3093	0	
2	3277	3259	3242	3275	149	3093
3	3514	3488	3464	3513	222	3424
4	3770	3742	3714	3770	250	3735
5	4107	4070	4035	4106	321	4020
6	4496	4453	4412	4495	377	4427
7	4973	4921	4870	4972	459	4872
8	5451	5398	5345	5451	475	5431
9	5846	5801	5756	5847	410	5926
10	6212	6171	6129	6212	374	6257
11	6750	6692	6636	6748	506	6586
12	7420	7347	7276	7418	640	7255
13	8150	8070	7990	8149	714	8059
14	9055	8956	8860	9053	870	8863

第 16 年的预测发电量为 $X_{t+T} = a_t + b_t T = 9053 + 870 \times 2 = 10793$ (亿 kW · h)。

3. 三次指数平滑法

如果数据序列呈曲线趋势，那么二次指数平滑法就不适用了，这时需采用三次指数平滑法。三次指数平滑法几乎适用于所有的应用问题。但是，当数据序列呈现线性趋势时，三次以上的高阶平滑优点就不明显了。三次指数平滑法的数学公式为

$$S_t^{(3)} = \alpha S_t^{(2)} + (1-\alpha) S_{t-1}^{(3)} \tag{4-15}$$

其预测分析模型为

$$y_{t+T} = a_t + b_t T + \frac{1}{2} c_t T^2 \tag{4-16}$$

其中

$$a_t = 3S_t^{(1)} - 3S_t^{(2)} + S_t^{(3)}$$

$$b_t = \frac{\alpha}{2(1-\alpha)^2}\left[(6-5\alpha)S_t^{(1)} - 2(5-4\alpha)S_t^{(2)} + (4-3\alpha)S_t^{(3)}\right]$$

$$c_t = \frac{\alpha^2}{(1-\alpha)^2}\left(S_t^{(1)} - 2S_t^{(2)} + S_t^{(3)}\right)$$

4.2　季节性趋势分析

现实经济社会生活中，有些事物随着时间的推移，除了存在某种增长趋势，还普遍存在多种周期性的变化，例如，一年四季的气候变化对电力需求会造成季节性的影响，使之呈现出以年度为周期的季节性变化，有些产品的销售也呈现出季节性的变化，称为季节性趋势。有些事物的发展变化过程中，增长趋势(线性增长或曲线增长)与季节性趋势并存，二者以加法或乘法形式构成复合分析模型。本节重点讨论线性增长趋势 $a+bt$ 与季节性趋势的乘积模型 $(a+bt)I_j$(I_j 为第 j 季的季节指数)。

4.2.1　检验季节性的存在性

首先可以根据总的性质来进行确认。例如，居民用电，在一段时间内，每日的负荷变化趋势比较接近，波动形式大体一致，因此可以认为居民用电存在以日为周期的季节性趋势。

当采集到足够多的数据后，就可以对数据进行描述，绘出数据的动态折线图，通过图形进行分析，可以发现是否存在季节性趋势。例如，根据调查可知，某地区连续三年的用电情况如表 4-6 所示，季节性趋势示意图如图 4-5 所示。

表 4-6　某地区用电情况分析表(单位：10^7kW · h)

年份	第一季度	第二季度	第三季度	第四季度
2015	3.62	3.85	4.32	3.41
2016	3.82	4.09	4.78	3.87
2017	4.73	5.13	5.82	4.74

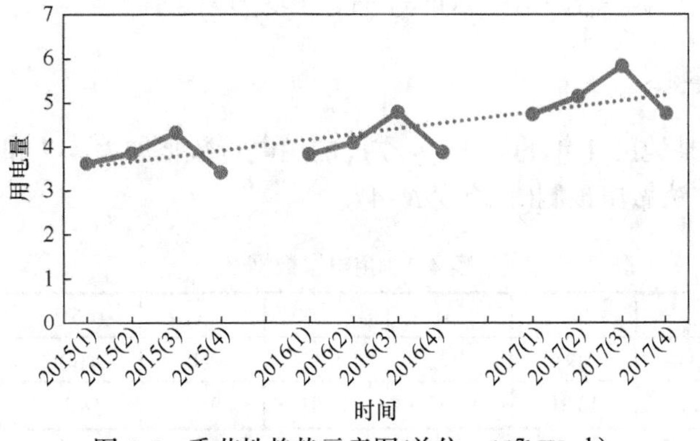

图 4-5　季节性趋势示意图(单位：10^7kW · h)

4.2.2　先定线性趋势的预测技术

假定数据序列 $x_1, x_2, \cdots, x_T$ 具有线性趋势，同时具有季节性趋势(周期为 l，$T = lm$)，并且符合乘积模型 $x_t = (a+bt)I$，先确定线性趋势，从数据中把它扣除后再定季节指数 I_j 的方法，就是先定线性趋势的预测数据分析方法。

1. 预测分析的原理和步骤

1) 先定线性趋势的预测分析方法的步骤

首先可以用线性回归方法拟合一条直线，但使用二次移动平均数法更为方便，即用全部已知历史数据求得移动平均的预测模型 $\overline{x}_{T+k} = a_T + b_T k$，并取 $k = -(T-1), -(T-2), \cdots, -1, 0$，求出 $\overline{x}_1, \overline{x}_2, \cdots, \overline{x}_T$，就是直线趋势值。但需要注意以下两个问题：

(1) 移动平均的跨度应为周期 l 的整数倍，这样有助于把季节因素平滑掉，这也是用二次移动平均做直线拟合的好处。

(2) 所求直线趋势值 $\overline{x}_t (t = 1, 2, \cdots, T)$ 在同一条斜率为 b_T 的直线上。

2) 确定季节指数

如果数据序列严格符合乘积模型 $x_t = (a+bt)I_j$，那么季节指数 $I_j = \dfrac{x_t}{a+bt}$，因此 I_j 表示各周期内第 j 期数据与线性趋势之比。当数据未必严格符合模型时，仍可以用这个比值来计算季节指数 I_j，可以表示为

$$p_t = \frac{x_t}{a_T + b_T t} = \frac{x_t}{\hat{x}_t}, \quad t = 1, 2, \cdots, T \tag{4-17}$$

当 $t = j, l+j, 2l+j, \cdots, (m-1)l+j$ (各周期内的同一时刻)时，对应的 p_t 一般不相等，所以可以取平均值：

$$\overline{I}_j = \frac{1}{m}(p_j + p_{l+j} + p_{2l+j} + \cdots + p_{(m-1)l+j}), \quad j = 1, 2, \cdots, l$$

3) 进行规范化

使 $I_1 + I_2 + \cdots + I_l = l$，这里只需取 $I_j = \dfrac{l\overline{I}_j}{\overline{I}_1 + \overline{I}_2 + \cdots + \overline{I}_l}$ 即可。当用 $\hat{x}_{T+k} = (a_T + b_T k)I$ 做预测，对应 $k = j, l+j, 2l+j, \cdots, (m-1)l+j$ 时，I 取为 I_j。

2. 计算分析举例

【例 4-4】 某地区 4 年的第 1～4 季度的用电量数据如表 4-7 和表 4-8 所示，试用先定直线趋势的方法做出预测(取跨度 N=4)。

表 4-7　用电量数据表

序号	1	2	3	4	5	6	7	8
年(季)	1(1)	1(2)	1(3)	1(4)	2(1)	2(2)	2(3)	2(4)
用电量 x_t	6.21	13.21	16.87	12.07	9.94	18.21	20.41	12.23

续表

序号	9	10	11	12	13	14	15	16
年(季)	3(1)	3(2)	3(3)	3(4)	4(1)	4(2)	4(3)	4(4)
用电量 x_t	11.15	20.13	30.15	19.92	17.43	30.12	38.82	25.17

表 4-8　用电量数据分析表

序号	年(季)	用电量 x_t	直线拟合 $\overline{x}_t$	p_t 值
1	1(1)	6.21	3.66	1.696
2	1(2)	13.21	5.45	2.424
3	1(3)	16.87	7.25	2.327
4	1(4)	12.07	9.04	1.335
5	2(1)	9.94	10.84	0.917
6	2(2)	18.21	12.63	1.442
7	2(3)	20.41	14.43	1.414
8	2(4)	12.23	16.22	0.754
9	3(1)	11.15	18.02	0.619
10	3(2)	20.13	19.81	1.016
11	3(3)	30.15	21.61	1.395
12	3(4)	19.92	23.40	0.851
13	4(1)	17.43	25.20	0.692
14	4(2)	30.12	26.99	1.116
15	4(3)	38.82	28.79	1.348
16	4(4)	25.17	30.58	0.823

将表 4-7 中的数据根据上述步骤进行处理，首先使用移动平均数法求出移动平均预测模型为 $x_{t+T}=30.58+1.795T$，求出直线拟合值 $\overline{x}_t$，然后根据 $p_t=\dfrac{x_t}{\hat{x}_t}$ 再求出 p_t 值，进而形成表 4-8。再根据 $\overline{I}_j=\dfrac{1}{m}(p_j+p_{l+j}+p_{2l+j}+\cdots+p_{(m-1)l+j})$ 求出 $\overline{I}_1=0.981$，$\overline{I}_2=1.500$，$\overline{I}_3=1.621$，$\overline{I}_4=0.941$，将其进行归一化处理后有

$$I_1=0.778,\quad I_2=1.190,\quad I_3=1.286,\quad I_4=0.746$$

由此可得用电量预测分析模型为

$$\hat{x}_{T+k}=(30.58+1.795k)I$$

分别取 $k=1,2,3,4$，对第 5 年的 4 个季度的用电量进行预测分析，可得

$$\hat{x}_{17}=(30.58+1.795\times1)\times0.778=25.19$$
$$\hat{x}_{18}=(30.58+1.795\times2)\times1.190=40.66$$
$$\hat{x}_{19}=(30.58+1.795\times3)\times1.286=46.25$$
$$\hat{x}_{20}=(30.58+1.795\times4)\times0.746=28.17$$

4.2.3　先定季节指数的预测技术

对于实际的数据序列，有时未必严格满足 $x_t=(a+bt)I_j$ 模型，但仍可以从 $I_j=\dfrac{x_t}{(a+bt)}$ 出发，先确定季节指数 I_j，由于不知道直线趋势 $a+bt$，可以取每周期内数据的平均值来代替线性趋势值。为此，把原始数据序列 $x_1,x_2,\cdots,x_T(T=ml)$ 顺序记为

$$\overline{x}_k=(x_{k1}+x_{k2}+\cdots+x_{kl})/l,\quad k=1,2,\cdots,l \tag{4-18}$$

由此可以求出：

$$I_{ks}=\frac{x_{ks}}{\overline{x}_{ks}},\quad k=1,2,\cdots,m;s=1,2,\cdots,l \tag{4-19}$$

并以各周期中同时刻上的 I_{ks} 的平均值作为季节指数。

$$I_j=\frac{I_{1j}+I_{2j}+\cdots+I_{mj}}{m},\quad j=1,2,\cdots,l \tag{4-20}$$

由于 $\sum\limits_{i=1}^{l}I_i=\dfrac{1}{m}\sum\limits_{k=1}^{m}\sum\limits_{s=1}^{l}I_{ks}=\dfrac{1}{m}\sum\limits_{k=1}^{m}\dfrac{\sum\limits_{s=1}^{l}x_{ks}}{\overline{x}_k}=\dfrac{1}{m}\sum\limits_{k=1}^{m}l=l$，因此式(4-20)所求季节指数符合归一化条件。

接着可以求线性趋势 $a+bt$。由于当 $x_t=(a+bt)I_j$ 时，$a+bt=\dfrac{x_t}{I_j}$，现在求得 I_j，随着消除季节影响的序列：

$$x'_{ks}=\frac{x_{ks}}{I_s},\quad k=1,2,\cdots,m;s=1,2,\cdots,l \tag{4-21}$$

将 $x'_{11},x'_{12},\cdots,x'_{1l};\cdots;x'_{m1},x'_{m2},\cdots,x'_{ml}$ 再重新编号记为 $x'_1,x'_2,\cdots,x'_T$，其中 $T=lm$。用二次移动平均数法或二次指数平滑法给出线性趋势 $\hat{x}'_t=\hat{a}+\hat{b}t$，最终可得预测模型为

$$\hat{x}_t=x'_tI \tag{4-22}$$

当 $t=j,l+j,2l+j,\cdots,(m-1)l+j$ 时，I 对应取 $I_j(j=1,2,\cdots,l)$。若使用加法模型，则要将式(4-18)、式(4-20)和式(4-21)分别变为 $I_{ks}=x_{ks}-\overline{x}_k$，$x'_{ks}=x_{ks}-I_s$，$\hat{x}_k=\hat{x}'_k+I$，其他公式不变。

4.3　增长趋势预测分析

在经济管理过程中常常会遇到这样的时间序列，即它们的各项经济指标不总是以某种趋势不断上升，而是在达到一定程度后逐渐接近饱和状态，如产品的销量、生产能力、某种技术参数等。就某种产品的销量而言，有一个发生、发展、成熟直至衰亡的过程。在其发展变化过程中，每个阶段的延续时间和变化速度也不尽相同。一般来说，在发生

阶段发展速度比较慢，发展阶段发展速度加快，成熟阶段的发展速度先增长稍后又有所降低，衰亡阶段发展速度开始下降。对于具有这种演变过程的事物发展变化曲线，通常将其称为生长曲线或增长曲线，也称为逻辑增长曲线。

生长曲线有两种：一种是对称的 S 形曲线，称为逻辑生长曲线；另一种是非对称曲线，经常使用的非对称曲线就是 Gompertz 曲线。

4.3.1　指数曲线模型

设时间序列数据 $x_1, x_2, \cdots, x_T$ 大体为指数增长趋势 $x_t = ae^{bt}\ (a>0, b>0)$，因为当 t 无限增大时，x_t 无限增大，所以数据只可能在一段时间内符合指数增长规律。为此建立预测分析模型

$$\hat{x}_t = ae^{bt} \tag{4-23}$$

只需确定参数 a 和 b。

首先将式(4-23)两边取对数可得

$$\ln \hat{x}_t = \ln a + bt \tag{4-24}$$

这表明 $\hat{x}_t' = \ln \hat{x}_t$ 具有线性增长趋势，可以用线性趋势预测法或最小二乘法确定直线的截距 $\ln a_T$ 和斜率 b_T，于是可以得出预测模型 $\hat{x}_t' = \ln \hat{x}_t = \ln a_T + b_T t$，即 $\hat{x}_t = a_T e^{b_T t}$。

【例 4-5】　某企业第 1～7 年产品的销售量呈迅速增长态势，具体数据如表 4-9 所示，试用指数增长分析模型对第 8 年的销售额进行预测。

表 4-9　某企业销售数据(单位：10^2t)

序号	1	2	3	4	5	6	7
销售量	227	249	267	289	329	405	450

对于销售数据，首先给出对数值，然后根据二次指数平滑法给出预测公式，即可以进行销售量的预测分析。这里二次平滑的 α 值取 0.387。具体计算结果如表 4-10 所示。

表 4-10　指数预测分析模型数据计算结果

序号	销售量 x_t	对数值 $\ln x_t$	一次指数平滑值 $S_t^{(1)}$	二次指数平滑值 $S_t^{(2)}$
1	227	5.42	5.42	5.42
2	249	5.52	5.46	5.43
3	267	5.59	5.51	5.46
4	289	5.67	5.57	5.51
5	329	5.80	5.66	5.57
6	405	6.00	5.79	5.65
7	450	6.11	5.91	5.75

根据表 4-10 的一次指数平滑值和二次指数平滑值，可得相应的预测分析方程为

$$\hat{x}_{7+t} = 432.68\mathrm{e}^{0.10t}$$

据此就可以进行预测，根据上式可计算出第 8 年的销售量为

$$\hat{x}_{7+1} = 432.68\mathrm{e}^{0.10\times 1} = 478.19$$

4.3.2 非齐次指数模型

非齐次指数模型为

$$x_t = c + a\mathrm{e}^{bt} \tag{4-25}$$

上面介绍的指数曲线模型也称为齐次指数模型，虽然二者只差一个非零常数 c，但两个模型有很大差别，具体表现在：式(4-25)不能像齐次指数模型那样通过两边取对数转化成线性模型。当$a>0$、$b>0$时，式(4-25)是$a\mathrm{e}^{bt}$的一个平移，当t无限增大时，x_t也趋近于无穷大；当$a<0$、$b<0$时，随着t从 0 逐渐增大，x_t单调增加，且$\lim\limits_{t\to\infty} x_t = c$，此时模型可用于增长速度逐渐减慢，无限趋于某个极限的数据序列。下面简要介绍如何用时间序列数据$x_1, x_2, \cdots, x_T$利用代数求解的方法来确定式(4-25)中的三个参数a、b和c。

(1) 为建立含a、b和c的三个方程，将数据序列值的个数 T 除以 3，即每组含有$n = T/3$个数据(若T不是 3 的整数倍，则可以去掉前面的一个或两个数据)。

(2) 记$\mathrm{e}^b = b_1\,(0<b_1<1)$，求出三组数据的和，分别记为$\sum_1 x$、$\sum_2 x$和$\sum_3 x$，可得

$$\begin{aligned}
\sum\nolimits_1 x &= \sum_{t=1}^{n} x_t = nc + ab_1(1 + b_1 + b_2 + \cdots + b_1^{n-1}) = nc + ab_1 \times \frac{1-b_1^n}{1-b_1} \\
\sum\nolimits_2 x &= \sum_{t=n+1}^{2n} x_t = nc + ab_1^{n+1} \times \frac{1-b_1^n}{1-b_1} \\
\sum\nolimits_3 x &= \sum_{t=2n+1}^{3n} x_t = nc + ab_1^{2n+1} \times \frac{1-b_1^n}{1-b_1}
\end{aligned} \tag{4-26}$$

(3) 利用下列公式可以求出参数a、b和c的值。

$$\begin{aligned}
a &= \frac{(1-b_1)\left(\sum_1 x - \sum_2 x\right)}{(1-b_1^n)^2 b_1} \\
b &= \frac{1}{n}\ln\frac{\sum_2 x - \sum_3 x}{\sum_1 x - \sum_2 x} \\
c &= \frac{1}{n}\left(\sum\nolimits_1 x - \frac{1-b_1^n}{1-b_1} ab_1\right)
\end{aligned} \tag{4-27}$$

(4) 利用公式$\hat{x}_t = c + a\mathrm{e}^{bt}$进行预测分析。

【例 4-6】 根据表 4-4 的数据预测第 15 年和第 16 年的发电量。

表 4-4 的数据有 14 个，数据个数除以 3，取$n=4$，去掉两个数据，分别求出$\sum_1 x$、$\sum_2 x$和$\sum_3 x$。

$$\sum\nolimits_1 x = 3514 + 3770 + 4107 + 4496 = 15887$$
$$\sum\nolimits_2 x = 4973 + 5451 + 5846 + 6212 = 22482$$
$$\sum\nolimits_3 x = 6750 + 7420 + 8150 + 9055 = 31375$$

然后根据上述计算结果求参数 a、b 和 c 的值。经计算可得 $a = 3921.62$，$b = 0.0747$，$c = -766.09$，由此可得预测公式为

$$\hat{x}_t' = -766.09 + 3921.62\mathrm{e}^{0.0747t}, \quad t = 1,2,\cdots$$

根据预测公式即可预测第 15 年和第 16 年的发电量：

$$\hat{x}_{15}' = -766.09 + 3921.62\mathrm{e}^{0.0747\times 15} = 11259.11$$
$$\hat{x}_{16}' = -766.09 + 3921.62\mathrm{e}^{0.0747\times 16} = 12191.80$$

4.3.3　Gompertz 曲线模型

Gompertz 是英国的统计学家和数学家，以他的名字命名的曲线模型为

$$x_t = \mathrm{e}^{c + a\mathrm{e}^{bt}}, \quad b < 0, a < 0 \tag{4-28}$$

两边取对数为

$$\ln x_t = c + a\mathrm{e}^{bt} \tag{4-29}$$

Gompertz 曲线是对数非齐次曲线，可以根据上面的方法进行求解。

【例 4-7】 某公司产品的销售额如表 4-11 所示，试分析其数据变化，用 Gompertz 曲线模型预测第 11 年的销售额。

表 4-11　某公司产品销售额数据表(单位：10^2 万元)

年份编号	1	2	3	4	5
销售量	4.56	4.94	6.21	7.18	7.74
年份编号	6	7	8	9	10
销售量	8.38	8.45	8.73	9.42	10.24

根据 4.3.2 节非齐次指数模型的求解方法，首先对各年的销售量数据取对数，数据为 10 个，不是 3 的整数倍，故去掉第一年的数据，形成新的计算表格，见表 4-12。

表 4-12　某公司销售额数据的计算及变换

年份编号	1	2	3	4	5
销售量 x_t	4.94	6.21	7.18	7.74	8.38
$\ln x_t$	1.5974	1.8262	1.9713	2.0464	2.1258
年份编号	6	7	8	9	
销售量 x_t	8.45	8.73	9.42	10.24	
$\ln x_t$	2.1342	2.1668	2.2428	2.3263	

9 个数据分成三组，$T=9$，$n=3$，分别计算三组数据的对数和，然后按照式(4-27)计算模型的参数 a、b和c 的值。计算结果为 $a=-0.9297$，$b=-0.2508$，$c=2.3732$，由此可得预测公式为

$$\ln x_t = c + a\mathrm{e}^{bt} = 2.3732 - 0.9297\mathrm{e}^{-0.2508t}$$

根据预测模型可求出第 10 年的销售额的预测值为

$$x_{10} = \mathrm{e}^{2.3732-0.9297\mathrm{e}^{-0.2508\times 10}} = 9.9493\,(10^2\text{万元})$$

4.3.4　Logistic 曲线模型

比利时的数学家 Verhulst 在 1938 年提出了 Logistic(逻辑斯谛)模型，即

$$x_t = \frac{1}{c + a\mathrm{e}^{bt}},\quad c>0, a>0, b<0 \tag{4-30}$$

Logistic 曲线如图 4-6 所示，曲线可以分为缓慢增长、快速增长和增长趋于稳定三个部分，最后无限趋近于一个值 $1/c$。这正好反映了事物发生、发展和成熟的一般规律，许多科学家把它应用到人口增长、经济预测等方面。

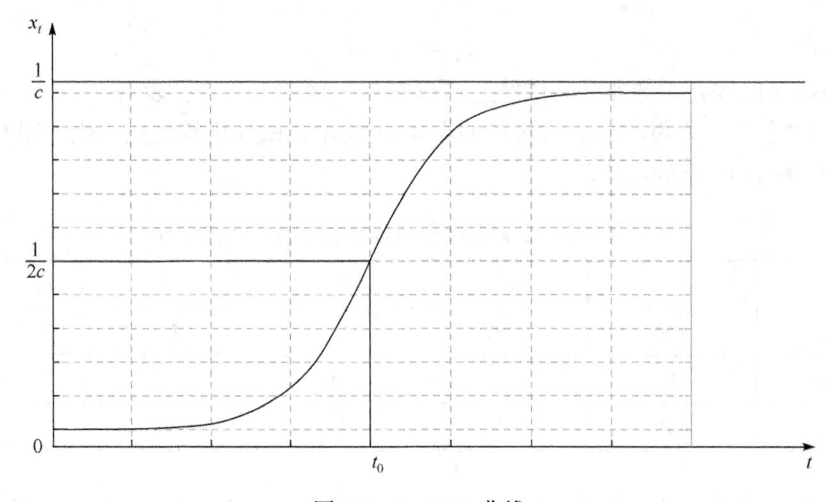

图 4-6　Logistic 曲线

对式(4-30)进行微分可得

$$\frac{\mathrm{d}x_t}{\mathrm{d}t} = \frac{-ab\mathrm{e}^{bt}}{(c + a\mathrm{e}^{bt})^2} > 0$$

故 x_t 为单调增加。对上式进一步微分可得

$$\frac{\mathrm{d}^2 x_t}{\mathrm{d}t^2} = \frac{ab^2\mathrm{e}^{bt}(a\mathrm{e}^{bt} - c)}{(c + a\mathrm{e}^{bt})^2}$$

令 $\frac{\mathrm{d}^2 x_t}{\mathrm{d}t^2}=0$，解得 $t_0=\frac{1}{b}\ln\frac{c}{a}$。当 $t>t_0$ 时，$\frac{\mathrm{d}^2 x_t}{\mathrm{d}t^2}<0$，曲线上凸；当 $t<t_0$ 时，曲线下凹；

当 $t=t_0$ 时，$x_t=\dfrac{1}{2c}$，故曲线上 $\left(t_0,\dfrac{1}{2c}\right)$ 是拐点。

对式(4-30)两边取倒数，可得 $1/x_t=c+a\mathrm{e}^{bt}$，于是就变成了关于 $1/x_t$ 的非齐次指数模型。就可以继续求解参数 a、b 和 c，并确定预测模型，计算公式如下：

$$S_1=\sum_{t=1}^{n}\frac{1}{x_t},\quad S_2=\sum_{t=n+1}^{2n}\frac{1}{x_t},\quad S_3=\sum_{t=2n+1}^{3n}\frac{1}{x_t},\quad b_1=\mathrm{e}^b$$

再根据式(4-26)可求出参数 a、b 和 c。于是可得预测模型为

$$\hat{x}_t=\frac{1}{c+a\mathrm{e}^{bt}},\quad t=1,2,\cdots$$

本 章 作 业

1. 当应用移动平均数法进行预测时，N 的选取应该注意哪些问题？
2. 指数平滑法中 α 的选取有何作用？
3. 增长趋势分析有哪些模型可以使用？
4. 季节性趋势分析的方法和步骤是什么？

第 5 章　时间序列分析

时间序列是指一个变量的观测值按时间顺序排列而成的序列。它反映了现象动态变化的过程和特点，是研究事物发展趋势、规律以及进行预测的依据。时间序列数据在自然、经济及社会等领域都是很常见的，如城市中每月的平均气温、某商店连续 36 个月的销售额等。本章主要介绍时间序列的相关概念以及时间序列的分析和建模。

5.1　时间序列分析概述

现在时间序列分析已经用在国民经济宏观控制、区域综合发展规划、企业经营管理、市场销量预测、气象预报、水文预报、地震前兆预报、农作物病虫灾害预报、环境污染控制、生态平衡、天文学和海洋学等方面。

时间序列分析的应用范围十分广泛。首先，可以根据对系统进行观测得到的时间序列数据，用曲线拟合方法对系统进行客观的描述；其次，可以用一个时间序列中的变化去说明另一个时间序列中的变化，从而深入了解给定时间序列产生的机理；此外还可以根据时间序列模型调整输入变量，以使系统在发展过程中保持在目标值，即预测到过程要偏离目标时便可进行必要的控制。

5.1.1　时间序列的定义和特征统计量

时间序列通常是用按照时间顺序排列的一组随机变量 $\cdots,X_1,X_2,\cdots,X_t,\cdots$ 来表示一个随机事件的时间序列，也可以记为 $\{X_t\}$ 或 $\{X_t,t\in T\}$，用 $x_1,x_2,\cdots,x_n$ 表示该随机序列的 n 个有序观察值，称为序列长度为 n 的观察值序列。描述时间序列的特征统计量主要是均值、方差、自协方差和自相关系数。通过这些特征统计量的计算能够很好地描述随机序列的主要概率分布特征。对时间序列的分析主要是通过这些特征统计量的计算和分析，进而推断出随机序列的统计特征。

1. *均值*

数据序列在 t 时刻的均值函数为 $\mu_t=E(X_t)=\int_{-\infty}^{\infty}x\mathrm{d}F_t(x)$，当 t 取遍所有观察时刻时，则得到一个方差函数序列 $\{\mu_t,t\in T\}$，它反映的是时间序列 $\{X_t,t\in T\}$ 的均值水平。

2. *方差*

数据序列在 t 时刻的方差函数为 $D(X_t)=E(X_t-\mu_t)^2=\int_{-\infty}^{\infty}(x-\mu_t)^2\mathrm{d}F_t(x)$，当 t 取遍

所有观察时刻时，就得到一个方差函数序列 $\{D(X_t),t\in T\}$ ，它描述的是序列值围绕其均值做随机波动时的平均波动程度。

3. 自协方差和自相关系数

序列的自协方差函数为 $\gamma(t,s)=E(X_t-\mu_t)(X_s-\mu_s)$ ，序列的自相关系数为 $\rho(t,s)=\dfrac{\gamma(t,s)}{\sqrt{D(X_t)D(X_s)}}$ ，自协方差和自相关系数度量了同一事件在两个不同时期的相互影响程度。

5.1.2　平稳性检验

对于一个观察值序列，首先要对其平稳性和纯随机性进行检验，这两个非常重要的检验称为时间序列的预处理。根据检验的结果，可以将时间序列分成不同的类型，再根据不同的时间序列类型采用不同的分析和处理方法。时间序列可分为平稳时间序列和白噪声序列。

1. 平稳时间序列

设 $\{X_t,t\in T\}$ 为一个时间序列，如果该序列满足下列三个条件：

(1) $EX_t^2<\infty,\forall t\in T$ ；

(2) $EX_t=\mu,\mu$ 为常数 $,\forall t\in T$ ；

(3) $\gamma(t,s)=\gamma(k,k+x-t),\forall t,s,k\in T,k+s-t\in T$ 。

则称 $\{X_t,t\in T\}$ 为平稳时间序列。

平稳时间序列具有以下三个统计性质：

(1) 常数均值，即 $E(X_t)=\mu,\forall t\in T$ ， μ 为常数；

(2) 常数方差，即 $D(X_t)=\sigma^2$，$\forall t\in T$ ， σ^2 为常数；

(3) 自协方差函数和自相关系数仅依赖于时间的平稳长度，与时间的起止点无关，即 $\gamma(t,s)=\gamma(k,k+s-t),\forall t,s,k\in T$ 。

根据此性质可以将自协方差函数 $\gamma(t,s)$ 由二维简化为一维，即 $\gamma(s-t)\overset{\text{def}}{=}\gamma(t,s)$，由此可以给出一个相关的概念，即延迟 k 自协方差函数和延迟 k 自相关系数。

对于平稳时间序列 $\{X_t,t\in T\}$ ，任取 t、k，满足 $t\in Y$，$t+k\in T$ ，定义 $\gamma(k)$ 为时间序列 $\{X_t,t\in T\}$ 的延迟 k 自协方差函数 $\gamma(k)=\gamma(t,t+k)$ ；延迟 k 自相关系数为 $\rho_k=\dfrac{\gamma(k)}{\gamma(0)}$ 。

由上述定义可知自相关系数的性质如下：

(1) 规范性，即 $\rho_0=1$ ；

(2) 对称性，即 $\rho_k=\rho_{-k}$ ；

(3) 非负定性，即对于任意正整数 m，相关阵 Γ_m 为对称非负定矩阵，其中相关阵 Γ_m 为

$$\Gamma_m = \begin{bmatrix} \rho_0 & \rho_1 & \cdots & \rho_{m-1} \\ \rho_1 & \rho_0 & \cdots & \rho_{m-2} \\ \vdots & \vdots & & \vdots \\ \rho_{m-1} & \rho_{m-2} & \cdots & \rho_0 \end{bmatrix}$$

(4) 非唯一性，即一个平稳时间序列一定唯一决定它的自相关系数，但一个自相关系数未必唯一对应一个平稳的时间序列。

2. 平稳性的检验

对序列的平稳性进行检验有两种方法：一种是根据图形显示的特征做出判断，称为时序图方法和自相关图检验法；另一种是构造检验统计量进行假设检验的 Daniel 检验方法。这里只介绍第一种检验方法。

1) 时序图检验

时序图是一个平面的二维坐标图，一般横轴表示时间，纵轴表示序列的取值，时序图可以较为直观地展示序列的一些基本特征。

根据平稳时间序列的均值、方差为常数的性质，平稳序列的时序图应该显示出该序列始终在一个常数的附近随机波动，且波动范围有界，无明显趋势和周期特征。

【例 5-1】 某企业近 30 个月的销售量如表 5-1 所示，试分析该时间序列是否平稳。

表 5-1 某企业的销售量数据表

月份	1	2	3	4	5	6	7	8
销售量/万件	15.71	24.43	18.23	22.50	12.53	9.94	7.19	35.63
月份	9	10	11	12	13	14	15	16
销售量/万件	68.45	94.68	−12.10	−68.45	−50.23	20.01	19.92	42.81
月份	17	18	19	20	21	22	23	24
销售量/万件	18.78	−0.92	−1.68	5.09	26.39	31.10	19.78	2.56
月份	25	26	27	28	29	30		
销售量/万件	12.98	15.54	3.97	2.42	0.35	0.98		

根据表 5-1 的数据做出的时序图如图 5-1 所示，从图中可以看出，销售量的数据始终在均值附近随机波动，且没有明显的趋势或周期变动，可以视其为平稳序列。

2) 自相关图检验

自相关图是平面二维坐标悬垂线图，一个坐标轴表示延迟时期数，另一个坐标轴表示自相关系数，通常以悬垂线表示自相关系数的大小。平稳序列通常具有短期相关性，这一性质用自相关系数来描述就是随着延迟期数的增加，平稳序列的自相关系数会很快衰减为零。

【例 5-2】 某企业连续 30 天的生产中，测得的产品次品率如表 5-2 所示，试分析该次品率的数据是否可以看成平稳序列数据。

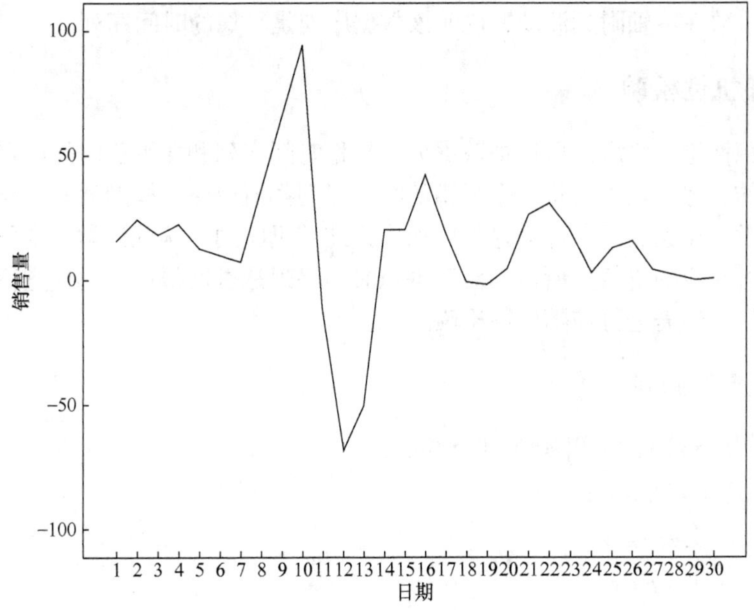

图 5-1　时序图

表 5-2　某企业产品次品率表

天数	1	2	3	4	5	6	7	8	9	10
次品率/%	5.3	2.1	12.2	0.4	9.5	3.4	9.5	6.3	7.4	5.2
天数	11	12	13	14	15	16	17	18	19	20
次品率/%	5.9	5.4	6.6	6.9	6.7	7.3	5.0	6.0	5.4	6.6
天数	21	22	23	24	25	26	27	28	29	30
次品率/%	7.2	4.5	6.0	5.5	6.9	4.9	5.3	5.8	6.0	5.5

从图 5-2 的自相关图中可以看出，自相关系数衰减到零的速度很快，在延迟四阶以

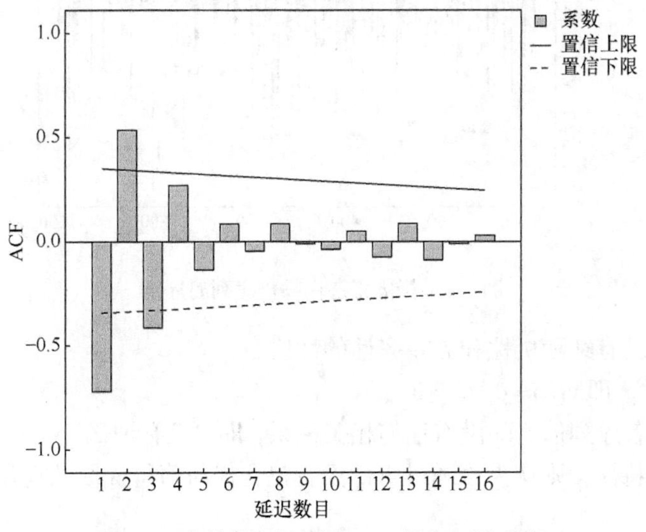

图 5-2　次品率自相关图(ACF 指自相关系数)

后，自相关系数在零轴附近波动，说明该数据序列是平稳的时间序列。

5.1.3 纯随机性检验

经过平稳性检验之后，可以把数据分为平稳时间序列和非平稳时间序列。如果时间序列是平稳的，那么是否对每一个平稳的时间序列都值得建立模型展开研究呢？如果数据之间彼此没有相关关系，那么这种序列称为纯随机序列，从统计学角度分析，对此展开研究不具有相应的价值。所以，对于平稳时间序列是否值得通过建模进行分析，在平稳性分析之后，还需进行纯随机性检验。

1. 白噪声序列判断

如果时间序列$\{X_t, t \in T\}$满足如下性质：

(1) $E(X_t)=\mu, \forall t \in T$；

(2) $\gamma(t,s)=\begin{cases}\sigma^2, t=s \\ 0, t \neq s\end{cases}, \forall t,s \in T$。

则称序列$\{X_t\}$为纯随机序列，也称为白噪声序列，记为$X_t \sim \mathrm{WN}(\mu, \sigma^2)$。标准正态白噪声序列时序图如图 5-3 所示。

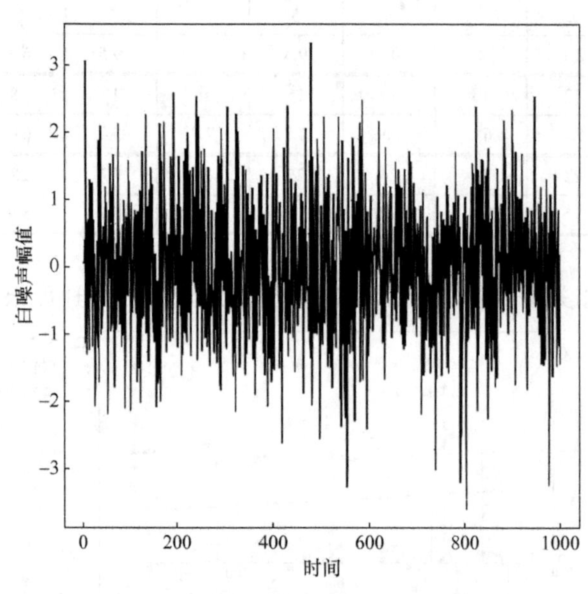

图 5-3 标准正态白噪声序列时序图

白噪声序列具有纯随机性和方差齐性的性质。

1) 纯随机性，即$\gamma(k)=0, \forall k \neq 0$

纯随机性指各序列值之间没有任何相关关系，即“没有记忆”。一旦某随机事件呈现出纯随机运动的特征，则认为该随机事件没有包含任何值得提取的有用信息，这时应终止分析。

当$\gamma(k)\neq 0,\exists k\neq 0$时，该序列不是纯随机序列，该序列间隔 k 期的序列值之间存在一定程度的相关性，分析的目的就是将这种相关的信息从观察值序列中提取出来，而如果将观察值序列中蕴含的相关信息全部充分提取出来，那么剩下的残差序列就应该呈现出纯随机性质。

2) 方差齐性，即 $D(X_t)=\gamma(0)=\sigma^2$

根据马尔可夫定理，只有方差齐性的假定成立，用最小二乘法得到的未知参数估计值才是准确和有效的；若假定不成立，则最小二乘法估计值就不是方差最小线性无偏估计，拟合模型的精度就会大打折扣。

2. 纯随机性检验过程

纯随机性检验的原假设和备择假设如下。

H_0：延迟期数小于或等于 m 期的序列值之间相互独立，即

$$H_0:\rho_1=\rho_2=\cdots=\rho_m=0,\quad \forall m\geqslant 0$$

H_1：延迟期数小于或等于 m 期的序列值之间有相关性，即

$$H_1:\text{至少存在某个}\rho_k\neq 0,\quad \forall m\geqslant 1,k<m$$

纯随机性检验是建立在 Bartlett 定理基础之上的。下面给出 Bartlett 定理。

如果一个时间序列是纯随机的，得到一个观察期数为 n 的观察序列，那么该序列的延迟非零期的样本自相关系数将近似服从均值为零、方差为序列观察期数倒数的正态分布，即 $\hat{\rho}_k\sim N(0,1/n)$，由此定理可以得到检验统计量，即 Box 和 Ljung 给出的 Ljung-Box 统计量：

$$\text{Ljung-Box}=n(n+2)\sum_{k=1}^{m}\left(\frac{\hat{\rho}_k^2}{n-k}\right)\sim\chi^2(m)$$

其中，n 为序列观测期数；m 为指定延迟期数。

当检验统计量大于 $\chi^2_{1-\alpha}(m)$ 分位点，或该统计量的 p 值小于 α 时，可以以 $1-\alpha$ 的置信水平拒绝原假设，认为该序列为非白噪声序列；当检验统计量小于 $\chi^2_{1-\alpha}(m)$ 分位点，或该统计量的 p 值大于 α 时，则认为在 $1-\alpha$ 的置信水平下无法拒绝原假设，也就是说不能显著拒绝序列为纯随机序列的假设。需要说明的是，因为平稳序列通常具有短期相关性，所以只需要考虑平稳时间序列短期延迟的序列值之间是否存在显著的相关关系，也就是只需考虑延迟期数 m 取较小值时的 p 值即可。如果一个平稳序列具有显著的短期相关关系，那么这个序列一定不是白噪声序列。

5.2　平稳时间序列分析

如果时间序列是平稳的，这里的平稳是指宽平稳，其特性是序列的统计特性不随时间平移而变化，即均值和协方差不随时间的平移而变化，那么可以建立下面几种模型：

(1) 自回归模型(auto regressive model)，简称 AR 模型。

(2) 移动平均模型(moving average model)，简称 MA 模型。

(3) 自回归移动平均模型(auto regressive moving average model)，简称 ARMA 模型。

ARMA 模型是目前比较常用的拟合平稳时间序列的模型。

5.2.1 ARMA 模型

1. ARMA 模型的定义

1) AR(p)模型

若零均值平稳时间序列$\{X_t\}$可建立如下结构的模型：

$$x_t = \phi_1 x_{t-1} + \phi_2 x_{t-2} + \cdots + \phi_p x_{t-p} + \varepsilon_t \tag{5-1}$$

其中，$\phi_p \neq 0$，$E(\varepsilon_t)=0$，$D(\varepsilon_t)=\sigma_\varepsilon^2$，$E(\varepsilon_t \varepsilon_s)=0$，$s \neq t$，$E(x_s \varepsilon_t)=0$，$\forall s<t$，则称该模型为 p 阶自回归模型，记为 AR(p)。

引进延迟算子来描述 AR(p)模型比较方便，定义延迟算子 B 如下：

$$Bx_t = x_{t-1}，\quad B^k x_t = x_{t-k}$$

计算子多项式$\Phi(B)=1-\phi_1 B-\phi_2 B^2-\cdots-\phi_p B^p$称为自回归系数多项式，则式(5-1)可以简记为$\Phi(B)x_t=\varepsilon_t$。

2) MA (q)模型

若零均值平稳时间序列$\{X_t\}$可建立如下结构模型：

$$x_t = \varepsilon_t - \theta_1 \varepsilon_{t-1} - \theta_2 \varepsilon_{t-2} - \cdots - \theta_q \varepsilon_{t-q} \tag{5-2}$$

其中，$\theta_q \neq 0$，$E(\varepsilon_t)=0$，$D(\varepsilon_t)=\sigma_\varepsilon^2$，$E(\varepsilon_t \varepsilon_s)=0$，$s \neq t$，$E(x_s \varepsilon_t)=0$，$\forall s<t$，则称该模型为 q 阶移动平均模型，记为 MA(q)。

用延迟算子 B 来描述 MA(q)模型也比较方便，计算子多项式$\Theta(B)=1-\theta_1 B-\theta_2 B^2-\cdots-\theta_q B^q$称为移动平均系数多项式，则式(5-2)可以简记为$x_t=\Theta(B)\varepsilon_t$。

3) ARMA(p,q)模型

若零均值平稳时间序列$\{X_t\}$可建立如下结构模型：

$$x_t = \phi_1 x_{t-1} + \phi_2 x_{t-2} + \cdots + \phi_p x_{t-p} + \varepsilon_t - \theta_1 \varepsilon_{t-1} - \cdots - \theta_q \varepsilon_{t-q} \tag{5-3}$$

其中，$\phi_p \neq 0$，$\theta_q \neq 0$，$E(\varepsilon_t)=0$，$D(\varepsilon_t)=\sigma_\varepsilon^2$，$E(\varepsilon_t \varepsilon_s)=0$，$s \neq t$，$E(x_s \varepsilon_t)=0$，$\forall s<t$，则称该模型为自回归移动平均模型，简记为 ARMA(p,q)模型。AR 模型(当 q=0 时)与 MA 模型(当 p=0 时)都是 ARMA 模型的特例。

2. ARMA 模型的平稳性和可逆性

1) AR(p) 模型

要对一个平稳的时间序列建模，则建立的模型也必须是平稳模型。AR(p)模型是常用的拟合平稳序列的模型，但并不是所有的 AR(p)模型都是平稳的，所以需要对模型的平稳性进行判断，可以用来判断AR(p)模型平稳性的方法有特征根判断和平稳域判断。

特征根判断AR(p)模型平稳性的等价条件为：AR(p)模型的自回归系数多项式的根即$\Phi(u)=0$的根，都在单位圆外。

平稳域判断AR(p)模型平稳性的等价条件为：AR(p)模型的平稳域是参数向量$(\phi_1,\phi_2,\cdots,\phi_p)^{\mathrm{T}}$的一个集合，该集合是$p$维欧氏空间的一个子集，它使得特征根都在单位圆内，即AR(p)模型的平稳域为$\left\{\phi_1,\phi_2,\cdots,\phi_p \middle| \text{特征根都在单位圆内}\right\}$。

2) MA(q)模型

当$q<\infty$时，MA(q)模型都是平稳模型，但MA(q)模型的自相关系数可能不是唯一的，这种自相关系数的不唯一性对未来模型的选择会带来麻烦。为了保证一个给定的自相关系数能够对应唯一的MA(q)模型，需要MA(q)模型满足可逆性条件，即MA(q)模型的移动平均数多项式$\Theta(v)=0$的根都在单位圆外。

综上可见，AR(p)模型的平稳性和MA(q)模型的可逆性是对偶的。

3. ARMA模型的相关性

AR(p)模型、MA(q)模型和ARMA(p,q)模型的相关性对于平稳时间序列模型的建立具有非常重要的作用，相关性的研究主要是对自相关性和偏自相关性进行研究，首先给出偏相关系数的概念。

对于平稳序列$\{X_t\}$，滞后k偏自相关系数是指在给定的中间k–1个随机变量$X_{t-1},X_{t-2},\cdots,X_{t-k+1}$的条件下，或者说在剔除了中间$k$–1个随机变量$X_{t-1},X_{t-2},\cdots,X_{t-k+1}$的干扰之后，$X_{t-k}$对$X_t$影响的相关度量，即

$$\begin{aligned}&\rho X_t,X_{t-k}\big|X_{t-1},X_{t-2},\cdots,X_{t-k+1}\\&=\frac{E\Big[\big(X_t-E\big[X_t\big|X_{t-1},X_{t-2},\cdots,X_{t-k+1}\big]\big)\big(X_{t-k}-E\big[X_{t-k}\big|X_{t-1},X_{t-2},\cdots,X_{t-k+1}\big]\big)\Big]}{E\Big[\big(X_{t-k}-E\big[X_{t-k}\big|X_{t-1},X_{t-2},\cdots,X_{t-k+1}\big]\big)^2\Big]}\end{aligned}$$

接下来分别讨论AR(p)模型、MA(q)模型和ARMA(p,q)模型的自相关系数和偏自相关系数。

1) AR(p)模型

平稳的AR(p)模型的自相关系数计算公式为$\rho_k=\dfrac{\gamma_k}{\gamma_0}$，其中$\gamma_k$为协方差函数，其递推公式为$\gamma_k=\phi_1\gamma_{k-1}+\phi_2\gamma_{k-2}+\cdots+\phi_p\gamma_{k-p}$。$\rho_k$具有拖尾性，这是指对于平稳的AR($p$)模型$x_t=\phi_1x_{t-1}+\phi_2x_{t-2}+\cdots+\phi_px_{t-p}+\varepsilon_t$，虽然表面上$X_t$只受$\varepsilon_t$和$x_{t-1},x_{t-2},\cdots,x_{t-p}$的影响，但是$x_{t-1}$又依赖于$x_{t-1-p}$，所以$x_{t-1-p}$对$X_t$也会产生影响。以此类推，$X_t$前的每一个序列值都会对$X_t$构成影响。AR的这种特性体现在自回归系数上就是自相关系数的拖尾性。同时随着时间的推移，ρ_k也会迅速衰减，而且是以负指数λ^k的速度在减小，这种相关性就是短期相关性，这是平稳序列的一个重要特征。

平稳的AR(p)模型的偏自相关系数计算公式为$\phi_{kk}=\phi_k$，所以当$k>p$时，$\phi_{kk}=0$，

即平稳的 AR(p) 模型的偏自相关系数具有 p 阶截尾性质。

2) MA(q) 模型

MA(q) 模型自相关系数的计算公式为

$$\rho_k = \frac{\gamma_k}{\gamma_0} = \begin{cases} 1, & k=0 \\ \dfrac{-\theta_k + \sum_{i=1}^{q-k}\theta_i\theta_{k+i}}{1+\sum_{i=1}^{q}\theta_i^2}, & 1 \leqslant k \leqslant q \\ 0, & k>q \end{cases} \tag{5-4}$$

其中，γ_k 为协方差函数，其计算公式为

$$\gamma_k = \begin{cases} \left(1+\sum_{i=1}^{q}\theta_i^2\right)\sigma_\varepsilon^2, & k=0 \\ \left(-\theta_k + \sum_{i=1}^{q-k}\theta_i\theta_{k+i}\right)\sigma_\varepsilon^2, & 1 \leqslant k \leqslant q \\ 0, & k>q \end{cases} \tag{5-5}$$

由 ρ_k 的计算公式可知，ρ_k 具有 q 阶截尾的性质。

MA(q) 模型的偏自相关系数的计算公式为

$$\phi_{kk} = (-\theta_1\varepsilon_{t-1} - \theta_2\varepsilon_{t-2} - \cdots - \theta_q\varepsilon_{t-q})(-\theta_1\varepsilon_{t-k-1} - \theta_2\varepsilon_{t-k-2} - \cdots - \theta_q\varepsilon_{t-k-q})$$

根据 ϕ_{kk} 的计算公式，由于 $\theta_1,\theta_2,\cdots,\theta_q$ 不恒为 0，故 ϕ_{kk} 不会在有限阶之后恒为 0，即 MA(q) 模型的偏自相关系数 ϕ_{kk} 也具有拖尾性质。

MA(q) 模型的自相关系数的 q 阶截尾、偏自相关系数的拖尾与 AR(p) 模型的自相关系数拖尾、偏自相关系数 p 阶截尾正好呈对偶关系。

3) ARMA(p,q) 模型

对于一般的 ARMA(p,q) 模型，可以证明这一模型的自相关系数和偏自相关系数都是拖尾的。

上述三种模型的相关性特征可以总结为表 5-3，这是对这三类模型进行识别的重要依据。

表 5-3　ARMA 模型的相关性特征

模型	自相关系数	偏自相关系数
AR(p)	拖尾	p 阶截尾
MA(q)	q 阶截尾	拖尾
ARMA(p,q)	拖尾	拖尾

5.2.2　平稳序列建模

对于平稳白噪声序列，平稳时间序列的建模可以分为以下几个步骤：①计算样本的

自相关系数和偏相关系数；②进行模型的识别；③参数估计；④模型检验；⑤模型优化；⑥序列模型预测。具体可参考图 5-4。

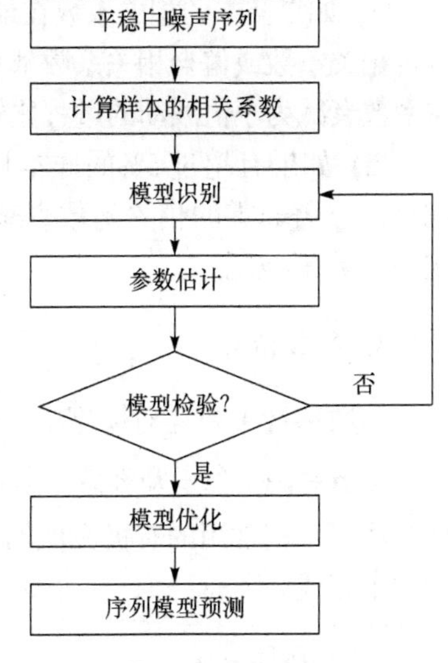

图 5-4　平稳时间序列建模步骤

1. 计算样本相关系数

样本的自相关系数的计算公式为

$$\hat{\rho}_k=\frac{\sum_{t=1}^{n-k}(x_t-\bar{x})(x_{t+k}-\bar{x})}{\sum_{t=1}^{n}(x_t-\bar{x})^2} \tag{5-6}$$

样本的偏自相关系数的计算公式为

$$\hat{\phi}_{kk}=\frac{\hat{D}_k}{\hat{D}} \tag{5-7}$$

其中

$$\hat{D}=\begin{vmatrix}1 & \hat{\rho}_1 & \cdots & \hat{\rho}_{k-1}\\ \hat{\rho}_2 & 1 & \cdots & \hat{\rho}_{k-2}\\ \vdots & \vdots & & \vdots\\ \hat{\rho}_{k-1} & \hat{\rho}_{k-2} & \cdots & 1\end{vmatrix},\quad \hat{D}_k=\begin{vmatrix}1 & \hat{\rho}_1 & \cdots & \hat{\rho}_1\\ \hat{\rho}_1 & 1 & \cdots & \hat{\rho}_2\\ \vdots & \vdots & & \vdots\\ \hat{\rho}_{k-1} & \hat{\rho}_{k-2} & \cdots & \hat{\rho}_k\end{vmatrix}$$

2. 模型识别

对于零均值平稳的时间序列，可以从 AR(p) 模型、MA(q) 模型和 ARMA(p,q) 模型三种模型中选择一种与实际数据比较吻合的模型。模型识别的基本原则是根据三类模型的自相关系数和偏自相关系数的统计特性(表 5-4)，初步确定用于分析的模型的类型。

表 5-4　模型识别的基本原则

$\hat{\rho}_k$ 样本自相关系数	$\hat{\phi}_{kk}$ 样本偏自相关系数	模型选择
拖尾	p 阶截尾	AR(p)
q 阶截尾	拖尾	MA(q)
拖尾	拖尾	ARMA(p,q)

在实际运用中，由于样本的随机性特点，样本的相关系数可能不会像理论所叙述的那样呈现出比较完美的截尾情况，可能本应该是截尾的 $\hat{\rho}_k$ 或 $\hat{\phi}_{kk}$ 仍然会呈现出小幅振荡的情况。此外，由于平稳时间序列一般都具有短期相关性，随着延迟阶数 $k\to\infty$，$\hat{\rho}_k$ 和 $\hat{\phi}_{kk}$ 都会衰减至零附近做小幅波动。那么，当 $\hat{\rho}_k$ 或 $\hat{\phi}_{kk}$ 在延迟若干阶之后衰减为小值波动时，如何判断相关系数是截尾还是在延迟若干阶之后正常衰减到零值附近做拖尾波动，可以依据以下两个原则：

(1) 如果样本的相关系数在最初的 d 阶明显大于 2 倍标准差的范围，而后几乎 95%的样本自相关系数或偏自相关系数都落在 2 倍标准差的范围之内，且非零自相关系数或偏自相关系数衰减为小值波动的过程比较突然，这时可视为是自相关系数或偏自相关系数为截尾。

(2) 如果有超过 5%的样本自相关系数和偏自相关系数落在 2 倍标准差的范围以外，或是由显著非零的相关函数衰减为小值波动的过程比较缓慢或者非常连续，这时可视为相关系数不截尾。

3. 参数估计

参数估计主要是对模型中的未知参数进行估计。对于中心化的 ARMA(p,q) 模型，其只含有 $p+q+1$ 个未知参数，即 ϕ_1、ϕ_2、…、ϕ_p、θ_1、θ_2、…、θ_p、σ_ε^2，对这些未知参数的估计方法，比较常用的有极大似然法、矩估计法和最小二乘法。具体计算过程可借助相应的软件来完成。

4. 模型检验

1) 模型的显著性检验

模型检验是对残差序列进行检验，目的是检验模型的有效性。模型检验的判定原则是：一个好的拟合模型应该能够提取观察值序列中的几乎所有样本信息，也就是说，残差序列应为白噪声序列。若残差序列是非白噪声序列，则意味着残差序列中还有相关信息未被提取出来，即模型拟合不够有效。

假设检验：

原假设 $H_0:\rho_1=\rho_2=\cdots=\rho_m=0,\ \forall m\geqslant 1$。

备择假设 H_1:至少存在某个 $\rho_k\neq 0,\ \forall m\geqslant 1,\ k\leqslant m$。

检验统计量为 Ljung-Box 统计量，即 $\text{Ljung-Box}=n(n+2)\sum_{k=1}^{m}\left(\frac{\hat{\rho}_k}{n-k}\right)\sim\chi^2(m)$。

2) 参数显著性检验

参数显著性检验的目的是检验每一个未知参数是否显著非零，从而删除不显著参数使模型结构最精简。

原假设 $H_0:\beta_j=0$。

备择假设 $H_1:\beta_j\neq 0,\ \forall 1\leqslant j\leqslant m$。

检验统计量为 $T=\sqrt{n-m}\dfrac{\hat{\beta}_j-\beta_j}{\sqrt{aj_jQ(\tilde{\beta})}}\sim t(n-m)$。

5. 模型优化

当一个拟合模型通过了模型的显著性检验和参数的显著性检验时，说明该模型在一定的置信水平下，能够有效地拟合观察值序列的波动，但这种有效模型并不是唯一的，模型优化就是选择最优模型。

同一个数据序列可以构造出两个或多个拟合模型，且这些模型都显著有效。进行模型选择时可以利用最佳准则函数法进行统计推断。最佳准则函数是确定一个准则函数，这个函数既要考虑模型拟合时和原始数据的接近程度，又要考虑模型所包含的特定参数的个数。在建模时按照准则函数的取值进行取舍来确定模型的优劣，一般使准则函数达到最小的即最优模型。常用的准则函数有 AIC 准则和 BIC 准则。

AIC 准则是在 1973 年由日本统计学家 Akaike 提出的，也称为最小信息量准则，其指导思想是似然函数值越大越好，未知参数的个数越少越好。AIC 统计量的计算公式为

$$\mathrm{AIC}=n\ln(\hat{\sigma}_{\varepsilon}^{2})+2(\text{未知参数的个数})$$

模型的 AIC 值越小，模型越优。但 AIC 准则也存在不足，就是当样本容量趋于无穷大时，由 AIC 准则选择的模型不收敛于真实模型，通常它比真实模型所包含的未知个数要多。

BIC 准则是 AIC 方法的贝叶斯扩展，BIC 统计量的计算公式为

$$\mathrm{BIC}=n\ln(\hat{\sigma}_{\varepsilon}^{2})+\frac{c}{n}(\text{未知参数的个数})\ln n \tag{5-8}$$

其中，c 为常数。通过检验的所有模型中，使 AIC 函数和 BIC 函数最小的模型就是最优模型。

6. 序列模型预测

序列模型预测即根据观测的样本值对序列在未来某个时刻的取值进行预测。因为目前对平稳序列最常用的方法是线性最小方差预测，所以为保证预测精度，通常该模型只适合做短期预测。

5.2.3 案例分析及 ARMA 模型的 SPSS 实现

【例 5-3】 表 5-5 为某产品连续 65 天的销售量数据，试建立 ARMA 模型并预测之后的销售量。

表 5-5　时间序列数据

序号	销售量	序号	销售量	序号	销售量	序号	销售量	序号	销售量
1	50.0	14	43.1	27	53.0	40	53.1	53	45.3
2	66.1	15	60.4	28	47.2	41	50.0	54	56.1
3	25.8	16	46.7	29	26.8	42	57.1	55	52.9
4	74.6	17	82.4	30	61.0	43	47.0	56	36.1
5	40.5	18	57.3	31	52.0	44	62.0	57	37.4
6	66.8	19	40.2	32	75.0	45	53.1	58	57.0
7	57.2	20	76.9	33	58.4	46	64.3	59	47.7
8	43.7	21	53.5	34	75.1	47	46.0	60	70.5
9	61.9	22	60.0	35	52.6	48	66.4	61	40.6
10	50.6	23	52.0	36	60.0	49	45.2	62	52.7
11	74.8	24	63.2	37	47.2	50	54.6	63	63.9
12	37.1	25	46.9	38	56.1	51	40.1	64	42.8
13	60.2	26	59.1	39	38.0	52	63.8	65	57.1

1. 给出原始数据序列的时序图并判断其平稳性

操作步骤如下：

(1) 输入数据。在 SPSS 数据文件中输入 65 天的销售量数据，如图 5-5 所示。

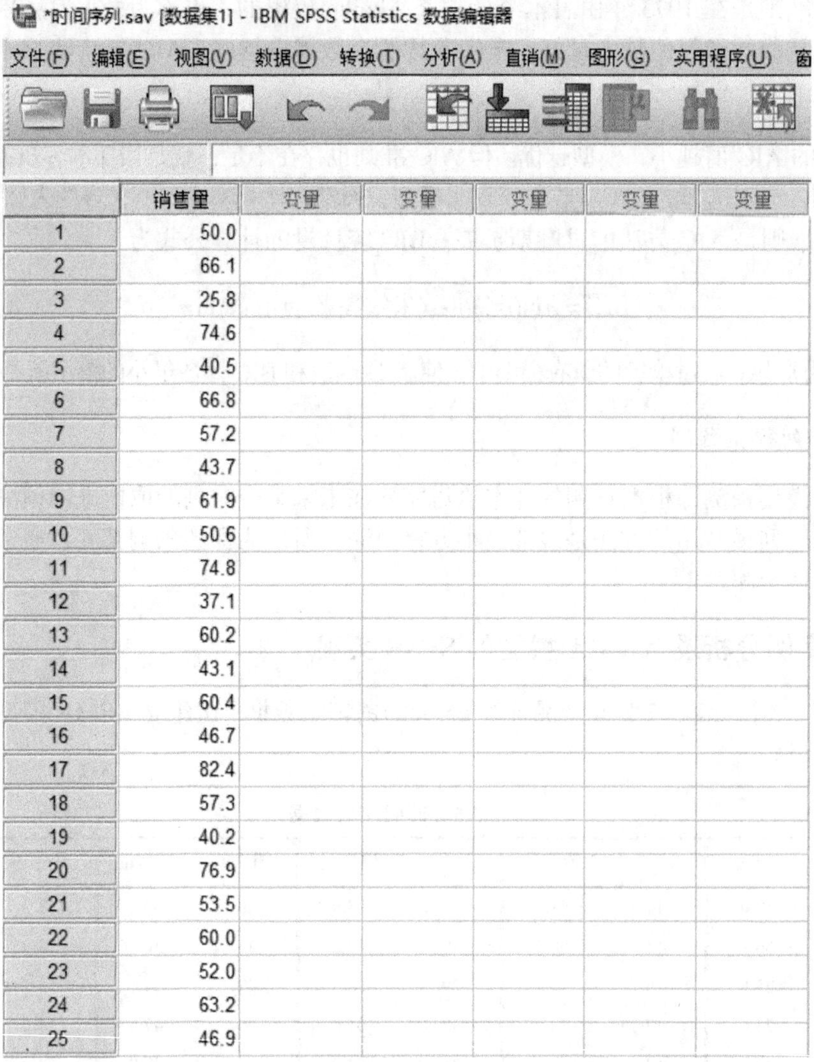

*时间序列.sav [数据集1] - IBM SPSS Statistics 数据编辑器

文件(F)　编辑(E)　视图(V)　数据(D)　转换(T)　分析(A)　直销(M)　图形(G)　实用程序(U)　窗

	销售量	变量	变量	变量	变量	变量
1	50.0					
2	66.1					
3	25.8					
4	74.6					
5	40.5					
6	66.8					
7	57.2					
8	43.7					
9	61.9					
10	50.6					
11	74.8					
12	37.1					
13	60.2					
14	43.1					
15	60.4					
16	46.7					
17	82.4					
18	57.3					
19	40.2					
20	76.9					
21	53.5					
22	60.0					
23	52.0					
24	63.2					
25	46.9					

图 5-5　数据录入

(2) 定义时间变量。选择【数据】菜单，打开【定义日期】对话框，选择要定义的时间格式，本例中选择“日”选项；输入数据的时间起点，本例中输入“1”，单击【确定】完成时间变量的定义，如图 5-6 和图 5-7 所示。

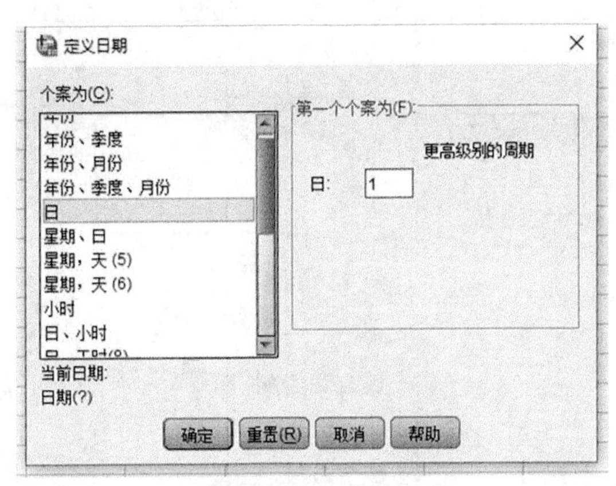

图 5-6　定义时间序列

*时间序列.sav [数据集1] - IBM SPSS Statistics 数据编辑器

文件(F)　编辑(E)　视图(V)　数据(D)　转换(T)　分析(A)　直销(M)　图形(G)　实用程序(U)　窗口(W)　帮助

	销售量	DAY_	DATE_	变量	变量	变量	变量
1	50.0	1	1				
2	66.1	2	2				
3	25.8	3	3				
4	74.6	4	4				
5	40.5	5	5				
6	66.8	6	6				
7	57.2	7	7				
8	43.7	8	8				
9	61.9	9	9				
10	50.6	10	10				
11	74.8	11	11				
12	37.1	12	12				
13	60.2	13	13				
14	43.1	14	14				
15	60.4	15	15				
16	46.7	16	16				
17	82.4	17	17				
18	57.3	18	18				
19	40.2	19	19				
20	76.9	20	20				
21	53.5	21	21				
22	60.0	22	22				
23	52.0	23	23				
24	63.2	24	24				

图 5-7　生成时间序列

(3) 作时序图。选择【分析】菜单中的【预测】，打开【序列图】对话框，将“销售量”放入【变量】，“序号”放入【时间轴标签】，如图 5-8 所示。单击【确定】，即可输出时序图，如图 5-9 所示。

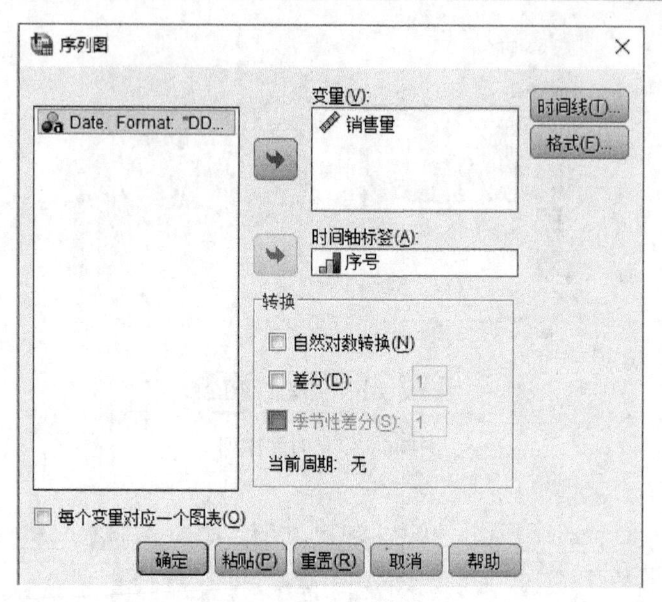

图 5-8　作时序图

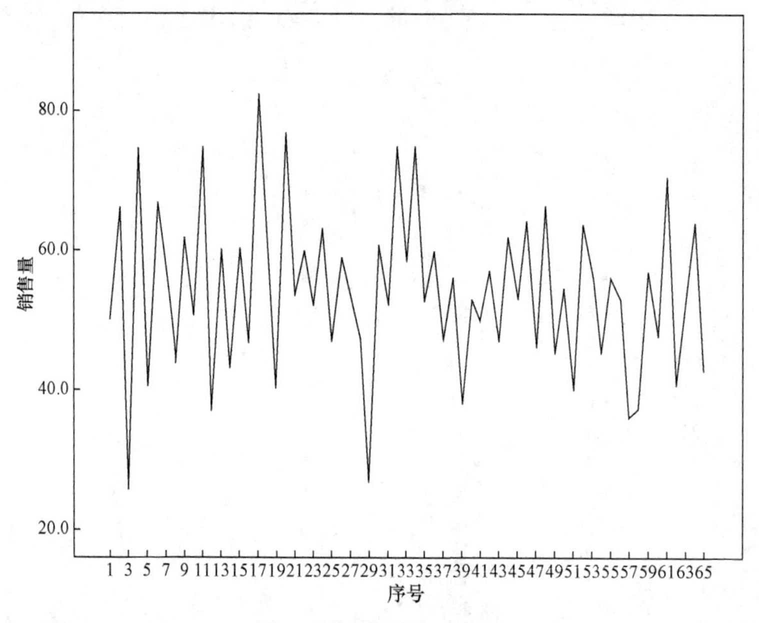

图 5-9　销售量的时序图

根据图 5-9 输出的时序图可以看出该图呈现出近似的平稳状态，为了进一步确定该时间序列的平稳性，考虑该序列的自相关图。

2. 对序列进行平稳性检验和随机性检验

操作步骤如下：

(1) 选择【分析菜单】中的【预测】，打开【预测】菜单，单击【自相关】。

(2) 打开【自相关】对话框，将“销售量”移入【变量】中，在【输出】选项中勾选

"自相关"和"偏自相关"，如图 5-10 所示。单击【确定】，系统就会输出序列的随机性检验结果、自相关图和偏自相关图，如图 5-11～图 5-13 所示。

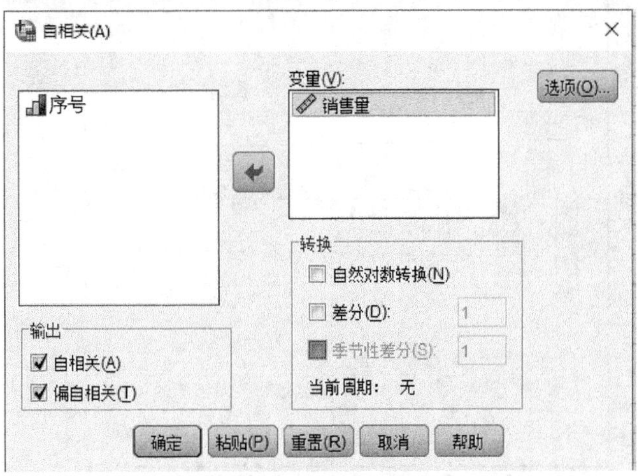

图 5-10　自相关对话框

自相关图

序列：　销售量

滞后	自相关	标准误差[①]	Box-Ljung 统计量		
			值	df	Sig.[②]
1	–0.414	0.121	11.673	1	0.001
2	0.361	0.120	20.704	2	0.000
3	–0.235	0.119	24.574	3	0.000
4	0.112	0.118	25.470	4	0.000
5	–0.184	0.117	27.940	5	0.000
6	0.037	0.116	28.040	6	0.000
7	–0.033	0.115	28.124	7	0.000
8	–0.072	0.114	28.516	8	0.000
9	–0.040	0.113	28.637	9	0.001
10	0.081	0.112	29.152	10	0.001
11	0.077	0.111	29.632	11	0.002
12	–0.048	0.110	29.824	12	0.003
13	0.050	0.109	30.029	13	0.005
14	0.101	0.108	30.895	14	0.006
15	–0.038	0.107	31.024	15	0.009
16	0.144	0.106	32.866	16	0.008

① 假定的基础过程是独立的(白噪声)。
② 基于渐近卡方近似

图 5-11　例 5-3 自相关输出结果

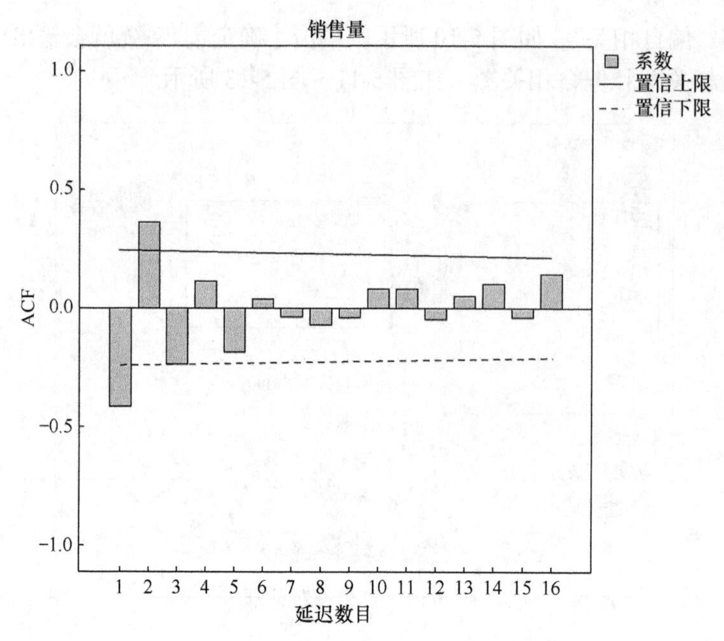

图 5-12　自相关图(ACF 指自相关系数)

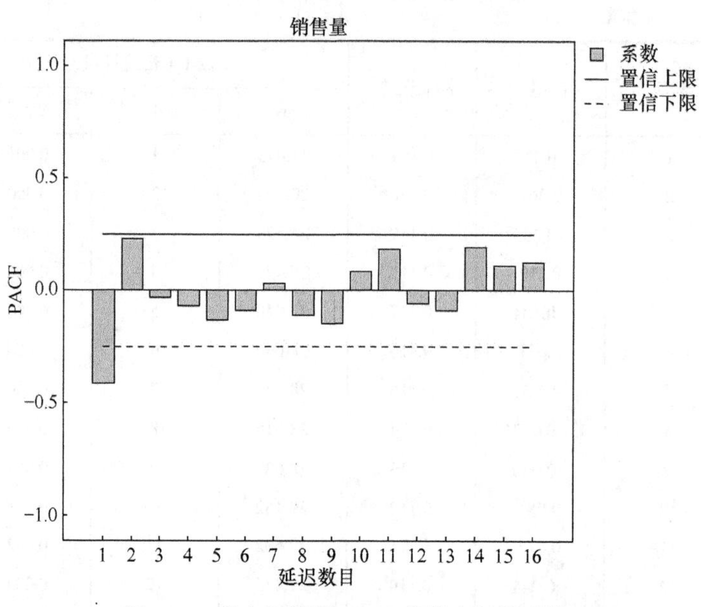

图 5-13　偏自相关图(PACF 指偏自相关系数)

由自相关图可以看出，除了延迟一阶的自相关系数在 2 倍标准差范围之外，其他阶数的自相关系数均在 2 倍标准差范围内波动，说明该序列具有短期相关性，该时间序列是平稳的。由图 5-11 可知，取显著性水平 α=0.05，Ljung-Box 统计量的 p 值均小于 0.05，说明该序列不能视为白噪声序列，也就是说，该序列是平稳的，且是非白噪声序列，因此可以进行建模。

3. 对序列建立 ARMA 模型及进行模型检验

根据图 5-12，由于该序列的自相关系数有二阶截尾性，因此可以尝试拟合 MA(2)模型。操作步骤如下：

选择【分析】菜单中的【预测】，选择【创建模型】，打开【创建模型】对话框，选择要分析的变量序列，将“销售量”移入“因变量”(图 5-14)；选择要拟合的模型，本例中在【方法】的下拉菜单中选择 ARIMA 模型(即 ARMA 模型)；单击【条件】，打开 ARIMA 条件对话框，此对话框用于指定模型的结构，可在相应的单元格中输入 ARIMA 模型的各个成分值，在“自回归(p)”对应的单元格中输入“0”，“差分(d)”对应的单元格中输入“0”，“移动平均数(q)”对应的单元格中输入“2”(图 5-15)，单击【继续】回到【时间序列建模器】对话框界面。单击【统计量】选项卡，按照图 5-16 所示进行勾选。单击【图表】选项卡，本例中取消“预测值”复选框，选择“拟合值”复选框(图 5-17)，单击【确定】完成设置。输出结果如图 5-18 所示。

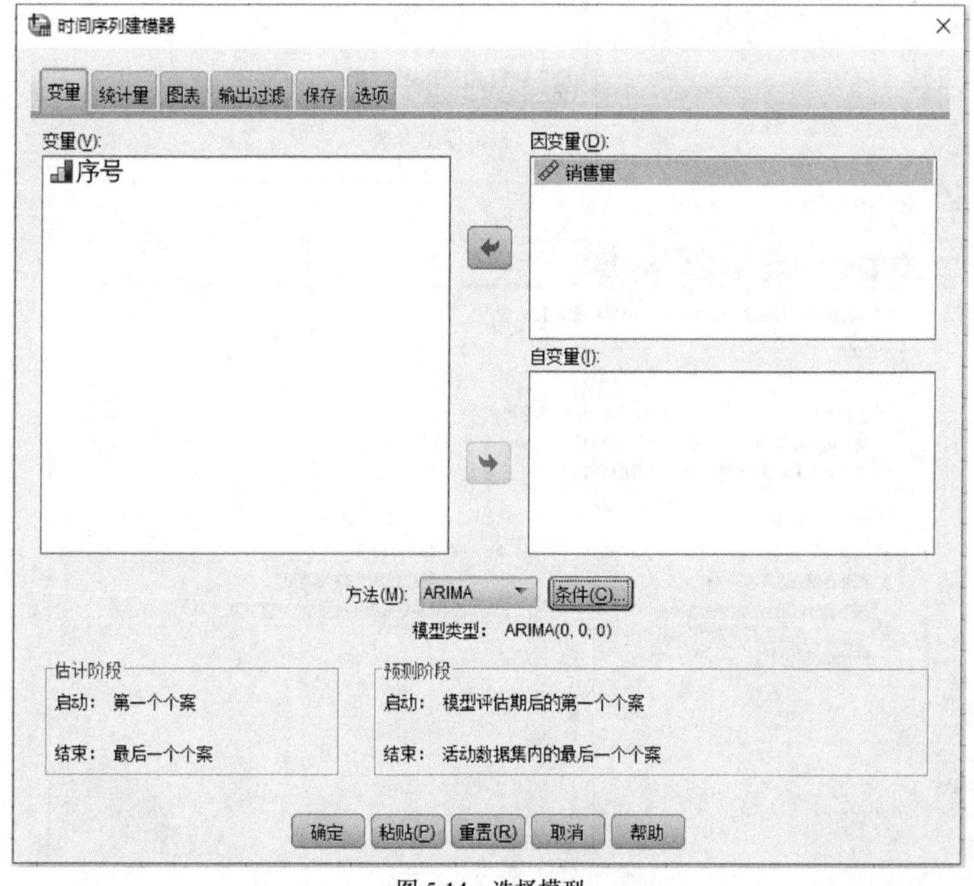

图 5-14　选择模型

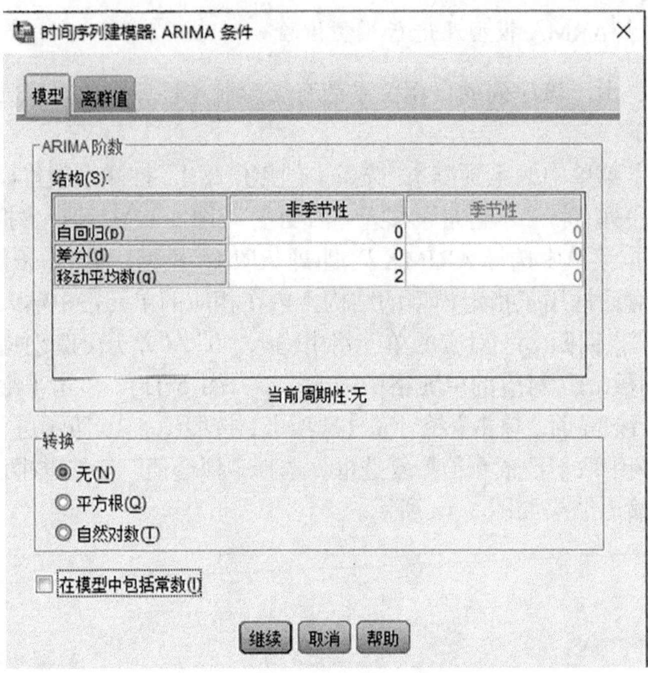

图 5-15　选择模型参数

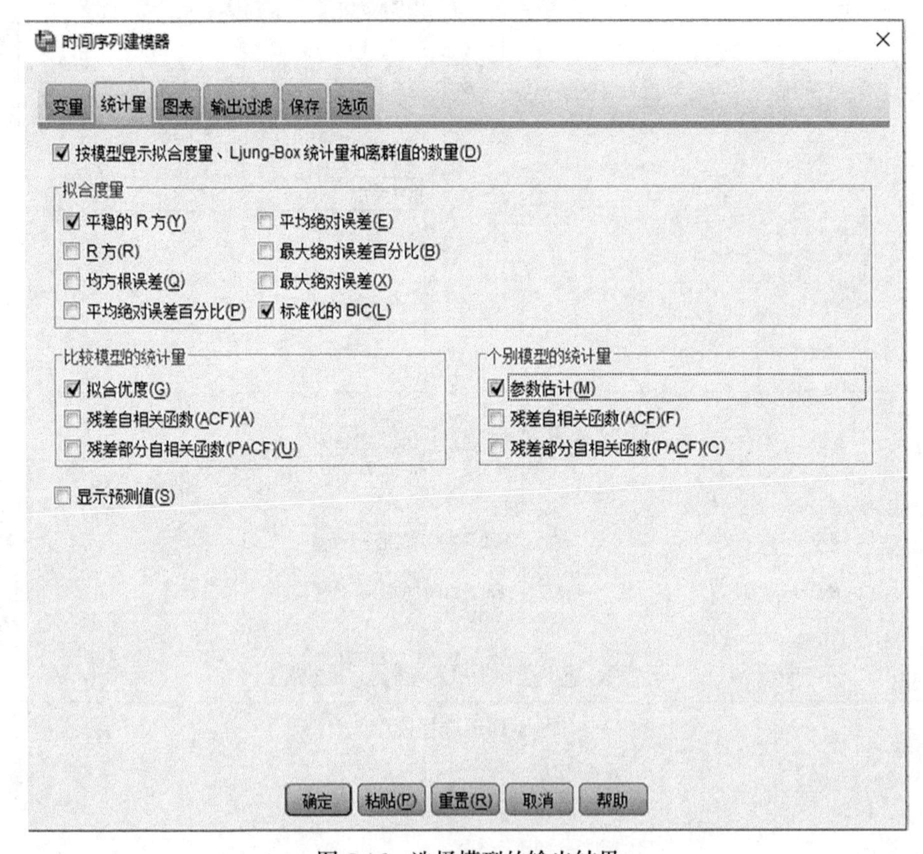

图 5-16　选择模型的输出结果

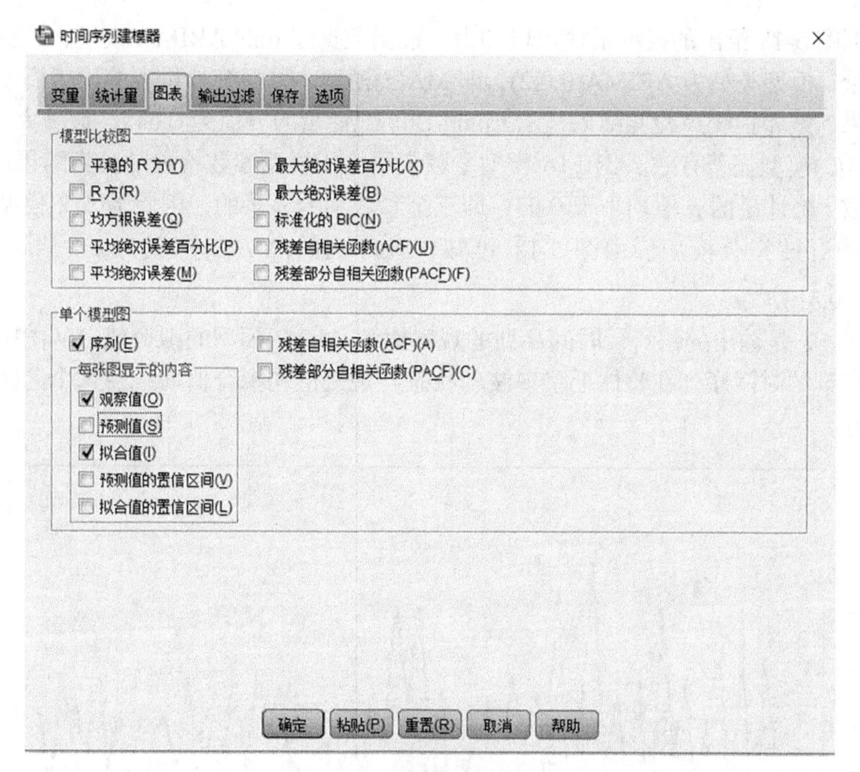

图 5-17　选择模型绘图结果

模型描述

			模型类型
模型 ID	销售量	模型_1	ARIMA(0,0,2)

模型统计量

模型	预测变量数	模型拟合统计量		Ljung-Box $Q(18)$		
		平稳的 R^2	正态化的 BIC	统计量	df	Sig.
销售量-模型_1	0	0.189	4.956	13.400	16	0.643

ARIMA 模型参数

					估计	SE	t	Sig.
销售量-模型_1	销售量	无转换	常数		54.079	1.393	38.815	0.000
			MA	滞后 1	0.268	0.121	2.212	0.031
				滞后 2	–0.313	0.121	–2.579	0.012

图 5-18　MA(2)模型输出结果

根据图 5-18 给出的模型描述可以知道，根据数据建立的 ARIMA 模型，因变量标签是销售量，模型类型为 ARIMA(0,0,2)，即 MA(2)模型。模型统计量表给出了模型检验的分析结果。残差白噪声检验结果显示 Ljung-Box 统计量的 p 值为 0.643，显著大于 0.05，所以 MA(2)模型显著有效。ARIMA 模型参数表给出了模型参数检验的分析结果，模型中三个参数 t 统计量的 p 值均小于 0.05，即三个参数均为显著的，因此 MA(2)模型是该时间序列的有效拟合模型。由图 5-18 可知，该序列的 MA(2)模型为 $x_t = 54.079 + (1 + 0.268B - 0.313B^2)\varepsilon_t$。

图 5-19 是输出的销售量时间序列的观察值和 MA(2)模型的拟合值，从图中可以看出，销售量的时间序列在整体上呈现波动状态，观测值和拟合值曲线在这个区间上拟合情况良好。

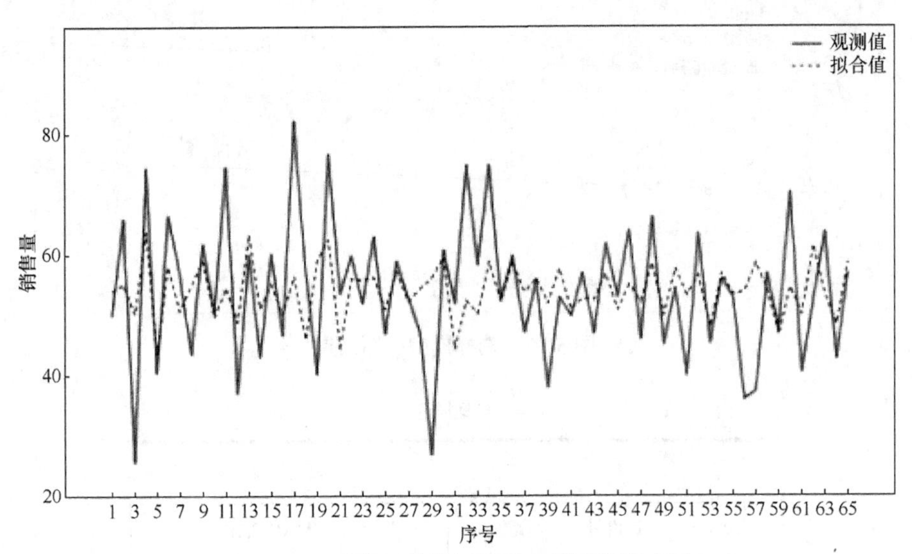

图 5-19　销售量观察值和 MA(2)模型的拟合图

4. 模型优化

根据模型的偏自相关图(图 5-13)可以看出，序列的偏自相关系数有一阶截尾，因此还可以尝试拟合 AR(1)模型，具体操作同上，这里只给出分析结果，如图 5-20 所示。

模型描述

			模型类型
模型 ID	销售量	模型_1	ARIMA(1,0,0)

模型统计量

模型	预测变量数	模型拟合统计量		Ljung-Box $Q(18)$		
		平稳的 R^2	正态化的 BIC	统计量	df	Sig.
销售量-模型_1	0	0.172	4.897	16.277	17	0.504

ARIMA 模型参数

					估计	SE	t	Sig.
销售量-模型_1	销售量	无转换	常数		54.100	0.959	56.399	0.000
			AR	滞后 1	–0.409	0.115	–3.567	0.001

图 5-20　AR(1)模型输出结果

图 5-20 给出了模型参数检验的分析结果，残差白噪声检验结果显示 Ljung-Box 统计量的 p 值为 0.504，显著大于 0.05，因此这个 AR(1)模型也是显著有效的。模型中两个参数 t 统计量的 p 值均小于 0.05，即两个参数都是显著的。此外，图 5-21 是输出的销售量时间序列的观察值和 AR(1)模型的拟合值，从图中可以看出，销售量的时间序列在整体上呈现波动状态，观测值和拟合值曲线在这个区间上拟合情况良好。因此，AR(1)模型也应该是该序列的有效拟合。该时间序列的 AR(1)模型为 $x_t = 54.100 + \dfrac{\varepsilon_t}{1-0.409B}$。

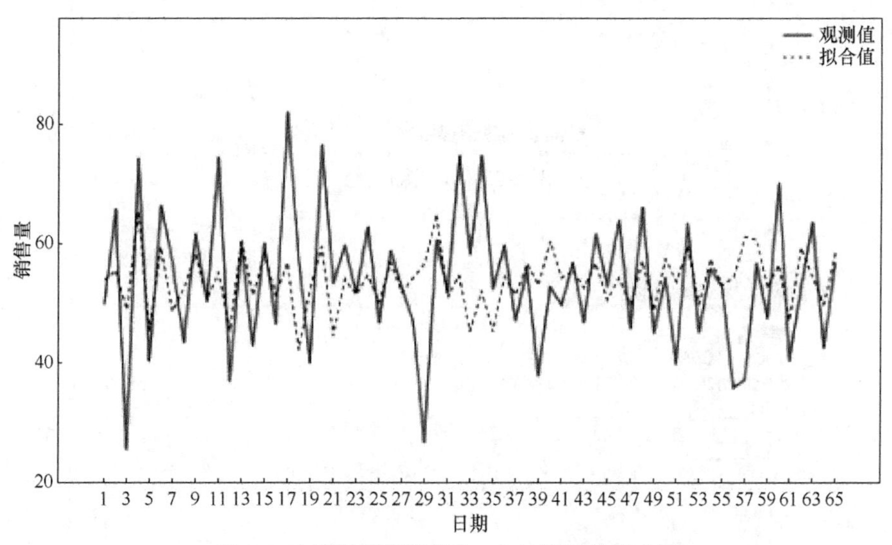

图 5-21　销售量观察值和 AR(1)模型的拟合图

对于该时间序列建立的两个模型，即 MA(2)和 AR(1)模型的优化可以考虑这两个模型的 BIC 值。MA(2)模型的 BIC 值为 4.956，AR(1)模型的 BIC 值为 4.897，因此 AR(1)模型优于 MA(2)模型。AR(1)模型是该序列的相对优化模型。

5. 序列预测

在【时间序列建模器】对话框中单击【保存】，在【保存变量】中选择“预测值”、“置信区间的下限”和“置信区间的上限”三个选项，如图 5-22 所示；在【时间序列建模器】对话框中单击【选项】，在【预测阶段】下勾选“模型评估期后的第一个个案到指定日期之间的个案”，若要预测之后 5 天的销售量，就在【日期】选项中填入 70(图 5-23)，即预测一直到第 70 天的销售量的值，预测的输出结果如图 5-24 所示，LCL 是指预测值 95%置信区间的下限，UCL 是指预测值 95%置信区间的上限。

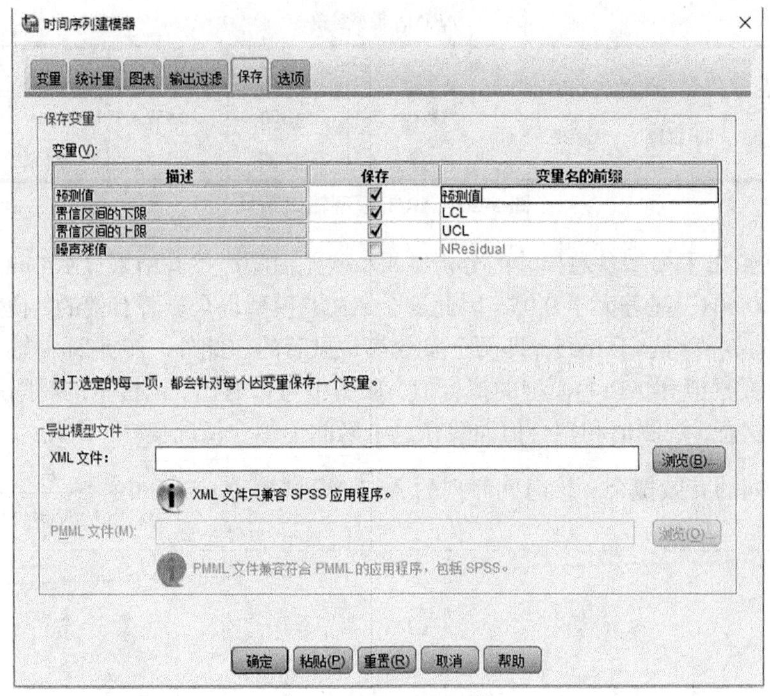

图 5-22　定义输出值

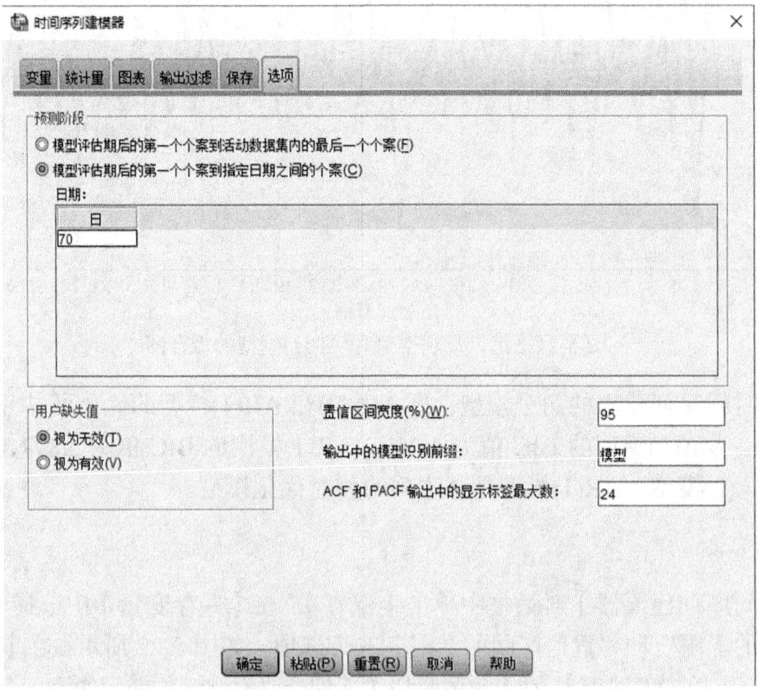

图 5-23　选择预测周期

*时间序列.sav [数据集1] - IBM SPSS Statistics 数据编辑器

文件(F) 编辑(E) 视图(V) 数据(D) 转换(T) 分析(A) 直销(M) 图形(G) 实用程序(U) 窗口(W) 帮助

	销售量	DAY_	DATE_	预测值_销售量_模型_1_A	LCL_销售量_模型_1_A	UCL_销售量_模型_1_A	变量
37	47.20	37	37	51.82	30.03	73.62	
38	56.10	38	38	56.96	35.16	78.75	
39	38.00	39	39	53.39	31.59	75.18	
40	53.10	40	40	60.65	38.85	82.44	
41	50.00	41	41	54.59	32.79	76.39	
42	57.10	42	42	55.83	34.04	77.63	
43	47.00	43	43	52.99	31.19	74.78	
44	62.00	44	44	57.04	35.24	78.83	
45	53.10	45	45	51.02	29.23	72.82	
46	64.30	46	46	54.59	32.79	76.39	
47	46.00	47	47	50.10	28.30	71.89	
48	66.40	48	48	57.44	35.64	79.23	
49	45.20	49	49	49.26	27.46	71.05	
50	54.60	50	50	57.76	35.96	79.55	
51	40.10	51	51	53.99	32.19	75.78	
52	63.80	52	52	59.80	38.01	81.60	
53	57.10	53	53	50.30	28.50	72.09	
54	45.30	54	54	52.99	31.19	74.78	
55	56.10	55	55	57.72	35.92	79.51	
56	52.90	56	56	53.39	31.59	75.18	
57	36.10	57	57	54.67	32.87	76.47	
58	37.40	58	58	61.41	39.61	83.20	
59	57.00	59	59	60.89	39.09	82.68	
60	47.70	60	60	53.03	31.23	74.82	
61	70.50	61	61	56.76	34.96	78.55	
62	40.60	62	62	47.61	25.82	69.41	
63	52.70	63	63	59.60	37.81	81.40	
64	63.90	64	64	54.75	32.96	76.55	
65	42.80	65	65	50.26	28.46	72.05	
66	.	66	66	58.72	36.93	80.52	
67	.	67	67	52.34	28.85	75.82	
68	.	68	68	54.90	31.15	78.64	
69	.	69	69	53.87	30.09	77.65	
70	.	70	70	54.28	30.49	78.07	
71							
72							

图 5-24　销售量计算结果

图 5-24 给出的是销售量序列的观察值和 AR(1)模型的拟合值以及之后 5 天的销售量的预测值，图 5-25 是 AR(1)模型的拟合值和预测值的对比，从图中可以看出，销售量序列整体上呈现波动状态，拟合值和观测值在这个区间内拟合状况良好。

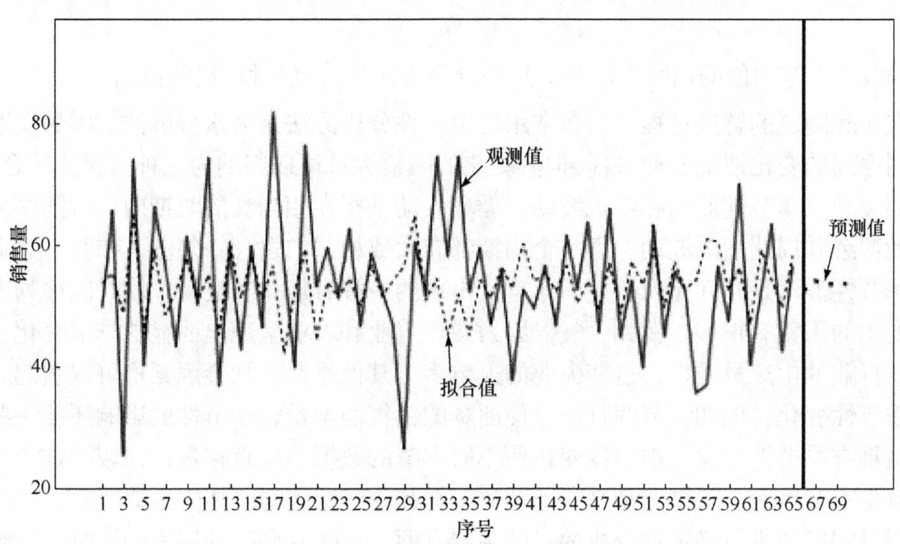

图 5-25　AR(1)模型拟合值和预测值对比

例如，SPSS 得出的预测结果即该序列在后续 5 天的预测值和 95%置信区间，具体结果如表 5-6 所示。

表 5-6　销售量序列预测结果

预测天数	销售量预测值	预测值的 95%置信区间
66	52.9	(31.2, 74.6)
67	54.6	(31.2, 78.0)
68	53.9	(30.2, 77.6)
69	54.2	(30.4, 77.9)
70	54.1	(30.3, 77.8)

5.3　非平稳时间序列分析

在通常遇到的实际时间序列问题中，除了上面介绍的平稳时间序列，还有一些非平稳的时间序列，而且在实际中非平稳的时间序列更为常见，也更重要，因此还需要对这类时间序列进行分析。

5.3.1　非平稳时间序列的确定性分析

对于非平稳时间序列，如果其是由确定性的因素引起的非平稳性，往往会显示出比较强的规律性，例如，会有明显的上升或下降的趋势，或者是有固定的周期性变化，对于这些有规律性的信息比起由随机因素导致的波动是比较容易提取的。所以根据这一特点，可以将对非平稳时间序列的分析集中在对确定性因素信息的分析和提取上，而忽略对随机因素信息的提取，通常将时间序列简单地假设为

$$x_t = u_t + \varepsilon_t \tag{5-9}$$

其中，$\{\varepsilon_t\}$ 为零均值的白噪声序列。这种分析方法称为确定性分析方法。

在实际问题的解决过程中，最常用的确定性分析方法是因素分解法。因为实践中尽管不同序列的变化情况多种多样，但其变化的因素大致可以归纳为三种因素的综合影响，即循环波动、季节性波动和随机波动。循环波动是指在相当长的时期内，时间序列所表现出的持续和周期性的波动。每一个周期都有大致相同的过程：复苏、扩张、衰退和收缩。季节性波动是时间序列年复一年重复出现的一种有规律的波动。使时间序列产生季节性变化的因素有很多，例如，气候因素使建筑业和农业呈现出明显的季节变化，在冬季这些行业的生产量减少，也使失业的人数多于其他季节。社会因素也可以引起时间序列的季节性变化，例如，节假日可以使商场的销售额增长，季节性的影响还使一些食品的产量具有季节性变化。季节性变化使不同季节的数据不能直接进行比较，这个不可比因素就是季节因素。随机波动是除了循环波动和季节性波动之外的其他因素。

对时间序列进行确定性分析的目的主要有两个：①克服其他因素的影响，单纯测度

出某一个确定性因素对序列的影响；②推断出各种确定性因素之间的相互关系，并分析它们对时间序列的综合影响。

1. 趋势分析

趋势分析的目的是对具有显著趋势的时间序列，找出序列的规律，并利用这种趋势对序列的发展做出合理的推测。常用的方法有趋势外推法和平滑法。

趋势外推法是把时间作为自变量，把相应的时间序列观察值作为因变量，建立序列值随时间变化的回归模型的方法，有线性回归和非线性回归两种。线性回归是建立线性回归方程，利用回归分析建模并进行预测，这一部分的内容在第 3 章进行了介绍，这里不再赘述；非线性回归常用的模型有 Gompertz 模型和 Logistic 模型，这一部分内容在第 4 章进行了介绍，这里也不再赘述。

平滑法是进行趋势分析和预测的另一种比较常用的方法，它是利用修匀技术，削弱短期随机波动对时间序列的影响，使序列平滑化，从而显示出长期趋势变化的规律，常用的平滑方法有移动平均数法和指数平滑法，这一部分的内容在第 4 章也做了介绍，这里不再赘述。

2. 季节因素分析

实际中出现的四季气温的变化、有些商品销售量的变化、旅游景点的游览人数等都会呈现出比较明显的季节变化规律，凡是呈现出固定的周期性变化的时间序列，称为具有季节效应。对于具有季节效应的时间序列，通过季节因素分析消除时间序列中的季节波动，使时间序列更明显地反映趋势及其他因素的影响，通过分析了解季节因素影响作用的大小，可以掌握季节变动的规律。

季节因素分析的基本方法是计算季节指数进行季节因素调整，季节因素调整的目的是将季节因素从时间序列中剔除掉，以便分析时间序列的其他特征。消除季节因素的方法是将原时间序列除以相应的季节指数。具体操作步骤如下：①给出时序图，建立季节模型；②计算每个季节的季节指数。

【例 5-4】　某商品在 2010～2013 年每季度的销售额如表 5-7 所示，试进行季节因素分析。

表 5-7　某商品的销售额

年(季)	2010(1)	2010(2)	2010(3)	2010(4)	2011(1)	2011(2)	2011(3)	2011(4)
销售额	13.1	13.9	7.9	8.6	10.8	11.5	9.7	11.0
年(季)	2012(1)	2012(2)	2012(3)	2012(4)	2013(1)	2013(2)	2013(3)	2013(4)
销售额	14.6	17.5	16.0	18.2	18.4	20.0	16.9	18.0

(1) 给出时序图，建立季节模型。根据表 5-7 中的数据可以看出，该商品的销售额随着季节的变化有比较明显的规律，同时它们不仅受季节因素的影响，还受其他随机因素

的影响，故对此数据采用以下季节模型：

$$x_{ij} = \bar{x} \cdot S_j + I_{ij}, \quad i = 1,2,\cdots,n; j = 1,2,\cdots,m \tag{5-10}$$

其中，x_{ij} 为该商品在第 i 年第 j 个季度的销售额；$\bar{x}$ 为各季度的平均销售额；S_j 为第 j 个季度的季节指数；I_{ij} 为第 i 年第 j 个季度的随机波动；m 为周期的长度，n 为周期的个数，本例中 $m=4$，$n=4$。时序图如图 5-26 所示。

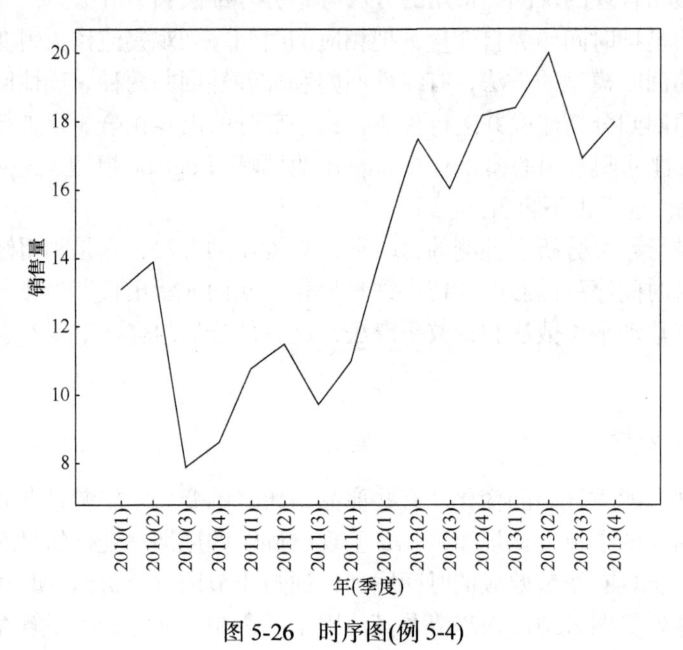

图 5-26　时序图(例 5-4)

(2) 计算每个季节的季节指数。季节指数 S_j 就是用简单平均数计算的周期内各时期季节性影响的相对数，具体计算过程如下。

① 计算周期内各期平均数：

$$\bar{x}_j = \frac{\sum_{i=1}^{n} x_{ij}}{n}, \quad j = 1,2,\cdots,m \tag{5-11}$$

② 计算总平均数：

$$\bar{x} = \frac{\sum_{i=1}^{n}\sum_{j=1}^{m} x_{ij}}{nm} \tag{5-12}$$

③ 计算季节指数：

$$S_j = \frac{\bar{x}_j}{\bar{x}} \tag{5-13}$$

季节指数反映了该季度与总平均值之间的一种比较稳定的关系，若季节指数大于 1，则说明该季度的值常会高于总平均值；相反，若季节指数小于 1，则说明该季度的值常常低于总平均值；若季节指数近似等于 1，则说明该时间序列没有明显的季节效应。

例 5-4 季节指数的计算结果如表 5-8 所示。

表 5-8　例 5-4 季节指数计算结果

季度	销售额				季度平均值 $\bar{x}_j$	季节指数 S_j
	2010 年	2011 年	2012 年	2013 年		
1	13.1	10.8	14.6	18.4	14.225	1.0066
2	13.9	11.5	17.5	20.0	15.725	1.1127
3	7.9	9.7	16.0	16.9	12.625	0.8934
4	8.6	11.0	18.2	18.0	13.950	0.9872

由表 5-8 可知：第一季度和第四季度的季节指数均接近于 1，说明这两个季度的销售额接近于全年的平均值，第二季度的季节指数最大，说明这一季度是该商品最畅销的季度，第三季度的季节指数最小，说明这一季度是该商品全年中销售额最低的季度。

5.3.2　非平稳时间序列的随机分析

对于非平稳时间序列，上述确定性因素分解方法只能提取强劲的确定性信息，而对随机性信息却有些浪费，此外，把所有序列的变化都归结为以上因素的综合影响，却始终无法提供明确有效的方法判断各因素之间确切的作用关系等，这些问题导致确定性因素分解方法不能充分提取时间序列中的有效信息，导致模型的拟合度不够理想。所以针对这些不足，可以对非平稳时间序列进行随机分析。差分方法是比较简便且有效的确定性信息提取方法。

1. 差分运算

对于序列 $\{x_t\}$，定义其一阶差分 $\nabla x_t = x_t - x_{t-1} = x_t - Bx_t$，其 d 阶差分为 $\nabla^d x_t = (1-B)^d x_t = \sum_{i=0}^{d}(-1)^i C_d^i x_{t-i}$。差分运算的实质是使用自回归的方式提取确定性的信息，理论证明适当阶数的差分一定可以充分提取确定性的信息。

进行差分运算时，可以根据序列的不同特点，进行差分方式的选择。若差分方式选择合适，则可以提取数据中的确定性信息，比较常用的有下列三种情况：①序列蕴含着显著的线性趋势，一阶差分就可以实现趋势平稳；②序列蕴含着曲线趋势，通常二阶差分或三阶差分就可以提取出曲线趋势的影响；③序列蕴含着固定周期的序列，进行步长为周期长度的差分运算，就可以较好地提取周期信息。

差分运算是对信息提取和加工的过程，适当的差分运算可以充分提取原始序列中的非平稳确定性信息，但不要过度差分，因为如果这样会造成有用信息的浪费。

2. ARIMA 模型

ARIMA 模型全称综合自回归移动平均(auto regressive integrated moving average)模

型，简记为 ARIMA(p, d, q)模型，其中 AR 是自回归，p 为自回归阶数；MA 为移动平均，q 为移动平均阶数，d 为时间序列成为平稳时间序列时所做的差分次数。ARIMA(p, d, q)模型的实质就是差分运算与 ARMA(p, q)模型的组合，即 ARMA(p, q)模型经 d 次差分后，变为 ARIMA(p, d, q)。

建立 ARIMA 模型遵循的操作流程如图 5-27 所示。

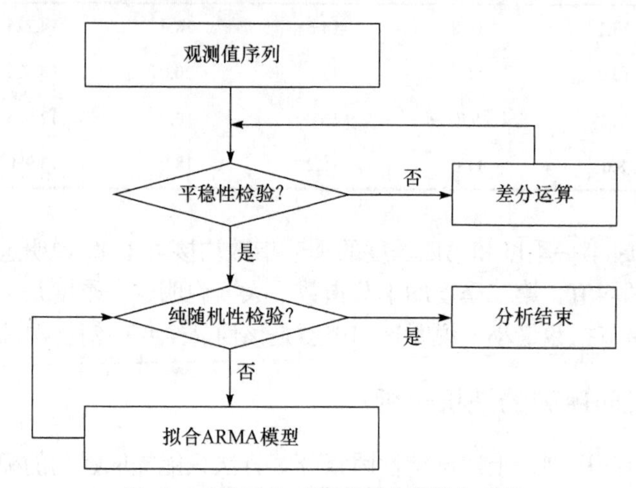

图 5-27　非平稳时间序列建模操作流程

5.3.3　案例分析及 ARIMA 模型的 SPSS 实现

【例 5-5】　下面是某商场近 32 个月的平均收入数据，单位为万元：

90.1、102.5、103.5、107.4、112.6、118.9、118.5、100.5、80.8、75.9、87.3、95.9、105.5、113.6、116.6、114.6、123.6、127.7、129.8、130.9、137.9、140.6、138.8、142.6、145.8、150.3、147.8、155.9、158.6、160.3、164.8、165.8。

试对以上数据建立适当的模型。

1. 给出原始数据序列的时序图并判断其平稳性

操作步骤如下：

(1) 输入数据。将上述数据输入 SPSS 软件，形成数据文件。

定义时间变量。选择菜单【数据】，打开【定义日期】对话框，选择要定义的时间格式，本例中选择“年份、月份”选项；输入数据的时间起点，本例中输入“2015”和“7”，单击【确定】完成时间变量的定义，如图 5-28 所示。

(2) 作时序图。选择【分析】菜单中的【预测】，打开【序列图】对话框，将“平均收入”选到【变量】，把“年，非周期”选到【时间轴标签】。单击【确定】，即可输出时序图，如图 5-29 所示。

如图 5-29 所示，由于原序列的时序图有近似的线性上升趋势，为典型的非平稳序列，所以选择一阶差分对时间序列进行趋势平稳。

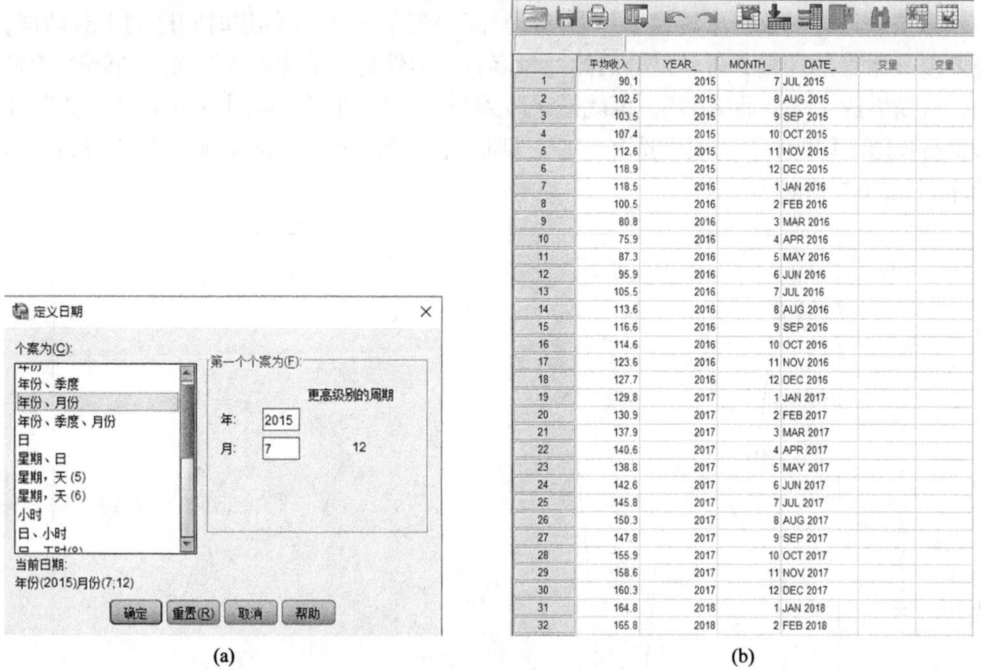

	平均收入	YEAR_	MONTH_	DATE_	变量	变量
1	90.1	2015	7	JUL 2015		
2	102.5	2015	8	AUG 2015		
3	103.5	2015	9	SEP 2015		
4	107.4	2015	10	OCT 2015		
5	112.6	2015	11	NOV 2015		
6	118.9	2015	12	DEC 2015		
7	118.5	2016	1	JAN 2016		
8	100.5	2016	2	FEB 2016		
9	80.8	2016	3	MAR 2016		
10	75.9	2016	4	APR 2016		
11	87.3	2016	5	MAY 2016		
12	95.9	2016	6	JUN 2016		
13	105.5	2016	7	JUL 2016		
14	113.6	2016	8	AUG 2016		
15	116.6	2016	9	SEP 2016		
16	114.6	2016	10	OCT 2016		
17	123.6	2016	11	NOV 2016		
18	127.7	2016	12	DEC 2016		
19	129.8	2017	1	JAN 2017		
20	130.9	2017	2	FEB 2017		
21	137.9	2017	3	MAR 2017		
22	140.6	2017	4	APR 2017		
23	138.8	2017	5	MAY 2017		
24	142.6	2017	6	JUN 2017		
25	145.8	2017	7	JUL 2017		
26	150.3	2017	8	AUG 2017		
27	147.8	2017	9	SEP 2017		
28	155.9	2017	10	OCT 2017		
29	158.6	2017	11	NOV 2017		
30	160.3	2017	12	DEC 2017		
31	164.8	2018	1	JAN 2018		
32	165.8	2018	2	FEB 2018		

(a)　　　　(b)

图 5-28　数据输入和定义时间变量

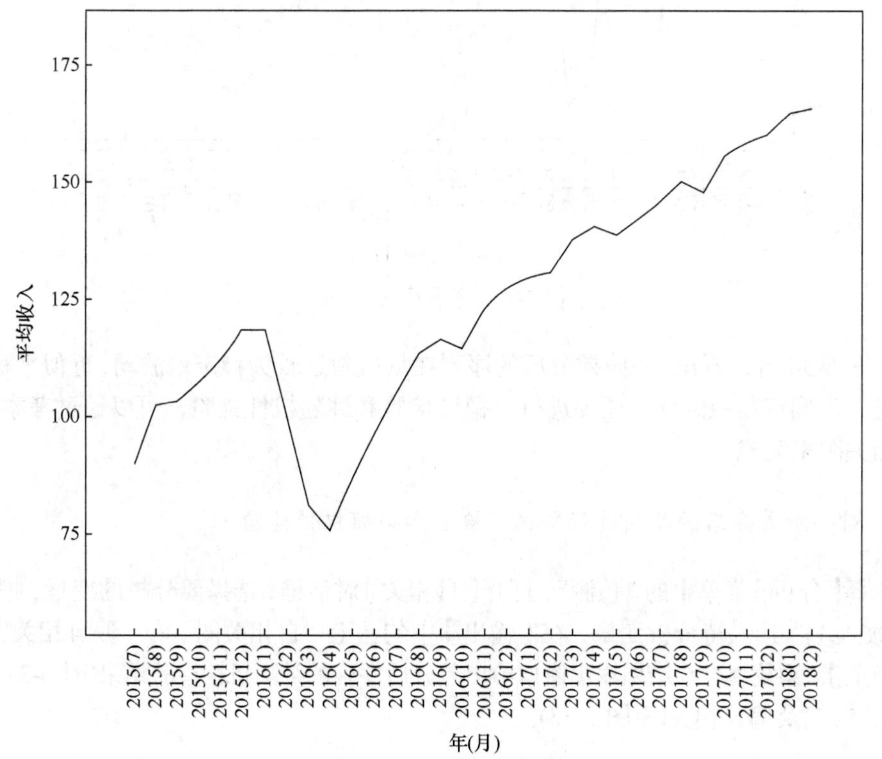

图 5-29　时序图(例 5-5)

2. 对原序列进行一阶差分运算

做差分运算：单击【转换】→【创建时间序列】，打开【创建时间序列】对话框，选择要差分运算的变量，命名差分后的变量名称。本例将“平均收入”选入“变量-新名称”中，自动生成“平均收入_1”，也就是一阶差分后的序列；【函数】中选择“差值”，即进行差分运算；【顺序】选项中选择“1”，即进行一阶差分，单击【确定】，生成的差分后的序列如图 5-30 所示。

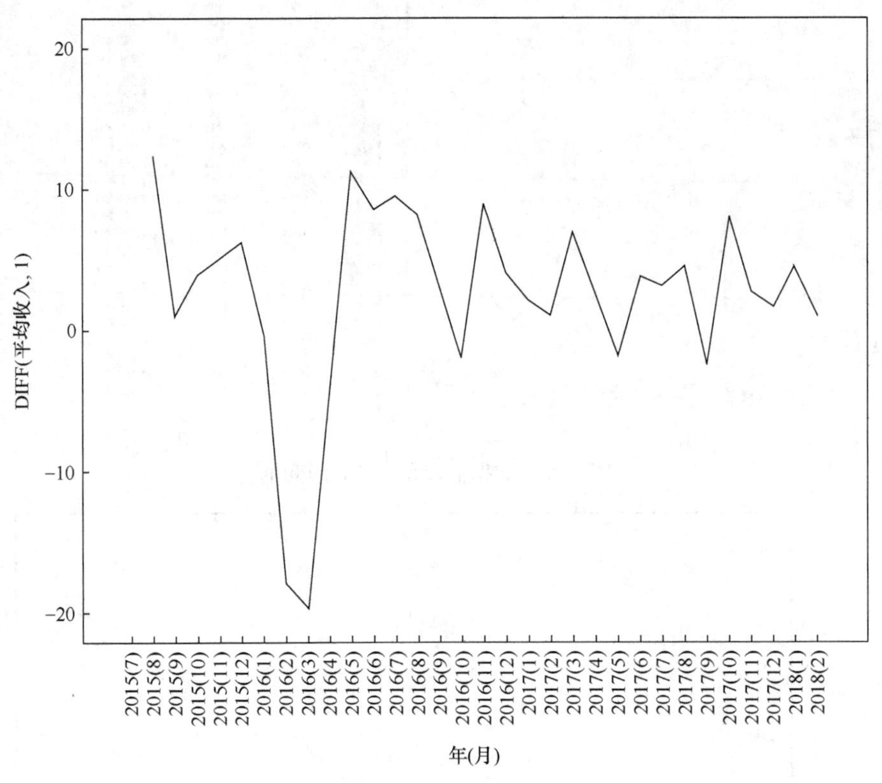

图 5-30　差分后的时序图

由图 5-30 可以看出：一阶差分后的序列在均值附近较为稳定地波动，近似平稳序列，为了进一步确定其稳定性，还要进行平稳性检验和纯随机性检验，可以通过考察差分后的自相关图来完成。

3. 对一阶差分后的序列进行平稳性检验和纯随机性检验

选择【分析】菜单中的“预测”，打开【自相关】对话框；选择要分析的变量，把“DIFF(平均收入,1)”选入待分析变量，在【输出】中勾选上“自相关图”和“偏自相关图”，单击【确定】，系统就会在结果输出窗口给出差分后序列的纯随机性检验结果(图 5-31)、自相关图(图 5-32)及偏自相关图(图 5-33)。

自相关图

序列：　DIFF(平均收入, 1)

滞后	自相关	标准误差①	Box-Ljung 统计量		
			值	df	Sig.②
1	0.452	0.171	6.961	1	0.008
2	−0.032	0.168	6.996	2	0.030
3	−0.270	0.165	9.654	3	0.022
4	−0.234	0.162	11.734	4	0.019
5	−0.226	0.159	13.749	5	0.017
6	−0.166	0.156	14.871	6	0.021
7	−0.023	0.153	14.895	7	0.037
8	−0.066	0.150	15.086	8	0.057
9	−0.034	0.147	15.138	9	0.087
10	0.005	0.143	15.139	10	0.127
11	0.080	0.140	15.466	11	0.162
12	−0.028	0.136	15.507	12	0.215
13	−0.023	0.133	15.537	13	0.275
14	0.027	0.129	15.580	14	0.340
15	0.093	0.125	16.138	15	0.373
16	−0.016	0.121	16.156	16	0.442

① 假定的基础过程是独立的(白噪声)。

② 基于渐近卡方近似

图 5-31　计算结果(例 5-5)

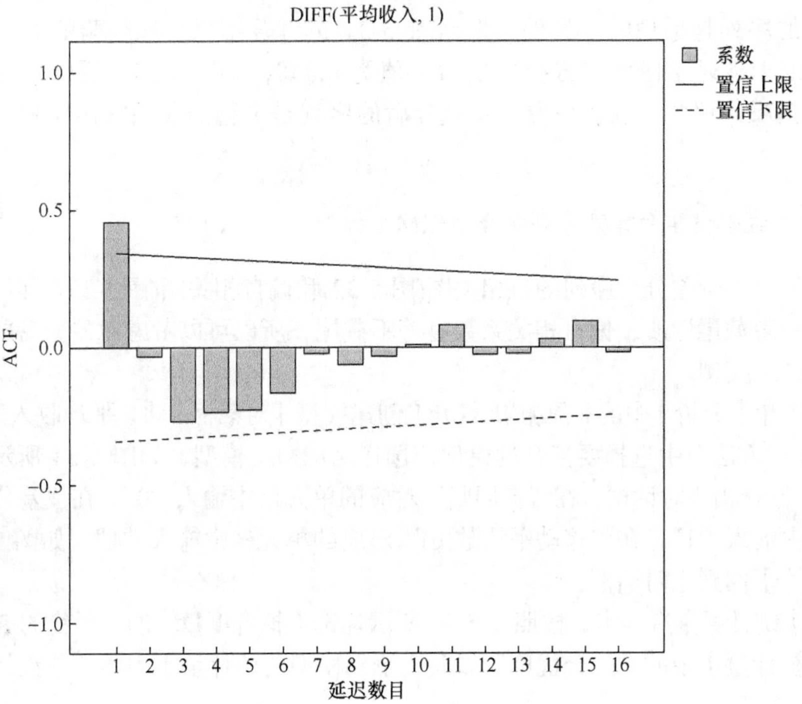

DIFF(平均收入, 1)

图 5-32　差分后的自相关图

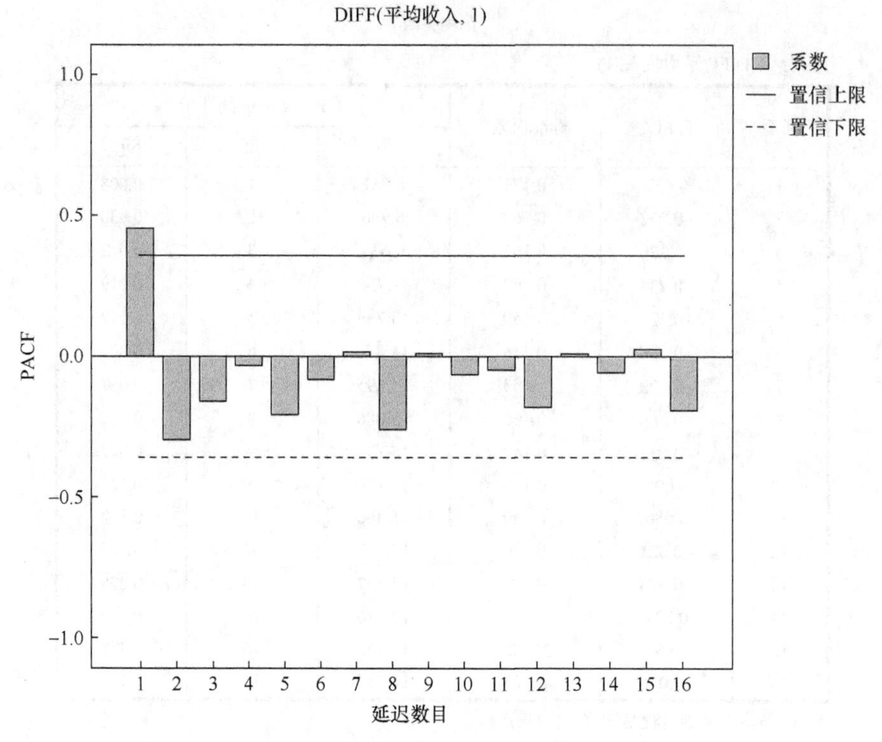

图 5-33　差分后的偏自相关图

从图 5-30 可以看出：一阶差分后的自相关图有较强的短期相关性，可以认为经过差分后的序列是平稳的。另外，根据图 5-31 的计算结果，取检验的显著性水平为 $\alpha=0.05$，由于延迟 7 阶的卡方统计量的 p 值为 0.038，小于 0.05，所以差分后的序列不能视为白噪声序列，也就是说一阶差分后的序列是平稳的非白噪声序列，可以进行建模。

4. 对上述平稳非白噪声序列拟合 ARIMA 模型

根据经过一阶差分后序列的自相关图(图 5-32)和偏自相关图(图 5-33)可以看出，自相关系数有一阶截尾性质，偏自相关系数显著不截尾，所以可以考虑对差分后的序列拟合 ARIMA(0,1,1)模型。

选择菜单【分析】中的【预测】，打开【创建模型】对话框，将“平均收入”移入“因变量”，在“方法”中选择要拟合的模型，选择 ARIMA 模型，如图 5-34 所示。再单击【条件】，打开相应对话框，在“自回归”对应的单元格中输入“0”，在“差分(d)”对应的单元格中输入“1”，在“移动平均数(q)”对应的单元格中输入“1”，如图 5-35 所示。单击【继续】回到主对话框。

打开【统计量】选项卡，按照图 5-36 所示勾选【拟合度量】的“平稳的 R 方”、【比较模型的统计量】中的“拟合优度”以及【个别模型的统计量】中的“参数估计”。

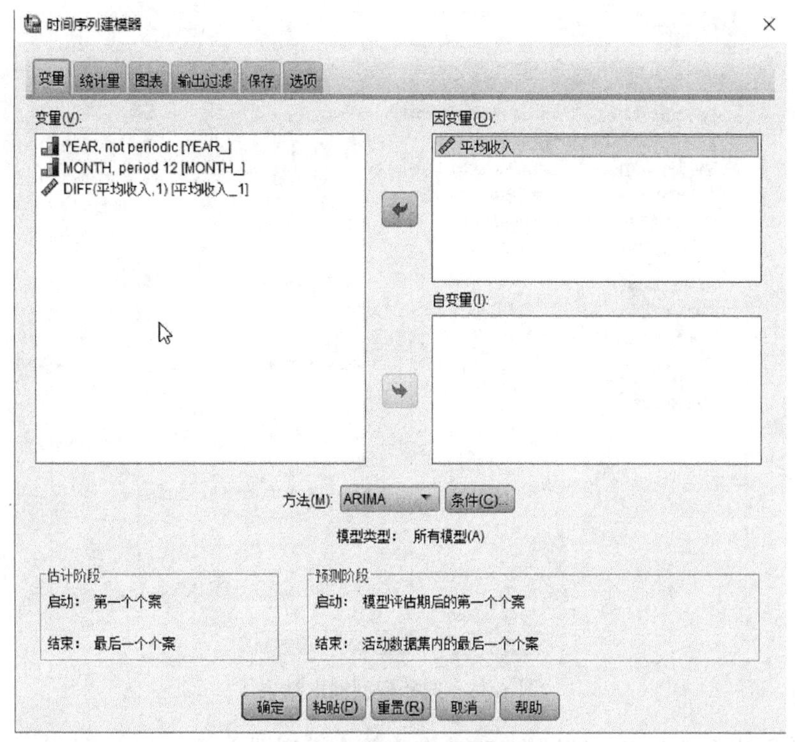

图 5-34　时间序列建模对话框

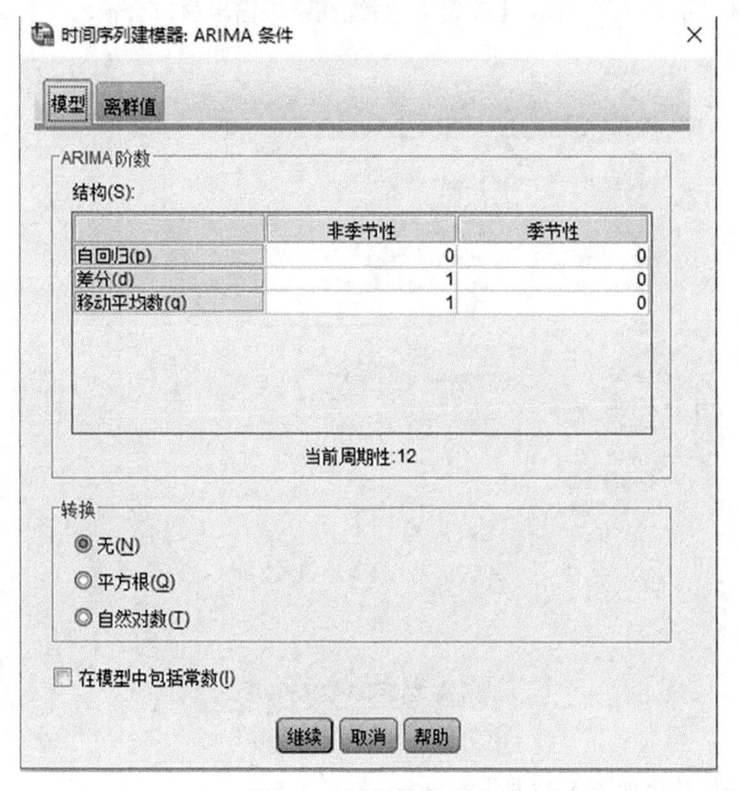

图 5-35　选择模型系数

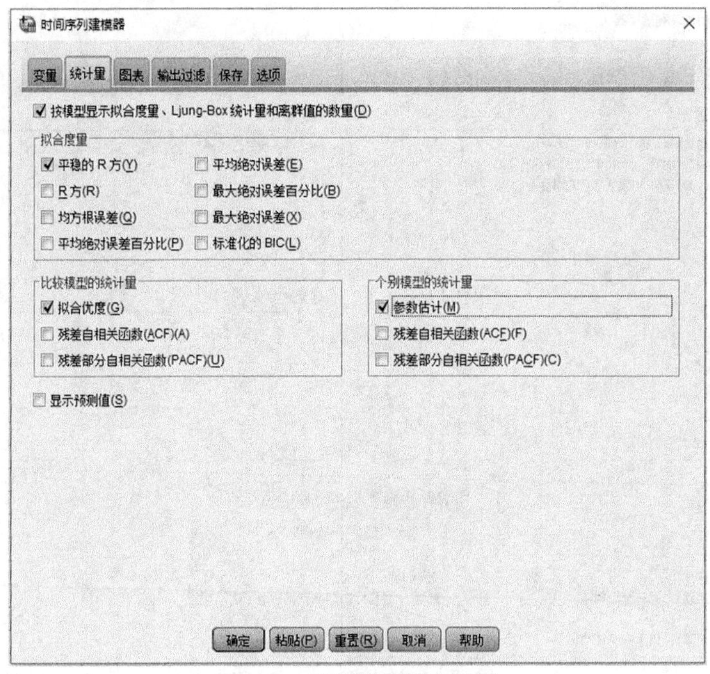

图 5-36　选择模型输出结果

打开【图表】选项卡，按照图 5-37 在【单个模型图】勾选上“序列”、“观察值”、“预测值”和“拟合值”。单击【确定】，系统在结果输出窗口会输出分析结果。

图 5-37　选择模型绘图结果

输出的分析结果如图 5-38 所示。

模型描述

	模型类型
模型 ID　　平均收入　　模型_1	ARIMA(0,1,1)(0,0,0)

模型拟合

拟合统计量	均值	SE	最小值	最大值	百分位						
					5	10	25	50	75	90	95
平稳的 R^2	0.242		0.242	0.242	0.242	0.242	0.242	0.242	0.242	0.242	0.242
R^2	0.940		0.940	0.940	0.940	0.940	0.940	0.940	0.940	0.940	0.940
RMSE	6.208		6.208	6.208	6.208	6.208	6.208	6.208	6.208	6.208	6.208
MAPE	4.023		4.023	4.023	4.023	4.023	4.023	4.023	4.023	4.023	4.023
MaxAPE	17.977		17.977	17.977	17.977	17.977	17.977	17.977	17.977	17.977	17.977
MAE	4.521		4.521	4.521	4.521	4.521	4.521	4.521	4.521	4.521	4.521
MaxAE	18.067		18.067	18.067	18.067	18.067	18.067	18.067	18.067	18.067	18.067
正态化的 BIC	3.873		3.873	3.873	3.873	3.873	3.873	3.873	3.873	3.873	3.873

模型统计量

模型	预测变量数	模型拟合统计量	Ljung-Box $Q(18)$			离群值数
		平稳的 R^2	统计量	df	Sig.	
平均收入-模型_1	0	0.242	12.346	17	0.779	0

ARIMA 模型参数

					估计	SE	t	Sig.
平均收入-模型_1	平均收入	无转换	常数		2.587	1.662	1.557	0.130
			差分		1			
			MA	滞后 1	−0.522	0.164	−3.194	0.003

图 5-38　分析结果(例 5-5)

从分析结果中可知：对于模型的残差白噪声检验结果，其 Ljung-Box 统计量的 p 值为 0.779，显著大于 0.05，说明模型的白噪声检验通过，该模型显著有效。根据模型的参数检验结果可知，因模型中参数的 t 统计量的 p 值为 0.003，小于 0.05，就是说两个参数均是显著的，所以模型是该序列的有效拟合模型。

拟合结果为 $(1-B)x_t=(1-0.522B)\varepsilon_t$。图 5-39 给出了该模型对时间序列的拟合图，拟合效果良好。

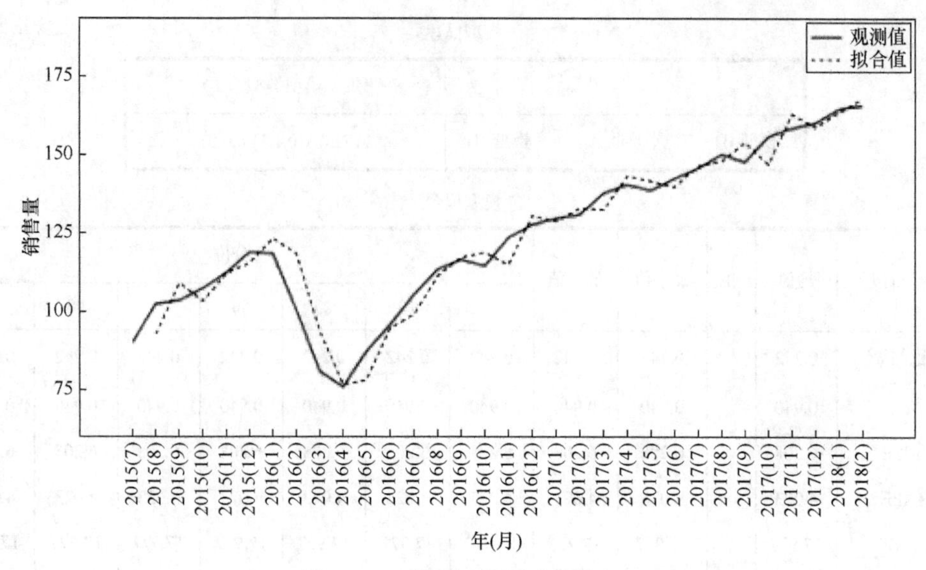

图 5-39　时间序列拟合图(例 5-5)

本 章 作 业

1. 时间序列主要受哪些因素的影响?

2. 简述平稳性时间序列分析的方法和步骤。

3. 非平稳时间序列的确定性分析有哪些方法?

4. 简述非平稳时间序列随机分析的方法和步骤。

5. 数列为{1,15,2,14,3,13,4,12,5,11,6,10,7,9,8}，判断该数列是平稳序列还是白噪声序列。

6. 我国 1978～2008 年人口的自然增长率数据(单位为‰)如下：

12.00、11.64、11.87、14.55、15.68、13.29、13.08、14.26、15.57、16.61、15.73、15.04、14.39、12.98、11.60、11.45、11.21、10.55、10.42、10.06、9.14、8.18、7.58、6.95、6.45、6.01、5.87、5.89、5.28、5.20、5.08。

(1) 请问该时间序列是否平稳序列?

(2) 选择适当的模型对数据进行拟合。

第6章 层 次 分 析

人们在处理和解决问题以及在进行决策时，需要考虑的因素或多或少，但是这些因素都有一个共同的特点，就是可能涉及经济、社会、人文等各方面。同时这些因素之间又会相互影响、相互制约，对这些因素做比较、判断、评价、决策时，因素的重要性、影响力或优先程度往往难以量化，人的主观选择在这个时候往往会起着重要作用，使用一般的定性方法对解决问题会带来本质的困难，科学决策性不强，运用层次分析法，将社会、经济、人文等方面的定性因素定量化，从而利用计算结果进行评价、判断、选择，可以较好地解决这一问题。

6.1 层次分析法的基本原理和基本步骤

社会生活中，有许多问题的研究对象属性多样，结构复杂，所获得的信息往往是对事物定性的描述，难以完全采用定量的方法进行分析，或者难以将问题简单地归结为费用、效益等单一层次结构进行优化、分析与评价。在这种情况下，就需要建立多因素、多层次的分析和评价系统，并采用定性与定量相结合的方法或通过定性信息定量化的途径，使复杂的问题清晰化、明朗化。

在这样的背景下，美国运筹学家、匹兹堡大学教授 T. L. Saaty 于 20 世纪 70 年代提出了运用层析分析法(analytic hierarchy process, AHP)进行上述问题的分析和讨论。层次分析法是一种有效处理决策问题的实用方法，是一种定性和定量相结合的系统化、层次化的分析方法。该方法提出后，运用此方法，Saaty 于 1971 年为美国国防部研究“应急计划”，1972 年为美国国防部研究“根据各个工业部门对国家福利的贡献大小而进行电力分配”课题时，应用网络系统理论和多目标综合评价方法，提出了这种层次权重决策分析方法。这种方法的特点是在对复杂决策问题的本质、影响因素及其内在关系等进行深入分析的基础上，利用较少的定量信息使决策的思维过程数学化，从而为多目标、多准则或无结构特性的复杂决策问题提供简便的决策方法，是对难以完全定量的复杂系统做出决策的模型和方法。

6.1.1 层次分析法的基本原理

应用层次分析法分析问题时，首先把问题层次化。根据问题的性质和要达到的总目标，将问题分解为不同组成因素，并按照因素间的相互关系影响以及隶属关系将因素按不同层次聚集组合，形成一个多层次的分析结构模型。并最终将系统分析归结为最低层(供决策的方案、措施)，相对于最高层的相对重要性权值的确定或相对优劣次序的排序问题。综合评价问题就是排序问题。在排序计算中，每一层次的元素相对于上一层以某一因素的单排序问题又可简化为一系列成对因素的判断比较。为此引入 1～9 标度法，并写成判断矩阵形式。形成判断矩阵后，可以通过计算判断矩阵的最大特征值及相应的特征向量，计算出某一层相对于上一层某一个元素的相对重要性权值。在计算出某一层相对于上一层各个因素的单排序权值后，用上一层因素本身的权值加权综合，即可计算出层次总排序权值，总之，由上而下即可计算出最低层因素相对于最高层因素的相对重要性权值或相对优劣次序的排序值。

其数学原理如下：

设有 n 个物体，质量分别为 ω_1、ω_2、…、ω_n，第 i 个物体和第 j 个物体的质量之比记为 $a_{ij}=\omega_i/\omega_j$，从而可以形成一个 $n\times n$ 矩阵，成为两两比较矩阵。

$$A=\begin{bmatrix} a_{11} & a_{12} & \cdots & a_{1n} \\ a_{21} & a_{22} & \cdots & a_{2n} \\ \vdots & \vdots & & \vdots \\ a_{n1} & a_{n2} & \cdots & a_{nn} \end{bmatrix}=\begin{bmatrix} \frac{\omega_1}{\omega_1} & \frac{\omega_1}{\omega_2} & \cdots & \frac{\omega_1}{\omega_n} \\ \frac{\omega_2}{\omega_1} & \frac{\omega_2}{\omega_2} & \cdots & \frac{\omega_2}{\omega_n} \\ \vdots & \vdots & & \vdots \\ \frac{\omega_n}{\omega_1} & \frac{\omega_n}{\omega_2} & \cdots & \frac{\omega_n}{\omega_n} \end{bmatrix}$$

以上两两比较矩阵具有以下性质：

(1) 每一个元素都大于 0，即 $a_{ij}>0(i,j=1,2,\cdots,n)$；

(2) 主对角线上的元素都为 1，即 $a_{ii}=1(i=1,2,\cdots,n)$；

(3) 以主对角线为对称轴，互相对称的元素互为倒数，即 $a_{ij}=1/a_{ji}(i,j=1,2,\cdots,n)$；

(4) 任何三个物体 i、j、k，其中两两质量之比满足 $a_{ij}=a_{ik}a_{kj}(i,j,k=1,2,\cdots,n)$。

【例 6-1】 设有三个物体 A、B、C，其质量分别为 $\omega_1=4\text{kg}$，$\omega_2=7\text{kg}$，$\omega_3=10\text{kg}$，求三个物体的两两比较矩阵。

根据定义，三个物体的两两比较矩阵为

$$A=\begin{bmatrix} \frac{\omega_1}{\omega_1} & \frac{\omega_1}{\omega_2} & \cdots & \frac{\omega_1}{\omega_n} \\ \frac{\omega_2}{\omega_1} & \frac{\omega_2}{\omega_2} & \cdots & \frac{\omega_2}{\omega_n} \\ \vdots & \vdots & & \vdots \\ \frac{\omega_n}{\omega_1} & \frac{\omega_n}{\omega_2} & \cdots & \frac{\omega_n}{\omega_n} \end{bmatrix}=\begin{bmatrix} 1 & \frac{4}{7} & \frac{4}{10} \\ \frac{7}{4} & 1 & \frac{7}{10} \\ \frac{10}{4} & \frac{10}{7} & 1 \end{bmatrix}$$

对于上述两两比较矩阵，不难验证上述性质：①矩阵中每一个元素都大于 0；②主对角线上的元素均为 1；③以主对角线为对称轴，互为对称的元素互为倒数；④三个物体中，任意两个的质量之比也满足性质(4)的要求。如果一个两两比较矩阵对于任 $i,j,k\in\{1,2,\cdots,n\}$，都满足 $a_{ij}=a_{ik}a_{kj}$，则称这个两两比较矩阵是一致的。很明显，对于物体质量的两两比较矩阵，一致性一定成立。

但在现实中，人们对事物其他特性进行分析时，矩阵的一致性往往很难实现。若将以上例子中的 n 个物体的质量换成 n 个因素的重要性，将物体两两比较矩阵换成这 n 个因素相对重要性两两比较的判断矩阵，就有可能不能满足性质(4)的要求，这时可以依据实际情况对上述判断矩阵进行调整，以使矩阵尽量满足上述四个性质，这样就可以利用该矩阵和线性代数知识求它的特征根和特征向量，从而得到这 n 个因素的重要性排序。这就是层次分析法的基本原理。

对满足上述矩阵的四个条件的“判断矩阵”，在线性代数中称为正互反矩阵。根据线性代数中关于正互反矩阵特征向量和特征根的 Perron-Frobenius 定理，正互反矩阵存在唯一的最大正特征根以及相应的特征向量，而且这种矩阵 A 中的元素 a_{ij} 的微小变化，特征向量也仅有微小的变化。这样用判断矩阵的特征根作为重要性指标不仅合理，而且具有良好的稳定性。

6.1.2　层次分析法的基本步骤

层次分析法一般按下面四个步骤进行。

1. 建立层次结构模型

首先分析、评价系统各基本因素之间的关系，将有关因素按照属性自上而下地分解成若干层次：同一层各因素从属于上一层因素，或对上层因素有影响，同时又支配着下一层因素或受下层因素的影响。

一般的决策系统大体可以分为三个层次，如图 6-1 所示。

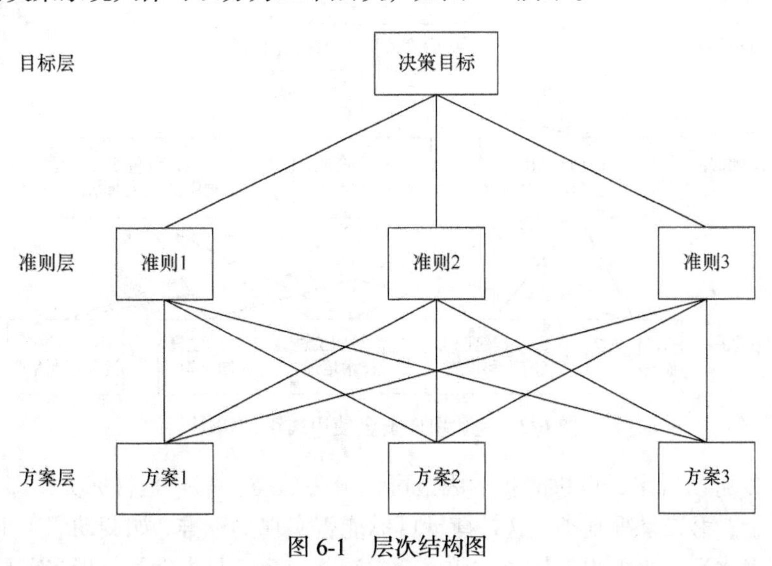

图 6-1　层次结构图

(1) 最上层为目标层，这个层次中只有一个因素，它是分析问题和预定目标或期望实现的理想结果，是系统评价的最高准则。

(2) 中间层是准则层，这一层次包含了为实现目标所涉及的中间环节，它可以由若干个层次组成，包括所需要考虑的准则、子准则等。准则层可以包括若干层次。

(3) 最低层是方案层，这一层次包括为实现目标可供选择的各种措施、决策方案，这一层是方案的具体化。

在层次结构中，上下两层因素之间如果有连线，表示这两个因素之间有联系，如果没有连线则表示没有联系。如果任何一层中的每一个因素与下一层中的所有因素都有联系，那么称这种层次结构为完全层次结构，图 6-1 就是一个完全层次结构。

递阶层次结构的中间层(准则层)的层次数可以是多个层级，待分析的问题复杂程度越高，层次数就越多。根据人对事物的判断能力以及计算量的考虑，每一层次中各因素所支配的因素最好不超过 9 个。有时一个复杂的问题仅用递阶层次结构难以表示，这时就要用更复杂的形式，如循环、反馈等形式。同时，在递阶层次结构中，各层次因素间要有可传递性、属性一致性和功能依存性，防止人为地增加某些层次因素。

【例 6-2】 某工厂有一笔企业利润，厂领导要决策如何合理使用这笔资金。根据各方面的意见，可供领导决策的方案有以下几个：

(1) 作为奖金发给职工；

(2) 扩建职工的福利设施；

(3) 对职工进行技术培训；

(4) 建设图书馆；

(5) 引进新设备扩大生产。

领导在决策时要顾及调动职工生产积极性、提高职工技术水平、改善职工物质文化生活状况等方面。

根据题意，可建立如图 6-2 所示递阶层次分析模型。

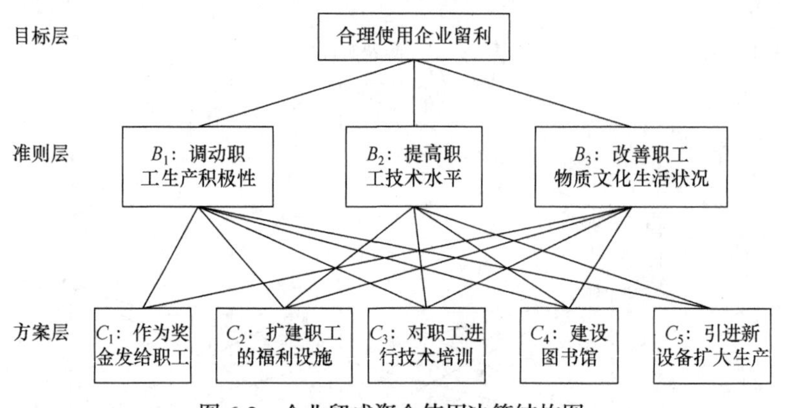

图 6-2　企业留成资金使用决策结构图

从图 6-2 可以看出，可供分析的因素可以分为三类：第一是目标类，即合理地使用企业留成资金；第二是准则类，这是衡量目标能否实现的标准，如调动职工生产积极性、提高职工技术水平、改善职工物质文化生活状况等；第三是方案类，指实现目标的方案、方法、手段等。

2. 构造两两比较判断矩阵

层次结构建立后就确定了比较准则以及备选方案，接下来需要比较若干个因素对上层目标的影响，从而确定它们在目标中的权重。层次结构反映了因素之间的关系，但准则层中的各准则在目标衡量中的比重并不一定相同，在不同决策者的心目中，它们各占有一定的比例。为了减少这种人为因素的差异，Saaty 等用实验方法比较了在各种不同标度下人们判断结果的正确性，实验结果表明，采用 1～9 标度最符合人们比较判断时的心理习惯。判断矩阵标度及其具体含义见表 6-1。

表 6-1　判断矩阵标度及其具体含义对照表

标度	含义
1	表示两个因素相比，具有同样重要性
3	表示两个因素相比，前者因素比后者因素稍微重要
5	表示两个因素相比，前者因素比后者因素明显重要
7	表示两个因素相比，前者因素比后者因素强烈重要
9	表示两个因素相比，前者因素比后者因素极端重要
2, 4, 6, 8	上述两相邻判断的中间值
倒数	因素 y_i 与因素 y_j 比较的判断为 a_{ij}，因素 y_j 与 y_i 比较判断为 $a_{ji}=1/a_{ij}$

实际上，凡是较复杂的决策问题，其判断矩阵都是由多位专家填写咨询表之后形成的。专家咨询的本质在于把渊博的知识和丰富的经验，借助于对众多相关因素的两两比较，转化成决策所需的有用信息。

对于上述例子，假设企业领导对资金使用问题的态度是：首先提高职工技术水平，其次是改善职工物质文化生活状况，最后是调动职工生产积极性。则各衡量标准对企业合理使用留成利润的比较矩阵见表 6-2。

表 6-2　比较矩阵一

Z	B_1	B_2	B_3
B_1	1	1/5	1/3
B_2	5	1	3
B_3	3	1/3	1

则准则层对于目标层的判断矩阵为

$$A=\begin{bmatrix} 1 & \frac{1}{5} & \frac{1}{3} \\ 5 & 1 & 3 \\ 3 & \frac{1}{3} & 1 \end{bmatrix}$$

从准则层到措施层可以得到三个比较矩阵。其中，不同措施对调动职工劳动生产积极性影响的两两比较矩阵见表 6-3。

表 6-3 比较矩阵二

B_1	C_1	C_2	C_3	C_4	C_5
C_1	1	3	5	4	7
C_2	1/3	1	3	2	5
C_3	1/5	1/3	1	1/2	2
C_4	1/4	1/2	2	1	3
C_5	1/7	1/5	1/2	1/3	1

判断矩阵 B_1 为相对于调动职工劳动积极性准则，各种使用留成利润措施方案之间相对重要性比较。

$$B_1=\begin{bmatrix}1 & 3 & 5 & 4 & 7\\ 1/3 & 1 & 3 & 2 & 5\\ 1/5 & 1/3 & 1 & 1/2 & 2\\ 1/4 & 1/2 & 2 & 1 & 3\\ 1/7 & 1/5 & 1/2 & 1/3 & 1\end{bmatrix}$$

不同措施对提高职工技术水平影响的两两比较矩阵见表 6-4。

表 6-4 比较矩阵三

B_2	C_2	C_3	C_4	C_5
C_2	1	1/7	1/3	1/5
C_3	7	1	5	3
C_4	3	1/5	1	1/3
C_5	5	1/3	3	1

判断矩阵 B_2 为相对于提高职工技术水平准则，各种使用企业留成利润措施方案之间相对重要性比较。

$$B_2=\begin{bmatrix}1 & 1/7 & 1/3 & 1/5\\ 7 & 1 & 5 & 3\\ 3 & 1/5 & 1 & 1/3\\ 5 & 1/3 & 3 & 1\end{bmatrix}$$

不同措施对改善职工物质文化生活状况影响的两两比较矩阵见表 6-5。

表 6-5 比较矩阵四

B_3	C_1	C_2	C_3	C_4
C_1	1	1	3	3
C_2	1	1	3	3
C_3	1/3	1/3	1	1
C_4	1/3	1/3	1	1

判断矩阵 B_3 为相对于改善职工物质文化生活状况，各种企业留成利润措施方案之间相对重要性比较。

$$B_3 = \begin{bmatrix} 1 & 1 & 3 & 3 \\ 1 & 1 & 3 & 3 \\ 1/3 & 1/3 & 1 & 1 \\ 1/3 & 1/3 & 1 & 1 \end{bmatrix}$$

3. 计算单层次权重及进行一致性检验

对于非底层层次中的一个因素，对下一层中的 n 个因素 A_1，A_2，…，A_n，建立两两比较判断矩阵 A，求出矩阵 A 的特征向量 W 和最大特征根 $\lambda_{\max}$，特征向量 W 的 n 个分量就是 A_1，A_2，…，A_n 的相对重要性的权重，权重由小到大，就给出了这一层次的相对重要性的排序以及这一层次相对重要性的权重，即对每一个两两比较矩阵计算最大特征根 $\lambda_{\max}$ 及对应的特征向量。

两两判断矩阵的特征根和特征向量求解方法有很多，将在后面做专门介绍。根据计算所得的矩阵特征根和特征向量，要对矩阵进行一致性检验。由于因素重要性的两两比较只可能是个估计值，在多个因素之间很难做到完全一致，这样就影响到最终决策的正确性。

在实际应用中，两两比较判断矩阵的一致性检验尤为重要。例如，有 A、B、C 三个因素，假定 A 比 B 重要 3 倍，B 比 C 重要 3 倍，那么 A 比 C 一定重要 9 倍。但由于实践中，因素重要性的两两比较只是一个估计值，在多因素之间很难做到完全一致，可能出现“A 比 B 重要 3 倍，B 比 C 重要 3 倍，而 A 比 C 重要 5 倍”的情况，这时就会出现矛盾。一致性检验就是要检验一个构造的判断矩阵满足一致性的程度。

比较矩阵的一致性检验可按下列方法进行：设 n 个物体质量的两两比较矩阵的特征根 $\lambda = n$。可以证明，任何两两比较矩阵，当矩阵完全一致时，最大特征根 $\lambda_{\max} = n$，不完全一致的判断矩阵有 $\lambda_{\max} > n$。一般情况下，矩阵的阶数越大，不一致性也越大。为了消除矩阵阶数的影响，定义以下一致性检验指标：

$$\mathrm{CI} = (\lambda_{\max} - n)/(n-1) \tag{6-1}$$

当矩阵完全一致时，CI = 0；不一致性越严重，CI 值越大。

为了度量不同阶判断矩阵是否具有满意的一致性，引入判断矩阵的平均随机一致性指标 RI 值。对于 1～10 阶判断矩阵，RI 值见表 6-6。

表 6-6 1～10 阶判断矩阵 RI 值一览表

n	1	2	3	4	5	6	7	8	9	10
RI	0.00	0.00	0.58	0.91	1.12	1.24	1.32	1.41	1.45	1.53

在 CI、RI 已知的情况下，可以利用一致性指标 CI 和平均随机一致性指标 RI 做一致性检验：

$$\mathrm{CR}=\frac{\mathrm{CI}}{\mathrm{RI}} \tag{6-2}$$

若 $\mathrm{CR}=\frac{\mathrm{CI}}{\mathrm{RI}}<0.10$，即认为判断矩阵具有满意的一致性，则将上层初始权向量 $\bar{W}=\begin{bmatrix} W_1 \\ \vdots \\ W_n \end{bmatrix}$ 归一化之后作为单排序权向量；若 $\mathrm{CR}=\frac{\mathrm{CI}}{\mathrm{RI}}>0.10$，则需重新构造两两比较矩阵。

【例 6-3】 对下列 P 矩阵进行一致性检验。

$$P=\begin{bmatrix} 1 & 5 & 1/2 & 2 \\ 1/5 & 1 & 3 & 1/3 \\ 2 & 1/3 & 1 & 1/4 \\ 1/2 & 3 & 4 & 1 \end{bmatrix}$$

经计算，矩阵 P 的特征根 $\lambda_{\max}=5.457$，$\mathrm{CI}=(\lambda_{\max}-n)/(n-1)=(5.457-4)/(4-1)=0.486$，查表 6-6，可知 4 阶矩阵的 RI=0.91。所以 $\mathrm{CR}=\frac{\mathrm{CI}}{\mathrm{RI}}=0.53>0.10$，一致性检验未通过，判断矩阵存在不一致。

经过对判断矩阵的检查不难发现，因素 1 对因素 2“明显重要”，而因素 2 对因素 3“稍微重要”，按照判断逻辑，因素 1 相对于因素 3 应该“强烈重要”或“极端重要”，但在判断矩阵中，因素 3 却相对于因素 1“稍微重要”，明显与逻辑推理相反。因此，可以将矩阵更改为

$$P=\begin{bmatrix} 1 & 5 & 9 & 2 \\ 1/5 & 1 & 3 & 1/3 \\ 1/9 & 1/3 & 1 & 1/4 \\ 1/2 & 3 & 4 & 1 \end{bmatrix}$$

经计算 $\lambda_{\max}=4.061$，$\mathrm{CI}=(\lambda_{\max}-n)/(n-1)=(4.061-4)/(4-1)=0.02$，查表 6-6 可知 4 阶矩阵 RI=0.91。所以 $\mathrm{CR}=\frac{\mathrm{CI}}{\mathrm{RI}}=0.022<0.10$，一致性检验通过，判断矩阵一致性较好。

根据例 6-2 中的 4 个比较判断矩阵，通过计算求得最大特征根，并进行一致性检验，进而求得权重向量。

矩阵 A 的权重向量为 $W=[0.105\ \ 0.637\ \ 0.258]^{\mathrm{T}}$，最大的特征根为 3.308，CI=0.019，RI=0.58，CI/RI=0.033<0.10，一致性检验通过。

矩阵 B_1 的权重向量为 $W=[0.496\ \ 0.232\ \ 0.085\ \ 0.137\ \ 0.050]^{\mathrm{T}}$，最大的特征根为 5.079，CI=0.0198，RI=1.12，CR=CI/RI=0.018<0.10，一致性检验通过。

矩阵 B_2 的权重向量为 $W=[0\ \ 0.055\ \ 0.565\ \ 0.118\ \ 0.262]^{\mathrm{T}}$，其中措施 1(作为奖金发给职工)对提高职工技术水平没有什么影响，在两两比较矩阵中不出现，重要性按零计算。最大的特征根为 4.117，CI=0.039，RI=0.91，CR=CI/RI=0.043<0.10，一致性检验通过。

矩阵 B_3 的权重向量为 $W=\begin{bmatrix}0.375 & 0.375 & 0.125 & 0.125 & 0\end{bmatrix}^{\mathrm{T}}$，其中，措施 5(引进新设备扩大生产)对改善职工物质文化生活状况没什么影响，在两两比较矩阵中不出现，重要性按零计算。最大特征根 4，CI=0，一致性检验通过。

4. 总排序及一致性检验

上述过程中求出的是同一层次中相应元素对上一层次中某个因素相对重要性的排序权值，这称为层次单排序。若模型由多层次构成，则计算同一层次所有因素对总目标相对重要性的排序称为总排序。这一过程是由最高层到最低层逐层进行的。设上一层次 A 包含 m 个因素 $A_1,A_2,\cdots,A_m$，其总排序的权重值分别为 $a_1,a_2,\cdots,a_m$；下一层次 B 包含 k 个因素 $B_1,B_2,\cdots,B_k$，它们对 A_j 的层次单排序的权重值分别为 $b_{1j},b_{2j},\cdots,b_{kj}$(当 B_i 与 A_j 无联系时，$b_{ij}=0$)；此时 B 层 i 元素在总排序中的权重值可以由上一层次总排序的权重值与本层次的层次单排序的权重值复合而成，结果为

$$W_i=\sum_{j=1}^{m}b_{ij}a_j,\quad i=1,2,\cdots,k \tag{6-3}$$

各个方案相对于目标层的总排序及一致性检验可以用表 6-7 的相关公式计算。

表 6-7　目标层的总排序及一致性检验相关公式

项目		上层权重	A_1	A_2	$\cdots$	A_m	计算组合权向量 $\bar{W}=\begin{bmatrix}W_1\\ \vdots\\ W_n\end{bmatrix}$ 其中 $W_i=\sum_{j=1}^{m}a_jW_{ij}$
			a_1	a_2	$\cdots$	a_m	
下层权重	B_1		W_{11}	W_{12}	$\cdots$	W_{1m}	$W_1=\sum_{j=1}^{m}a_jb_{1j}$
	B_2		W_{21}	W_{22}	$\cdots$	W_{2m}	$W_2=\sum_{j=1}^{m}a_jb_{2j}$
	$\vdots$		$\vdots$	$\vdots$		$\vdots$	$\vdots$
	B_n		W_{n1}	W_{n2}	$\cdots$	W_{nm}	$W_n=\sum_{j=1}^{m}a_jb_{nj}$
最大特征根 $\lambda_{\max}^{(i)}$		和法、特征根、迭代法					
一致性检验 CI		$\mathrm{CI}_j=(\lambda_{\max}^{(i)}-n)/(n-1)$					
一致性随机检验 RI		RI_j 对照表					
一致性比率 CR		$\mathrm{CR}=\frac{\mathrm{CI}}{\mathrm{RI}}=\sum_{j=1}^{m}\left(a_j\mathrm{CI}_j\right)/\sum_{j=1}^{m}\left(a_j\mathrm{RI}_j\right)$					若 CR<0.1，则通过一致性检验

根据表 6-7，底层权重向量的确定过程可用表 6-8 清楚地得到表述。其中：

C_1 的总排序权重为 0.105×0.496+0.637×0+0.258×0.375=0.149；

C_2 的总排序权重为 0.105×0.232+0.637×0.055+0.258×0.375=0.156；

C_3 的总排序权重为 0.105×0.085+0.637×0.565+0.258×0.125=0.401；

C_4的总排序权重为 0.105×0.137+0.637×0.118+0.258×0.125=0.122；

C_5的总排序权重为 0.105×0.050+0.637×0.262+0.258×0=0.172。

表 6-8　总排序表

C层对B层的相对权值	B_1 0.105	B_2 0.637	B_3 0.258	C层总排序
C_1	0.496	0	0.375	0.149
C_2	0.232	0.055	0.375	0.156
C_3	0.085	0.565	0.125	0.401
C_4	0.137	0.118	0.125	0.122
C_5	0.050	0.262	0	0.172

表 6-8 给出了五种措施对实现目标的权重向量，根据这个权重向量，可以看出措施(方案)3 对实现目标的作用最大，因此是最佳方案。

虽然各层次均已经过层次单排序的一致性检验，但是当综合考察时，各层次的非一致性仍有可能积累起来，引起最终分析结果较严重的不一致性。因此，对层次总排序也要进行一致性检验。

设 C 层中与 B_j 相关因素的成对比较判断矩阵在单排序中经一致性检验，求得单排序一致性指标为 $\mathrm{CI}_j(j=1,2,\cdots,m$，$m$ 为 C 层中与 B_j 相关的因素的数目)，相应的平均随机一致性指标为 RI_j，CI_j、RI_j 在层次单排序中已经求出，则 B 层总排序随机一致性比率为

$$\mathrm{CR}=\frac{\sum_{j=1}^{m}\left(a_j\mathrm{CI}_j\right)}{\sum_{j=1}^{m}a_j\mathrm{RI}_j} \tag{6-4}$$

当 CR<0.10 时，认为总排序结果通过一致性检验，具有较满意的一致性，并接受该分析结果，按照组合权向量 $\overline{W}\begin{bmatrix}W_1\\ \vdots\\ W_n\end{bmatrix}$ 的表示结果进行决策($\overline{W}\begin{bmatrix}W_1\\ \vdots\\ W_n\end{bmatrix}$ 中 W_i 中最大者的为优)，即 $W^*=\max\left\{W:\left|W_i\in(W_1,\cdots,W_n)^{\mathrm{T}}\right.\right\}$

若未能通过检验，则需重新考虑模型或重新构造那些 CR 较大的两两比较矩阵。

6.2　层次分析法中指标权重的确定

6.1 节讨论的层次结构模型的建立是以指标体系的建立为基础的。指标体系建立的合适与否，会直接影响最后的分析结果。在建立指标体系时，通常要根据具体问题进行分析，根据要实现的目标找到要实施的方案，这里方案要尽量全面，然后对实现目标的方案层的评价准则进行策划。

6.2.1 层次分析法中指标体系的确定

指标体系的建立应遵循以下几个原则：

(1) 指标宜少不宜多。分析指标不能过多，因为指标过多会增加分析的难度和计算量，同时也会影响最后的分析结果，如6.1节所述，同一层指标不宜超过9个。

(2) 指标应具有独立性。分析指标彼此要具有独立性，若彼此之间相互联系，则会使问题的分析失去意义，分析结果就不能对问题的解决提供依据。

(3) 指标应具有代表性。分析指标应具有代表性，特别是方案层的指标要具有代表性，这样对问题的分析和解决会有很大的帮助。

(4) 指标可行。分析指标的确定必须是可行的，要能够根据指标的特点进行指标的定性到定量的转换，这样对需要分析的问题才有意义。

以上几条原则在解决实际问题时只用于参考，在实际中要灵活考虑应用。需要注意的是，指标体系的确定有很大的主观随意性。虽然指标体系的确定有经验法和数学法两种，但多数研究均采用经验法确定。而经验法中经常使用的方法为专家调研法。

专家调研法是根据要研究的问题向专家发函，征求其意见。评价者可以根据评价目标及评价对象的特征，在设计的调查表中列出一系列的评价指标，分别征询专家所涉及的评价指标的意见，然后进行统计处理，并反馈咨询结果，若专家意见趋于集中，则由最后一次确定出具体的评价指标体系。下面以构建企业信息化评价体系为例进行说明。

企业信息化是提高企业竞争力和经济效益的主要保证。企业在信息化实施过程中都要对信息化水平进行评估，这是因为企业信息化的实施是一项效益驱动的投资项目，企业真正关心的是通过信息化的实现能对企业带来多大的效益。因此，在企业信息化的建设过程中，认真研究企业信息化评价方法，可以及时发现存在的问题，准确地掌握推进企业信息化建设的方向。

企业信息化的评价过程包括两个主要部分：一是建立评价指标体系，通过指标的采集，获取评价所需的相关数据；二是选择评价方法，在对企业信息化进行评价时，考虑到其是一项复杂的系统工程，涉及的因素很多，所以其评价是一个典型的多目标和多层次问题，仅用单个指标和一般的数学方法来评价不能做出准确的判断。

能否建立科学的指标体系是解决问题的关键。一个科学的企业信息化评价指标体系的建立既要考虑全面性、系统性和可操作性，同时要做到定性与定量、理论与实践相结合。按照上述要求，在参照《企业信息化基本指标构成方案(试行)》基础上，建立了如表6-9所示的企业信息化综合评价指标体系，实践中就可以参照这个指标体系对不同企业的信息化水平进行评价。

表6-9 企业信息化综合评价指标体系

一级指标	二级指标
战略地位 (U_1)	信息化工作最高主管的职位(U_{11})
	首席信息官(CIO)的级别和能力(U_{12})
	信息化规划和政策支持力度(U_{13})

续表

一级指标	二级指标
基础建设 (U_2)	每百人计算机拥有量(U_{21})
	信息化设备投资比重(U_{22})
	网络建设程度(U_{23})
	信息系统的安全技术建设(U_{24})
	信息技术软件的投资比重(U_{25})
应用水平 (U_3)	信息采集信息化手段利用率(U_{31})
	办公自动化应用程度(U_{32})
	核心业务流程的信息化应用程度(U_{33})
	管理自动化应用程度(U_{34})
	决策信息化程度(U_{35})
信息资源的开发与利用 (U_4)	企业计算机联网率(U_{41})
	期刊报纸人均拥有率(U_{42})
	数据库人均数量(U_{43})
	现代化通信工具使用率(U_{44})
人力资源 (U_5)	信息专业技术人员比例(U_{51})
	信息专业技术人员职称结构(U_{52})
	培养信息技术人才的投入(U_{53})
	企业奖励和引进信息人才所需的经费(U_{54})
经济效益 (U_6)	直接经济效益(U_{61})
	间接经济效益(U_{62})

根据表 6-9，可以得到如图 6-3 所示的层次结构模型。

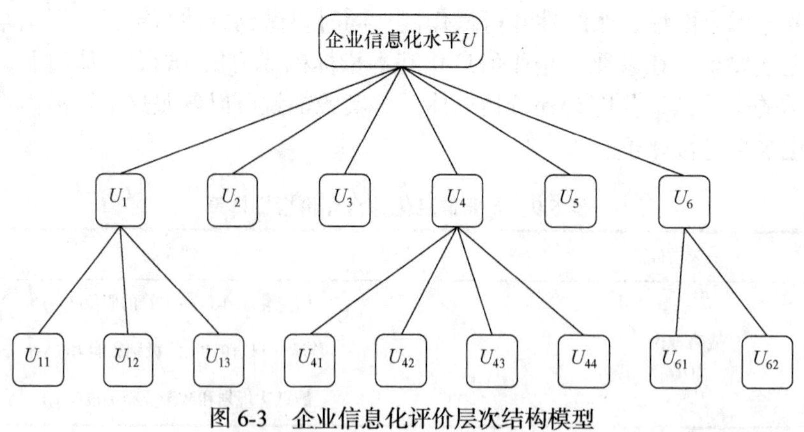

图 6-3　企业信息化评价层次结构模型

6.2.2 层次分析法中评价矩阵中数据的确定

根据层次分析法的基本原理，层次分析法是一种定性与定量相结合的方法，而这一结合主要体现在判断矩阵中各数据的确定，这里经常使用的方法是德尔菲法(Delphi method)。

德尔菲法也称为专家调查法，是采用背对背的通信方式征询专家小组成员的预测意见，经过几轮征询，使专家小组的预测意见趋于集中，最后做出符合市场未来发展趋势的预测结论。

德尔菲法最早出现于20世纪50年代末，是当时的美国为了预测在其“遭受原子弹轰炸后，可能出现的结果”而发明的一种方法。1964年美国兰德(Rand)公司发表了《长远预测研究报告》，首次将德尔菲法用于技术预测中，之后该法迅速运用于美国和其他国家。

德尔菲法依据系统的程序，采用匿名发表意见的方式，即专家之间不得互相讨论，不发生横向联系，只能与调查人员产生联系，通过多轮次调查专家对问卷所提问题的看法，经过反复征询、归纳、修改，最后汇总成专家基本一致的看法，作为预测的结果。这种方法具有广泛的代表性，较为可靠。

德尔菲法吸收专家参与预测，充分利用专家的经验和学识。这些专家一般都具备相关问题的专业知识，因此对问题的分析和判断比较准确。德尔菲法的特点是专业性、匿名性和反馈性。

在层次分析法中，比较判断矩阵的获得就是请若干名专家对问题之间的重要程度进行评判，然后采取加权评分的方法计算比较判断值，进而得到比较判断矩阵。

6.3 层次分析法中矩阵的求解方法

求解比较判断矩阵特征向量及特征根的方法有很多，方便起见，可以利用计算机相关软件进行计算，也可以按照下面介绍的三种方法进行人工计算，相关知识可查阅线性代数的相关内容。

6.3.1 特征方程法

特征方程法是线性代数中常用的方法，就是利用特征方程得出特征根及特征向量。特征方程法是求特征根和特征向量的精确方法。

设两两比较判断矩阵为$A=\begin{bmatrix} a_{11} & a_{12} & \cdots & a_{1n} \\ a_{21} & a_{22} & \cdots & a_{2n} \\ \vdots & \vdots & & \vdots \\ a_{n1} & a_{n2} & \cdots & a_{nn} \end{bmatrix}$，$W=\begin{bmatrix} \omega_1 \\ \omega_2 \\ \vdots \\ \omega_n \end{bmatrix}$是$A$的特征向量，$\lambda$是相应的特征根。根据特征向量和特征根的定义，有$AW=\lambda W$，即

$$AW-\lambda W=0 \quad 或 \quad (A-\lambda I)W=0 \tag{6-5}$$

其中，I是$n\times n$单位矩阵。根据线性代数理论，以上等式对非零向量W成立，则矩阵的行列式$A-\lambda I$是线性相关的，即行列式$|A-\lambda I|$必须等于零。

$$A-\lambda I=\begin{bmatrix} a_{11} & a_{12} & \cdots & a_{1n} \\ a_{21} & a_{22} & \cdots & a_{2n} \\ \vdots & \vdots & & \vdots \\ a_{n1} & a_{n2} & \cdots & a_{nn} \end{bmatrix}-\lambda\begin{bmatrix} 1 & 0 & \cdots & 0 \\ 0 & 1 & \cdots & 0 \\ \vdots & \vdots & & \vdots \\ 0 & 0 & \cdots & 1 \end{bmatrix}$$

$$=\begin{bmatrix} a_{11}-\lambda & a_{12} & \cdots & a_{1n} \\ a_{21} & a_{22}-\lambda & \cdots & a_{2n} \\ \vdots & \vdots & & \vdots \\ a_{n1} & a_{n2} & \cdots & a_{nn}-\lambda \end{bmatrix}$$

求解由行列式

$$\begin{vmatrix} a_{11}-\lambda & a_{12} & \cdots & a_{1n} \\ a_{21} & a_{22}-\lambda & \cdots & a_{2n} \\ \vdots & \vdots & & \vdots \\ a_{n1} & a_{n2} & \cdots & a_{nn}-\lambda \end{vmatrix}=0$$

展开得到的方程称为矩阵的特征方程，特征方程的根就是矩阵 A 的特征根λ。求出特征根λ后，就可以求出相应的特征向量 W。如果矩阵 A 是 $n\times n$ 方阵，那么它的特征方程就是关于λ的 n 次方程。

【例 6-4】 求 $A=\begin{bmatrix} 2 & 0 \\ -1 & 4 \end{bmatrix}$ 的特征根和特征向量。

解： A 的特征方程为

$$|A-\lambda I|=\begin{vmatrix} \lambda-2 & 0 \\ 1 & \lambda-4 \end{vmatrix}=(\lambda-2)(\lambda-4)=0$$

所以 A 的特征根为

$$\lambda_1=2,\quad \lambda_2=4$$

对于 $\lambda_1=2$，由 $(2I-A)x=0$，所以对应的特征向量可取为 $P_1=(2,1)^{\mathrm{T}}$。

对于 $\lambda_2=4$，对应的特征向量应满足 $(4I-A)x=0$，所以对应的特征向量可取为 $P_2=(0,1)^{\mathrm{T}}$。

6.3.2 迭代法

迭代法就是用迭代方法求特征向量的近似值，然后求出特征根。迭代法的步骤如下：

(1) 取与矩阵同阶的归一化初始向量 $W_0=\left(\frac{1}{n},\frac{1}{n},\cdots,\frac{1}{n}\right)^{\mathrm{T}}$。

(2) 计算 $U^{k+1}=AW_k$，$k=0,1,2,\cdots$。

(3) 将向量 $U^{k+1}=(U_1^{k+1},U_2^{k+1},\cdots,U_n^{k+1})^{\mathrm{T}}$ 归一化，即令

$$\alpha=\sum_{i=1}^{n}U_i^{k+1} \tag{6-6}$$

$$W^{k+1}=\frac{1}{\alpha}U^{k+1} \tag{6-7}$$

(4) 对于给定的误差容许标准$\varepsilon>0$，当先后两次求得的向量W_k和W^{k+1}相应分量之差小于ε时，W^{k+1}就是所求的特征向量。

特征值(近似值)由式(6-8)求得

$$\lambda=\frac{1}{n}\sum_{i=1}^{n}\frac{U_i^{k+1}}{\omega_i^k} \tag{6-8}$$

【例 6-5】 用迭代法计算两两比较判断矩阵的特征向量和特征根。

$$A=\begin{bmatrix}1 & 2 & \frac{2}{3} & \frac{1}{2}\\ \frac{1}{2} & 1 & \frac{1}{3} & \frac{1}{4}\\ \frac{3}{2} & 3 & 1 & \frac{3}{4}\\ 2 & 4 & \frac{4}{3} & 1\end{bmatrix}$$

解： 取一个初始向量$W_0=\begin{bmatrix}\frac{1}{4}\\ \frac{1}{4}\\ \frac{1}{4}\\ \frac{1}{4}\end{bmatrix}$，第一次迭代$U^1=AW_0=\begin{bmatrix}1 & 2 & \frac{2}{3} & \frac{1}{2}\\ \frac{1}{2} & 1 & \frac{1}{3} & \frac{1}{4}\\ \frac{3}{2} & 3 & 1 & \frac{3}{4}\\ 2 & 4 & \frac{4}{3} & 1\end{bmatrix}\begin{bmatrix}\frac{1}{4}\\ \frac{1}{4}\\ \frac{1}{4}\\ \frac{1}{4}\end{bmatrix}=\begin{bmatrix}\frac{25}{24}\\ \frac{25}{48}\\ \frac{25}{16}\\ \frac{25}{12}\end{bmatrix}$，

$\alpha=\frac{25}{24}+\frac{25}{48}+\frac{25}{16}+\frac{25}{12}=\frac{250}{48}$，归一化后为

$$W^1=\frac{48}{250}\begin{bmatrix}\frac{25}{24}\\ \frac{25}{48}\\ \frac{25}{16}\\ \frac{25}{12}\end{bmatrix}=\begin{bmatrix}\frac{1}{5}\\ \frac{1}{10}\\ \frac{3}{10}\\ \frac{2}{5}\end{bmatrix}$$

第二次迭代$U^2=AW^1=\begin{bmatrix}1 & 2 & \frac{2}{3} & \frac{1}{2}\\ \frac{1}{2} & 1 & \frac{1}{3} & \frac{1}{4}\\ \frac{3}{2} & 3 & 1 & \frac{3}{4}\\ 2 & 4 & \frac{4}{3} & 1\end{bmatrix}\begin{bmatrix}\frac{1}{5}\\ \frac{1}{10}\\ \frac{3}{10}\\ \frac{2}{5}\end{bmatrix}=\begin{bmatrix}\frac{4}{5}\\ \frac{2}{5}\\ \frac{6}{5}\\ \frac{8}{5}\end{bmatrix}=4W^1$，已经收敛，因此$W^1=\begin{bmatrix}\frac{1}{5}\\ \frac{1}{10}\\ \frac{3}{10}\\ \frac{2}{5}\end{bmatrix}$就

是矩阵 A 的特征向量，相应的特征根为 4。

6.3.3 和法

和法就是用近似法求出两两比较判断矩阵的特征向量，然后求出特征根。和法步骤如下：

(1) 将判断矩阵每一列向量归一化，即

$$\overline{a}_{ij}=\frac{a_{ij}}{\sum_{k=1}^{n}a_{kj}},\quad i,j=1,2,\cdots,n \tag{6-9}$$

(2) 每一列经归一化后的判断矩阵按行求和，即

$$\overline{W_i}=\sum_{j=1}^{n}\overline{a}_{ij},\quad i=1,2,\cdots,n \tag{6-10}$$

(3) 对向量 $\overline{W}=\begin{bmatrix}\overline{W_1} & \overline{W_2} & \cdots & \overline{W_n}\end{bmatrix}^{\mathrm{T}}$ 归一化，即

$$W=\frac{\overline{W_i}}{\sum_{j=1}^{n}\overline{W_j}},\quad i=1,2,\cdots,n \tag{6-11}$$

所得到的 $W=[W_1,W_2,\cdots,W_n]^{\mathrm{T}}$ 即所求特征向量。

(4) 计算判断矩阵最大特征根 $\lambda_{\max}$，即

$$\lambda_{\max}=\sum_{i=1}^{n}\frac{(AW)_i}{nW_i} \tag{6-12}$$

【例 6-6】 用和法计算两两比较判断矩阵 $A=\begin{bmatrix}1 & 2 & 6\\ \frac{1}{2} & 1 & 4\\ \frac{1}{6} & \frac{1}{4} & 1\end{bmatrix}$ 的特征向量和特征根。

解： 列向量归一化过程为

$$\begin{bmatrix}0.6 & 0.615 & 0.545\\ 0.3 & 0.308 & 0.364\\ 0.1 & 0.077 & 0.091\end{bmatrix}\xrightarrow{\text{按行求和}}\begin{bmatrix}1.760\\ 0.972\\ 0.268\end{bmatrix}\xrightarrow{\text{归一化}}\begin{bmatrix}0.587\\ 0.324\\ 0.089\end{bmatrix}=W$$

$$AW=\begin{bmatrix}1.769\\ 0.974\\ 0.268\end{bmatrix},\quad \lambda=\frac{1}{3}\left(\frac{1.769}{0.587}+\frac{0.974}{0.324}+\frac{0.268}{0.089}\right)=3.010$$

精确计算得出 $W=(0.587,0.324,0.089)^{\mathrm{T}}$，$\lambda=3.010$。如果有必要，也可以将和法和迭代法相结合，用和法求出特征向量的近似值，作为迭代的初值，然后用迭代法计算，直至得到精确度符合要求的特征向量。

6.4　案例应用分析

【案例说明】　在企业兼并目标选择决策中的应用：下面以存在 3 个兼并备选企业的情形为例进行讨论。根据我国企业兼并现状和发展趋势的发展，企业兼并备选目标的评价包括以下六个方面：

(1) 财务经济状况 F_1；

(2) 产品市场状况 F_2；

(3) 发展环境 F_3；

(4) 技术进步潜力状况 F_4；

(5) 组织管理状况 F_5；

(6) 工艺技术相关性 F_6。

第一步：建立如图 6-4 所示层次结构图。

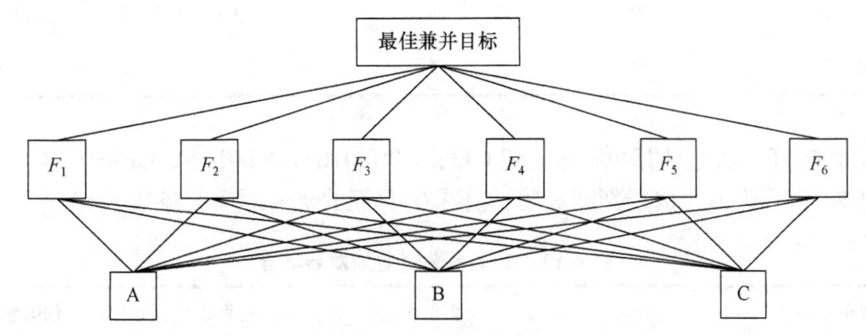

图 6-4　企业最佳兼并项目层次分析结构图

第二步：构造判断矩阵，计算最大特征根和特征向量，进行一致性检验，见表 6-10。

表 6-10　各项评价因素的指标值

兼并目标综合评价	F_1	F_2	F_3	F_4	F_5	F_6	重要性排序
F_1	1	3	7	5	1	1	0.279
F_2	1/3	1	9	1	1	1	0.165
F_3	1/7	1/9	1	1/7	1/5	1/4	0.031
F_4	1/5	1	7	1	1/4	1/3	0.099
F_5	1	1	5	4	1	3	0.261
F_6	1	1	4	3	1/3	1	0.164

对于此矩阵，计算可得λ_{max}=6.619，CI=0.123，RI=1.24，故 CR=CI/RI=0.099<0.10。然后进一步评价三个备选企业在六个指标下的评价顺序。

对于财务经济状况 F_1，构造判断矩阵，并求出它们的优劣顺序，见表 6-11。

表 6-11　三个备选企业财务经济状况

财务经济状况 F_1	企业 A	企业 B	企业 C	优劣顺序
企业 A	1	9	3	0.669
企业 B	1/9	1	1/5	0.064
企业 C	1/3	5	1	0.267

对于此矩阵，计算可得λ_{max}=3.029，CI=0.0145，RI=0.58，CR=CI/RI=0.025<0.10。

对于产品市场状况 F_2，构造判断矩阵，并求出它们的优劣顺序，见表 6-12。

表 6-12　三个备选企业的产品市场状况

产品市场状况 F_2	企业 A	企业 B	企业 C	优劣顺序
企业 A	1	7	4	0.702
企业 B	1/7	1	1/3	0.085
企业 C	1/4	3	1	0.213

对于此矩阵，通过计算可得λ_{max}=3.033，CI=0.0165，RI=0.58，CR=0.028<0.10。

对于发展环境 F_3，构造判断矩阵，并求出它们的优劣顺序，见表 6-13。

表 6-13　三个备选企业的发展环境

发展环境 F_3	企业 A	企业 B	企业 C	优劣顺序
企业 A	1	9	3	0.669
企业 B	1/9	1	1/5	0.064
企业 C	1/3	5	1	0.267

对于此矩阵，通过计算可得λ_{max}=3.029，CI=0.013，RI=0.58，CR=0.022<0.10。

对于企业的技术进步潜力状况 F_4，构造判断矩阵，并求出它们的优劣顺序，见表 6-14。

表 6-14　三个备选企业的技术进步潜力状况

技术进步潜力状况 F_4	企业 A	企业 B	企业 C	优劣顺序
企业 A	1	6	3	0.667
企业 B	1/6	1	1/2	0.111
企业 C	1/3	2	1	0.222

对于此矩阵，通过计算可得λ_{max}=3，CI=0，RI=0.58，CR=0<0.01。

对于组织管理状况 F_5，构造判断矩阵，并求出它们的优劣顺序，见表 6-15。

表 6-15　三个备选企业的组织管理状况

组织管理状况 F_5	企业 A	企业 B	企业 C	优劣顺序
企业 A	1	1/9	1/5	0.062
企业 B	9	1	4	0.701
企业 C	5	1/4	1	0.237

对于此矩阵，通过计算可得λ_{max}=3.072，CI=0.036，RI=0.58，CR=0.062<0.10。

对于工艺技术相关性 F_6，构造判断矩阵，并求出它们的优劣顺序，见表 6-16。

表 6-16　三个备选企业的工艺技术相关性

工艺技术相关性 F_6	企业 A	企业 B	企业 C	优劣顺序
企业 A	1	1/7	1/3	0.088
企业 B	7	1	3	0.669
企业 C	3	1/3	1	0.243

对于此矩阵，通过计算可得λ_{max}=3.007，CI=0.035，RI=0.58，CR=0.060<0.10。

根据上述计算方法及其评定结果，计算企业兼并目标综合评价值，见表 6-17。

表 6-17　3 个备选企业兼并目标综合评价值

评价指标	F_1	F_2	F_3	F_4	F_5	F_6	综合评价总排序
权重系数	0.279	0.165	0.031	0.099	0.261	0.164	
企业 A	0.669	0.702	0.669	0.667	0.062	0.088	0.420
企业 B	0.064	0.085	0.064	0.111	0.701	0.669	0.338
企业 C	0.267	0.213	0.267	0.222	0.237	0.243	0.225

从最终的评价结果可知，企业 A 的综合评价最好，为 0.420，高于企业 B 和企业 C，所以企业 A 是最佳兼并目标。

本 章 作 业

1. 什么是层次分析法？其具体步骤是什么？

2. 运用层次分析法解决问题时应该注意哪些问题？

3. 比较矩阵 A 的非一致性较为严重，应该如何寻找引起非一致性的原因和元素？下面的矩阵 A 为

$$A=\begin{bmatrix} 1 & \frac{1}{5} & 3 \\ 5 & 1 & 6 \\ \frac{1}{3} & \frac{1}{6} & 1 \end{bmatrix}$$

(1) 对 A 做一致性检验。

(2) 如果 A 的非一致性比较严重，应如何修正？

4. 有一个建设投资项目，要从经济效益、环境效益和社会效益三个方面考察现有的五个方案的优劣，其层次结构如图 6-5 所示，判断矩阵如表 6-18～表 6-21 所示，使用层次分析法确定五个方案的优劣次序。

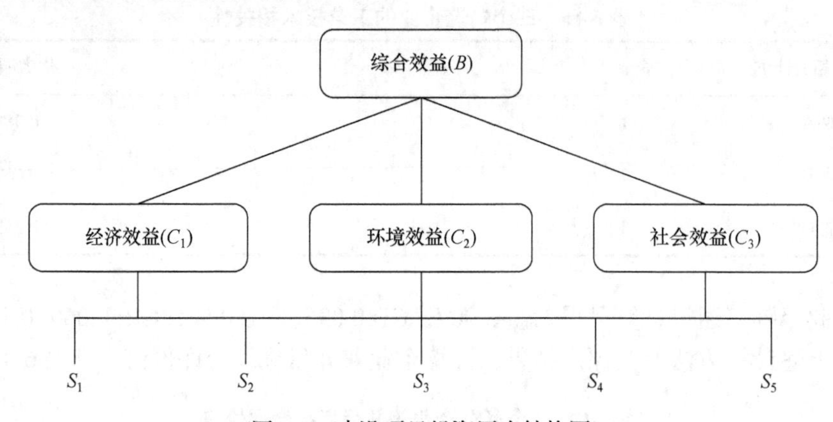

图 6-5　建设项目投资层次结构图

表 6-18　判断矩阵 1

B_1	C_1	C_2	C_3
C_1	1	3	5
C_2	1/3	1	3
C_3	1/5	1/3	1

表 6-19　判断矩阵 2

C_1	S_1	S_2	S_3	S_4	S_5
S_1	1	1/5	1/7	2	5
S_2	5	1	1/2	6	8
S_3	7	2	1	7	9
S_4	1/2	1/6	1/7	1	4
S_5	1/5	1/8	1/9	1/4	1

表6-20 判断矩阵3

C_2	S_1	S_2	S_3	S_4	S_5
S_1	1	1/3	2	1/5	3
S_2	3	1	4	1/7	7
S_3	1/2	1/4	1	1/9	2
S_4	5	7	9	1	9
S_5	1/3	1/7	1/2	1/9	1

表6-21 判断矩阵4

C_3	S_1	S_2	S_3	S_4	S_5
S_1	1	2	4	1/9	1/2
S_2	1/2	1	3	1/6	1/3
S_3	1/4	1/3	1	1/9	1/7
S_4	9	6	9	1	3
S_5	2	3	7	1/3	1

第7章 聚 类 分 析

人类在认识世界的过程中经常会遇到对认识对象进行分类的问题。分类的问题可以分为判别分析和聚类分析。判别分析是对事先已经建立类别的问题进行分类，即将样品或指标按照已知的类别进行分类；聚类分析是根据“物以类聚，人以群分”的道理，对样本或指标进行分类的一种多元统计分析方法，它们讨论的对象是大量的样本，要求能按各自的特性将事物进行合理的分类，没有任何模式可供参考或依循，即在没有先验知识的情况下进行的。

7.1 聚类分析的基本思想

现实生活中，聚类分析无处不在。例如，对于人们经常购物的大型商场，可以根据哪些消费者经常光顾商场、购买什么东西、买了多少等问题进行数据收集，可以按会员卡记录的光临次数、光临时间、性别、年龄、职业、购物种类、金额等变量对顾客进行分类，这样商场可以识别顾客的购买模式，刻画不同客户群体的特征，从中挖掘出有价值的客户，并制定相应的营销策略，如果针对潜在客户派发广告，比在大街上乱发传单命中率更高，成本更低。又如，银行可以利用储蓄额、刷卡消费金额、诚信度等变量对客户进行分类，找出“黄金客户”，制定更具吸引力的服务，留住客户。银行可以为黄金客户提供一定额度和期限的免息透支服务，或者赠送商场的贵宾打折卡，或是在他(她)生日的时候送上一个小蛋糕，这样都可以收到事半功倍的效果。

聚类分析的应用领域是很广泛的，在经济领域，可以帮助市场分析人员从客户数据库中发现不同的客户群，并且用购买模式来刻画不同的客户群的特征；可以根据住宅区进行聚类，确定自动提款机(ATM)的安放位置；可以根据股票市场的板块分析，找出最具活力的板块龙头股；还可以对企业信用进行等级分类等。在生物学领域，聚类分析可以指导植物和动物的分类；可以对基因分类，帮助人们获得对种群的认识。在数据挖掘领域，聚类分析可以作为其他数学算法的预处理步骤，获得数据分布状况，集中对特定的类做进一步的分析和研究。

聚类分析的实质是一种建立分类的方法，它能够将一批样本数据(或变量)按照它们性质上的亲疏程度在没有先验知识的情况下自动进行分类。根据分类对象的不同，聚类分析可以分成两类：一是根据指标(变量)对样本进行分类，称为 Q 型聚类；二是对指标(变量)进行分类，称为 R 型聚类，对变量聚类通常采用相关类统计量。图 7-1 列举了聚类分析中常用的聚类统计量。

【例 7-1】 对 10 位应聘者做智能检验。3 项指标 X、Y 和 Z 分别表示数学推理能力、空间想象能力和语言理解能力。得分如表 7-1 所示，选择合适的统计方法对应聘者进行分类。

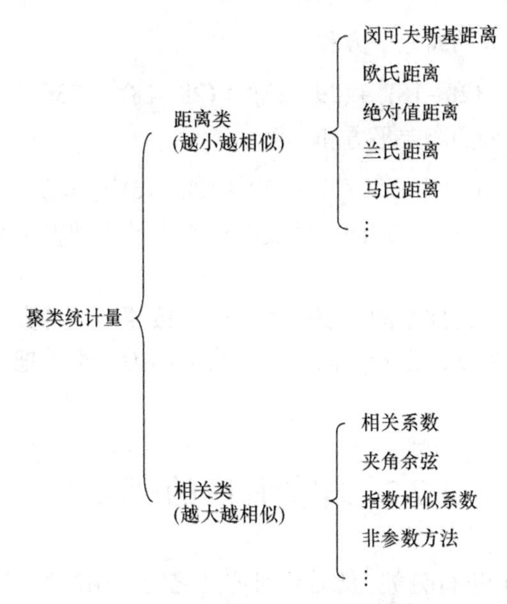

图 7-1 聚类分析中的聚类统计量

表 7-1 应聘者的智能检验得分表

应聘者编号	1	2	3	4	5	6	7	8	9	10
X	28	18	11	21	26	20	16	14	24	22
Y	29	23	22	23	29	23	22	23	29	27
Z	28	18	16	22	26	22	22	24	24	24

利用欧氏距离法进行分类得到的分类结果如图 7-2 所示。

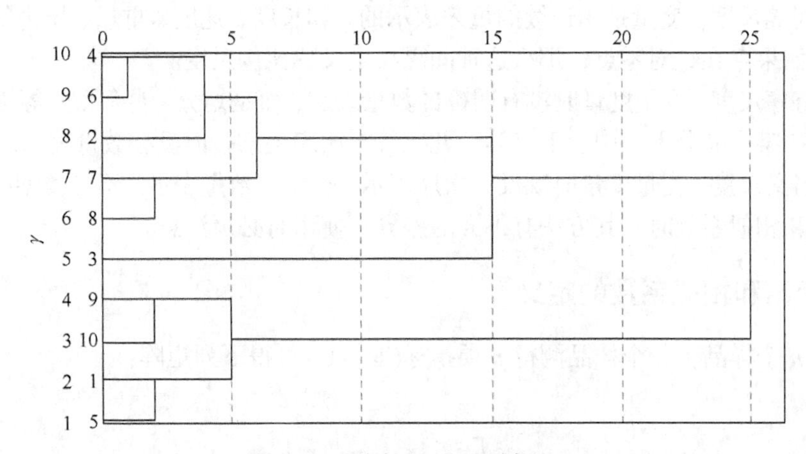

图 7-2 分类结果(欧氏距离法)

根据上述分类结果，可以通过简单的计算考察这个分类是否合理。

计算 4 号和 6 号得分的离差平方和：

$$(21-20)^2+(23-23)^2+(22-22)^2=1$$

计算 1 号和 2 号得分的离差平方和：

$$(28-18)^2+(29-23)^2+(28-18)^2=236$$

计算 1 号和 3 号得分的离差平方和：

$$(28-11)^2+(29-22)^2+(28-16)^2=482$$

由此可见，一般的分类是合理的，欧氏距离很大的应聘者 1 号和 2 号，1 号和 3 号没有被聚类在一起。

聚类分析就是根据一批样本的许多观测指标，按照一定的数学公式具体地计算一些样本或一些指标的相似程度，把相似的样本或指标归为一类，把不相似的样本或指标归为另一类。

7.2 相似程度的度量

为了将样品(或指标)进行分类，就需要对样品之间的相似程度进行度量，目前使用最广泛的方法有两种：第一种方法是将一个样品看成 p 维空间的一个点，并在空间中定义样品间的距离，距离较近的点归为一类，距离较远的点归为不同的类。另一种方法是用相似系数进行度量，相似系数的绝对值越接近于 1，说明样品间的性质越接近；相似系数的绝对值越接近 0，说明样品越彼此无关，于是可以把相似性比较大的样品归为一类，把相似性比较小的样品归为不同的类。但在相似系数和距离的计算中，有很多不同的方法，而这些计算方法又与变量的数据类型有很大关系。由于实际问题中遇到的各种指标有的是定量指标，有的是定性指标，如重量和长度等是定量指标，而性别和职业等是定性指标，因此在对问题进行分析时，可以把变量或指标的类型分为三个尺度：

(1) 间隔尺度。变量是用连续的量来表示的，如长度、速度、重量、压力等。在间隔尺度中，如果存在绝对零点，那么这种间隔尺度又称比例尺度。

(2) 有序尺度。变量度量时没有明确的数量表示，而是划分一些等级，等级之间有次序关系，如某产品分上、中、下三等，此三等有次序关系，但没有数量表示。

(3) 名义尺度。变量度量时既没有次序表示，也没有数量表示。不同类型的变量，在定义距离和相似系数时，其方法有很大的差异，使用时必须注意。

7.2.1 距离和相似系数的定义

设有 n 个样品，每个样品测得 p 项指标(变量)，可得下列矩阵：

$$X=\begin{matrix} & x_1 & x_2 & \cdots & x_p \\ X_1 & x_{11} & x_{12} & \cdots & x_{1p} \\ X_2 & x_{21} & x_{22} & \cdots & x_{2p} \\ \vdots & \vdots & \vdots & & \vdots \\ X_n & x_{n1} & x_{n2} & \cdots & x_{np} \end{matrix} \tag{7-1}$$

其中，$x_{ij}(i=1,2,\cdots,n;j=1,2,\cdots,p)$为第 i 个样品的第 j 个指标的观测数据。第 i 个样品

x_i 被矩阵 X 的第 i 行所描述，所以任何两个样品 x_K 和 x_L 之间的相似性可以通过矩阵 X 中的第 K 行和第 L 行的相似程度来刻画，也可以通过第 K 列和第 L 列的相似程度来刻画。

1. 对样品分类(称为 Q 型聚类分析)常用的距离和相似系数

1) 距离

如果把 n 个样品(X 中的第 n 行)看成 p 维空间中的 n 个点，那么两个样品之间的相似程度可用 p 维空间中两点的距离来度量。令 d_{ij} 表示样品 x_i 与 x_j 的距离，常用的距离如下。

(1) 闵可夫斯基(Minkowski)距离：

$$d_{ij}(q)=\left(\sum_{a=1}^{p}\left|x_{ia}-x_{ja}\right|^{q}\right)^{1/q} \tag{7-2}$$

其中，q 取不同的值，就可以定义不同的距离。

当 q=1 时，称为绝对距离，公式变为

$$d_{ij}(1)=\sum_{a=1}^{p}\left|x_{ia}-x_{ja}\right| \tag{7-3}$$

当 q=2 时，称为欧氏距离，公式变为

$$d_{ij}(2)=\left(\sum_{a=1}^{p}\left|x_{ia}-x_{ja}\right|^{2}\right)^{1/2} \tag{7-4}$$

当 q=∞时，称为切比雪夫距离，公式变为

$$d_{ij}(\infty)=\max_{1\leqslant a\leqslant p}\left|x_{ia}-x_{ja}\right| \tag{7-5}$$

当各变量的测量值相差悬殊时，采用闵可夫斯基距离并不合理，常需要先对数据进行标准化处理，然后用标准化后的数据计算距离。闵可夫斯基距离特别是其中的欧氏距离是比较常用的，大家都比较熟悉。但是在解决多元数据的分析问题时，欧氏距离就显示出了它的不足：一是它没有考虑到总体的变异对“距离”远近的影响，显然一个变异程度大的总体可能与更多样品近些，即使它们的欧氏距离不一定最近；二是欧氏距离受变量量纲的影响，这对多元数据的处理是不利的。除此之外，从统计的角度看，使用欧氏距离则要求一个向量的 n 个分量是不相关的且具有相同的方差，或者说各坐标对欧氏距离的贡献是同等的且变差大小也是相同的，这时使用欧氏距离才合适，效果也较好。否则就有可能不能如实反映情况，甚至导致错误结论。因此，一个合理的做法就是对坐标加权，这就产生了“统计距离”。例如，设 $p=(x_1,x_2,\cdots,x_p)'$，$Q=(y_1,y_2,\cdots,y_p)'$，且 Q 的坐标是固定的，点 p 的坐标相互独立地变化，用 $S_{11},S_{22},\cdots,S_{pp}$ 表示 p 个变量 $x_1,x_2,\cdots,x_p$ 的 n 次观测的样本方差，则可以定义 P 到 Q 的统计距离为

$$d(P,Q)=\sqrt{\frac{(x_1-y_1)^2}{S_{11}}+\frac{(x_2-y_2)^2}{S_{22}}+\cdots+\frac{(x_p-y_p)^2}{S_{pp}}} \tag{7-6}$$

所加的权是 $k_1=\frac{1}{S_{11}},k_2=\frac{1}{S_{22}},\cdots,k_p=\frac{1}{S_{pp}}$ ，即用样本方差除以相应坐标。当取 $y_1=y_2=\cdots=y_p=0$ 时，就是点 P 到原点 O 的距离；当 $S_{11}=S_{22}=\cdots=S_{pp}$ 时，就是欧氏距离。

(2) 马氏(Mahalanobis)距离。设 Σ 表示指标的协方差矩阵，即

$$\Sigma=(\sigma_{ij})_{pp}$$

其中

$$\sigma_{ij}=\frac{1}{n-1}\sum_{a=1}^{n}(x_{ai}-\overline{x}_i)(x_{aj}-\overline{x}_j),\quad i,j=1,2,\cdots,p$$

$$\overline{x}_i=\frac{1}{n}\sum_{a=1}^{n}x_{ai},\quad \overline{x}_j=\frac{1}{n}\sum_{a=1}^{n}x_{aj}$$

若 Σ^{-1} 存在，则两个样品之间的马氏距离为

$$d_{ij}^2(M)=(X_i-X_j)'\Sigma^{-1}(X_i-X_j) \tag{7-7}$$

这里 X_i 为样品的 p 个指标组成的向量，即原始资料阵的第 i 行向量。样品 X_j 类似。则样品 X 到总体 G 的马氏距离定义为

$$d^2(X,G)=(X-\mu)\Sigma^{-1}(X-\mu)$$

其中，μ 为总体的均值向量；Σ 为协方差矩阵。

马氏距离又称为广义欧氏距离。显然，马氏距离与上述各种距离的主要不同就是它考虑了观测变量之间的相关性，同时还考虑了观测变量之间的变异性，不再受各指标量纲的影响。将原始数据进行线性变换后，马氏距离不变。

(3) 兰氏(Canberra)距离。兰氏距离的计算公式为

$$d_{ij}(L)=\frac{1}{p}\sum_{a=1}^{n}\frac{\left|x_{ia}-x_{ja}\right|}{x_{ia}+x_{ja}} \tag{7-8}$$

兰氏距离仅适用于一切 $x_{ij}>0$ 的情况，这个距离也可以克服各个指标之间量纲的影响。这是一个自身标准化的量，由于它对大的奇异值不敏感，特别适合于高度偏倚的数据。虽然这个距离有助于克服闵可夫斯基距离的第一个缺点，但它也没有考虑指标之间的相关性。

计算任何两个样品 x_i 与 x_j 之间的距离 d_{ij} ，d_{ij} 的值越小表示两个样品的接近程度越大，d_{ij} 的值越大表示两个样品的接近程度越小。如果把任何两个样品的距离都算出来后，那么可排成距离矩阵 D：

$$D=\begin{bmatrix} d_{11} & d_{12} & \cdots & d_{1n} \\ d_{21} & d_{22} & \cdots & d_{2n} \\ \vdots & \vdots & & \vdots \\ d_{n1} & d_{n2} & \cdots & d_{nn} \end{bmatrix}$$

其中，$d_{11}=d_{22}=\cdots=d_{nn}=0$，$D$是一个实对称矩阵，所以只需计算上三角部分或下三角部分即可。根据D可对n个点进行分类，距离近的点归为一类，距离远的点归为不同的类。

(4) 距离选择的原则。一般来说，同一批数据采用不同的距离公式，会得到不同的分类结果。产生不同结果的原因，主要是不同的距离公式的侧重点和实际意义都不同。因此，在进行聚类分析时，应注意距离公式的选择。

通常选择距离公式应遵循以下基本原则：

(1) 要考虑所选择的距离公式在实际应用中有明确的意义，如欧氏距离就有非常明确的空间距离概念、马氏距离有消除量纲影响的作用。

(2) 要综合考虑对样本观测数据的预处理和将要采用的聚类分析方法。如在进行聚类分析之前已经对变量做了标准化处理，则通常就可采用欧氏距离。

(3) 要考虑研究对象的特点和计算量的大小。样品间距离公式的选择是一个比较复杂且带有一定主观性的问题，应根据研究对象的特点不同做出具体分析。实际中，聚类分析前不妨试探性地多选择几个距离公式分别进行聚类，然后对聚类分析结果进行对比分析，以确定最合适的距离测度方法。

2) 相似系数

多元数据中的变量表现为向量形式，在几何上可用多维空间中的一个有向线段表示。在对多元数据进行分析时，相对于数据的大小，更多的是对变量的变化趋势或方向感兴趣。因此，变量间的相似性，可以从它们的方向趋同性或“相关性”进行考察，从而得到“夹角余弦”和“相关系数”两种度量方法。

(1) 夹角余弦。当长度不是主要矛盾时，要定义一种相似系数，如图7-3所示，曲线AB和CD尽管长度不一，但形状相似，要想使AB和CD呈现出比较密切的关系，则夹角余弦就适合这个要求。

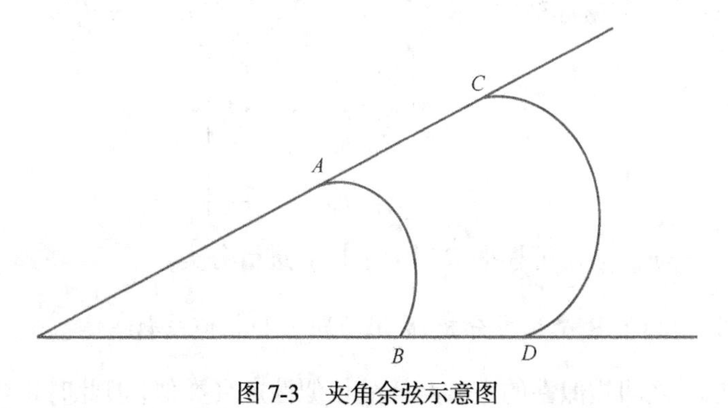

图7-3 夹角余弦示意图

可以把夹角余弦定义为：将任何两个样品X_i和X_j看成p维空间的两个向量，这两个向量的夹角余弦用$\cos\theta_{ij}$表示，则有

$$\cos\theta_{ij}=\frac{\sum_{a=1}^{p}x_{ia}x_{ja}}{\sqrt{\sum_{a=1}^{p}x_{ia}^2\sum_{a=1}^{p}x_{ja}^2}},\quad -1\leqslant\cos\theta_{ij}\leqslant 1 \tag{7-9}$$

当$\cos\theta_{ij}=1$时，说明两个样品X_i和X_j完全相似；当$\cos\theta_{ij}$接近于 1 时，说明X_i与X_j相似密切；当$\cos\theta_{ij}=0$时，说明X_i和X_j完全不一样；当$\cos\theta_{ij}$接近于 0 时，说明X_i与X_j差别大。把所有两两样品的相似系数都算出来，可排成相似系数矩阵：

$$\Phi=\begin{bmatrix}\cos\theta_{11} & \cos\theta_{12} & \cdots & \cos\theta_{1n}\\ \cos\theta_{21} & \cos\theta_{22} & \cdots & \cos\theta_{2n}\\ \vdots & \vdots & & \vdots\\ \cos\theta_{n1} & \cos\theta_{n2} & \cdots & \cos\theta_{nn}\end{bmatrix} \tag{7-10}$$

其中，$\cos\theta_{11}=\cos\theta_{22}=\cdots=\cos\theta_{nn}=1$。式(7-10)是一个实对称阵，所以只需计算上三角部分或下三角部分，根据式(7-10)可对n个样品进行分类，把比较相似的样品归为一类，不太相似的样品归为不同的类。

(2) 相关系数是指变量间的相关系数，作为刻画样品间的相关系数也可以类似给出定义，即第i个样品和第j个样品之间的相关系数定义为

$$r_{ij}=\frac{\sum_{a=1}^{p}(X_{ia}-\bar{X}_i)(X_{ja}-\bar{X}_j)}{\sqrt{\sum_{a=1}^{p}(X_{ia}-\bar{X}_i)^2\sum_{a=1}^{p}(X_{ja}-\bar{X}_j)^2}},\quad |r_{ij}|\leqslant 1 \tag{7-11}$$

其中

$$\bar{X}_i=\frac{1}{p}\sum_{a=1}^{p}X_{ia},\quad \bar{X}_j=\frac{1}{p}\sum_{a=1}^{p}X_{ja}$$

实际上，r_{ij}就是两个向量$X_i-\bar{X}_i$与$X_j-\bar{X}_j$的夹角余弦，其中$\bar{X}_i=(\bar{x}_i,\cdots,\bar{x}_i)'$，$\bar{X}_j=(\bar{x}_j,\cdots,\bar{x}_j)'$。若将原始数据标准化，则$\bar{X}_i=\bar{X}_j=0$，这时$r_{ij}=\cos\theta_{ij}$。

$$R=(r_{ij})=\begin{bmatrix}r_{11} & r_{12} & \cdots & r_{1n}\\ r_{21} & r_{22} & \cdots & r_{2n}\\ \vdots & \vdots & & \vdots\\ r_{n1} & r_{n2} & \cdots & r_{nn}\end{bmatrix} \tag{7-12}$$

其中，$r_{11}=r_{22}=\cdots=r_{nn}=1$，可根据$R$对$n$个样品进行分类。

2. 对指标分类(称为 R 型聚类分析)常用的距离和相似系数

p个指标(变量)之间相似性的定义与样品相似性定义类似，但此时是在n维空间中来研究的，变量之间的相似性是通过原始资料矩阵X中p列间相似关系来研究的。

1) 距离

令d_{ij}表示变量$X_i=(x_{1i},\cdots,x_{ni})'$与变量$X_j=(x_{1j},\cdots,x_{nj})'$之间的距离。

(1) 闵可夫斯基距离：

$$d_{ij}(q)=\left(\sum_{a=1}^{n}\left|x_{ia}-x_{ja}\right|^{q}\right)^{1/q} \tag{7-13}$$

(2) 马氏距离。设 Σ 表示样品的协方差矩阵，即

$$\Sigma = (\sigma_{ij})_{nn}$$

其中

$$\sigma_{ij} = \frac{1}{p-1}\sum_{a=1}^{p}(x_{ai} - \overline{x}_i)(x_{ja} - \overline{x}_j), \quad i, j = 1, 2, \cdots, n$$

若 Σ^{-1} 存在，则马氏距离为

$$d_{ij}^2(M) = (x_i - x_j)' \Sigma^{-1}(x_i - x_j) \tag{7-14}$$

(3) 兰氏距离：

$$d_{ij}(L) = \sum_{a=1}^{n}\frac{|x_{ai} - x_{aj}|}{x_{ai} + x_{aj}} \tag{7-15}$$

此处仅适用于一切 $x_{ij} > 0$ 的情况。

2) 相似系数

(1) 夹角余弦：

$$\cos\theta_{ij} = \frac{\sum_{a=1}^{n} x_{ai}x_{aj}}{\sqrt{\sum_{a=1}^{n} x_{ai}^2 \sum_{a=1}^{n} x_{aj}^2}}, \quad -1 \leqslant \cos\theta_{ij} \leqslant 1 \tag{7-16}$$

把两两列间的相似系数算出后，排成矩阵：

$$\Phi = \begin{bmatrix} \cos\theta_{11} & \cos\theta_{12} & \cdots & \cos\theta_{1n} \\ \cos\theta_{21} & \cos\theta_{22} & \cdots & \cos\theta_{2n} \\ \vdots & \vdots & & \vdots \\ \cos\theta_{n1} & \cos\theta_{n2} & \cdots & \cos\theta_{nn} \end{bmatrix} \tag{7-17}$$

其中，$\cos\theta_{11} = \cos\theta_{22} = \cdots = \cos\theta_{nn} = 1$，根据式(7-17)可对 p 个变量进行分类。

(2) 相关系数：

$$r_{ij} = \frac{\sum_{a=1}^{n}(x_{ai} - \overline{x}_i)(x_{aj} - \overline{x}_j)}{\sqrt{\sum_{a=1}^{n}(x_{ai} - \overline{x}_i)^2 \sum_{a=1}^{n}(x_{aj} - \overline{x}_j)^2}}, \quad -1 \leqslant r_{ij} \leqslant 1 \tag{7-18}$$

把两两变量的相关系数都算出后，排成矩阵为

$$R = (r_{ij}) = \begin{bmatrix} r_{11} & r_{12} & \cdots & r_{1p} \\ r_{21} & r_{22} & \cdots & r_{2p} \\ \vdots & \vdots & & \vdots \\ r_{n1} & r_{n2} & \cdots & r_{np} \end{bmatrix} \tag{7-19}$$

其中，$r_{11}=r_{22}=\cdots=r_{mn}=1$，可根据 R 对 p 个变量进行分类。

无论是夹角余弦还是相关系数，它们的绝对值都小于 1，作为变量近似性的度量工具，可以把它们统记为 c_{ij}。当 $|c_{ij}|=1$ 时，说明变量 X_i 与 X_j 完全相似；当 $|c_{ij}|$ 近似等于 1 时，说明变量 X_i 与 X_j 非常密切；当 $|c_{ij}|=0$ 时，说明变量 X_i 与 X_j 完全不一样；当 $|c_{ij}|$ 近似等于 0 时，说明变量 X_i 与 X_j 差别很大。

据此，可以把比较相似的变量聚为一类，把不太相似的变量归到不同的类内。在实际聚类过程中，为了计算方便，可以把变量间相似性的度量公式进行一个变换，即

$$d_{ij}=1-|c_{ij}| \tag{7-20}$$

或者

$$d_{ij}^2=1-c_{ij}^2 \tag{7-21}$$

表示变量间的距离远近，小的则应先聚成一类，这比较符合人们的思维习惯。

7.2.2 系统聚类方法

正如样品之间的距离可以有不同的定义方法一样，类与类之间的距离也有各种定义。类与类之间用不同的方法定义距离，就产生了不同的系统聚类方法。

设 d_{ij} 表示两个样品 x_i 和 x_j 之间的距离，G_p 和 G_q 分别表示两个类别，各自含有 n_p 和 n_q 个样品。

1. 最短距离法

最短距离计算公式为

$$D_{pq}=\min_{i\in G_p,j\in G_q} d_{ij} \tag{7-22}$$

即用两类中样品之间的距离最短者作为两类间的距离。

最短距离法步骤如下：

(1) 根据选用的距离计算样品的两两距离，得一距离矩阵，记为 $D_{(0)}$，开始时每个样品自成一类，显然这时 $D_{ij}=d_{ij}$。

(2) 找出距离最小元素，设为 D_{pq}，则将 G_p 和 G_q 合并成一个新类，记为 G_r，即 $G_r=\{G_p,G_q\}$。

(3) 计算新类与其他类的距离。

(4) 重复(2)、(3)两步，直到所有元素并成一类。

如果某一步距离最小的元素不止一个，则对应这些最小元素的类可以同时合并。

【例 7-2】 设有 6 个样品，每个只测量一个指标，分别是 1、2、5、7、9、10，试用最短距离法将它们进行分类。

(1) 样品采用绝对距离，计算样品间的距离矩阵 $D_{(0)}$(表 7-2)。

表 7-2 距离矩阵 $D_{(0)}$(最短距离法)

	G_1	G_2	G_3	G_4	G_5	G_6
$G_1=\{X_1\}$	0					
$G_2=\{X_2\}$	1	0				
$G_3=\{X_3\}$	4	3	0			
$G_4=\{X_4\}$	6	5	2	0		
$G_5=\{X_5\}$	8	7	4	2	0	
$G_6=\{X_6\}$	9	8	5	3	1	0

(2) $D_{(0)}$中最小的元素是$D_{12} = D_{56} = 1$，于是将G_1和G_2合并成G_7，G_5和G_6合并成G_8，计算新类与其他类的距离矩阵$D_{(1)}$(表 7-3)。

表 7-3 距离矩阵 $D_{(1)}$(最短距离法)

	G_7	G_3	G_4	G_8
$G_7=\{X_1, X_2\}$	0			
$G_3=\{X_3\}$	3	0		
$G_4=\{X_4\}$	5	2	0	
$G_8=\{X_5, X_6\}$	7	4	2	0

(3) 在$D_{(1)}$中的最小值是$D_{34}=D_{48}=2$，由于G_4与G_3合并，又与G_8合并，因此G_3、G_4、G_8合并成一个新类G_9，其与其他类的距离矩阵为$D_{(2)}$(表 7-4) 。

表 7-4 距离矩阵 $D_{(2)}$(最短距离法)

	G_7	G_9
$G_7=\{X_1, X_2\}$	0	
$G_9=\{X_3, X_4, X_5, X_6\}$	3	0

(4) 最后将G_7和G_9合并成G_{10}，这时所有的六个样品聚为一类，聚类过程终止。上述过程可以用谱系图表示，其中横坐标的刻度表示并类的距离(图 7-4)。

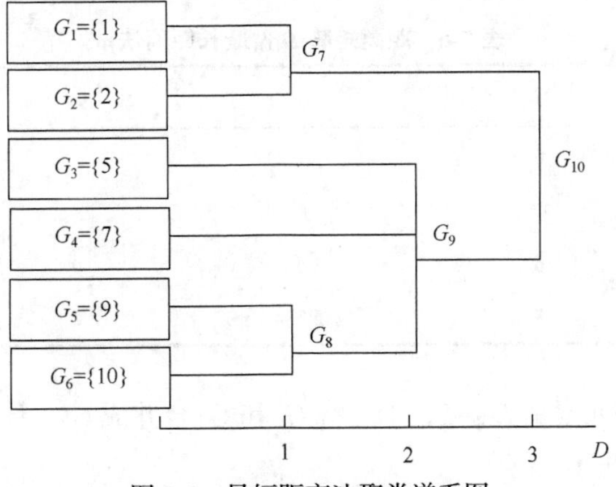

图 7-4 最短距离法聚类谱系图

2. 最长距离法

定义G_i与G_j之间的距离为两类最远样品的距离：

$$D_{pq} = \max_{x_i \in G_p, x_j \in G_q} d_{ij} \tag{7-23}$$

最长距离法与最短距离法的并类步骤是完全一样的，也是先将样品各自成一类，然后将非对角线上最小元素对应的两类合并。将类G_p和类G_q合并为G_r，则任一类G_k和G_r的最长距离公式为

$$D_{kr} = \max_{x_i \in G_k, x_j \in G_r} d_{ij} = \max\{\max_{x_i \in G_k, x_j \in G_p} d_{ij}, \max_{x_i \in G_k, x_j \in G_q} d_{ij}\} = \max\{D_{kp}, D_{kq}\}$$

再找距离最小的两类并类，直至所有的样品全归为一类。

最长距离法与最短距离法只有两点不同：一是类与类之间的距离定义不同；二是计算新类与其他类的距离所用的公式不同。

【例 7-3】 设抽取 5 个样品，每个样品只测一个指标，它们分别是 1、2、3.5、7、9，试用最长距离法对五个样品进行分类。

(1) 样品采用绝对值距离，计算样品间的距离矩阵$D_{(0)}$(表 7-5)。

表 7-5　距离矩阵 $D_{(0)}$(最长距离法)

项目	G_1	G_2	G_3	G_4	G_5
$G_1=\{X_1\}$	0				
$G_2=\{X_2\}$	1	0			
$G_3=\{X_3\}$	2.5	1.5	0		
$G_4=\{X_4\}$	6	5	3.5	0	
$G_5=\{X_5\}$	8	7	5.5	2	0

(2) $D_{(0)}$中最小的元素是$D_{12}=1$，于是将G_1和G_2合并成G_6，计算新类与其他类的距离矩阵$D_{(1)}$(表 7-6)。

表 7-6　距离矩阵 $D_{(1)}$(最长距离法)

项目	G_6	G_3	G_4	G_5
$G_6=\{X_1, X_2\}$	0			
$G_3=\{X_3\}$	2.5	0		
$G_4=\{X_4\}$	6	3.5	0	
$G_5=\{X_5\}$	8	5.5	2	0

(3) $D_{(1)}$中最小的元素是$D_{45}=2$，于是将G_4和G_5合并成G_7，计算新类与其他类的距离矩阵$D_{(2)}$(表 7-7)。

表 7-7　距离矩阵 $D_{(2)}$(最长距离法)

项目	G_6	G_7	G_3
$G_6=\{X_1，X_2\}$	0		
$G_7=\{X_4，X_5\}$	8	0	
$G_3=\{X_3\}$	2.5	5.5	0

(4) $D_{(2)}$中最小的元素是 $D_{36}=2.5$，于是将 G_3 和 G_6 合并成 G_8，计算新类与其他类的距离矩阵 $D_{(3)}$(表 7-8)。

表 7-8　距离矩阵 $D_{(3)}$(最长距离法)

项目	G_7	G_8
$G_7=\{X_4，X_5\}$	0	
$G_8=\{X_1，X_2，X_3\}$	8	0

最后将 G_7 与 G_8 合并成 G_9，其聚类过程可用图 7-5 表示。

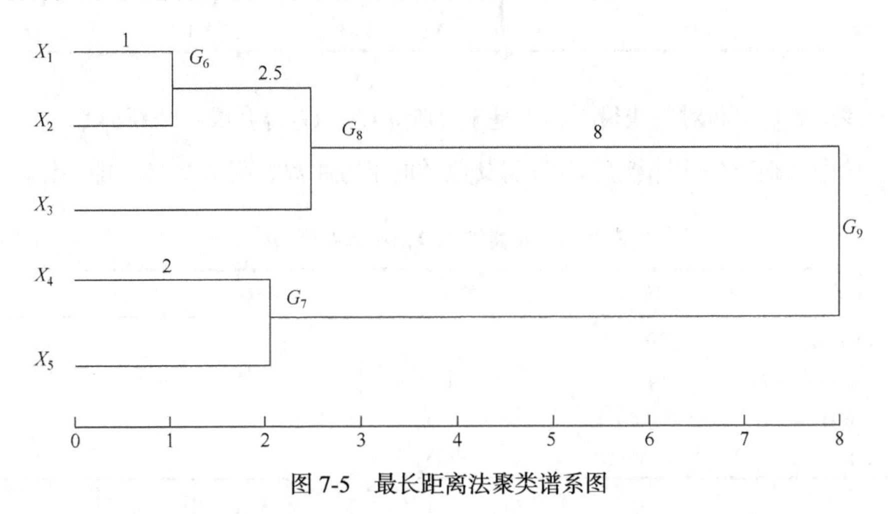

图 7-5　最长距离法聚类谱系图

3. 中间距离法

定义类与类之间的距离采用介于两者之间的距离，故称为中间距离法，如图 7-6 所示。

如果在某一步将类 G_p 与类 G_q 合并为 G_r，任一类 G_k 和 G_r 的距离公式为

$$D_{kr}^2=\frac{1}{2}D_{kp}^2+\frac{1}{2}D_{kq}^2+\beta D_{pq}^2,\quad -\frac{1}{4}\leqslant\beta\leqslant 0 \quad (7\text{-}24)$$

特别是当 $\beta=-1/4$ 时，表示取中间点算距离，公式为

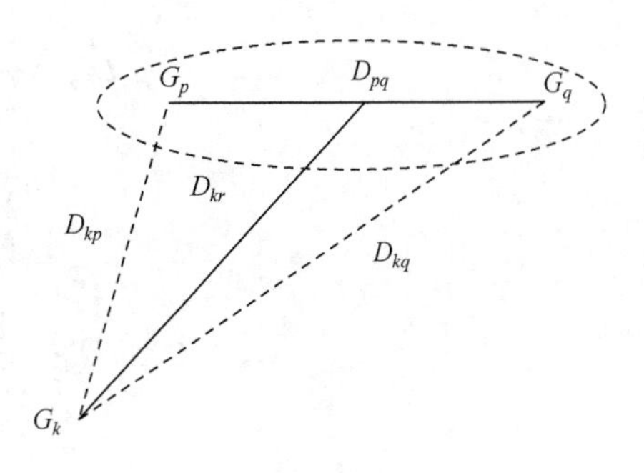

图 7-6　中间距离法示意图

$$D_{kr}=\sqrt{\frac{1}{2}D_{kp}^2+\frac{1}{2}D_{kq}^2-\frac{1}{4}D_{pq}^2} \tag{7-25}$$

若用最短距离法，则 $D_{kr}=D_{kp}$；若用最长距离法，则 $D_{kr}=D_{kq}$；若取夹在这两边的中线作为 D_{kr}，则 $D_{kr}=\sqrt{\frac{1}{2}D_{kp}^2+\frac{1}{2}D_{kq}^2-\frac{1}{4}D_{pq}^2}$。同样，将例 7-3 中的数据用中间距离法进行分类，取 $\beta=-1/4$。

(1) 根据例 7-3 的数据，将每个样品看成自成一类，则 $D_{ij}=d_{ij}$，得表 $D_{(0)}$，然后将 $D_{(0)}$ 中的元素平方，得到表 7-9，即 $D_{(0)}^2$。

表 7-9 距离矩阵 $D_{(0)}^2$ (中间距离法)

项目	G_1	G_2	G_3	G_4	G_5
$G_1=\{X_1\}$	0				
$G_2=\{X_2\}$	1	0			
$G_3=\{X_3\}$	6.25	2.25	0		
$G_4=\{X_4\}$	36	25	12.25	0	
$G_5=\{X_5\}$	64	49	30.25	4	0

(2) 找出 $D_{(0)}^2$ 中非对角线最小元素是 1，则将 G_1、G_2 合并成一个新类 G_6。

(3) 按中间距离公式计算新类 G_6 与其他类的平方距离，得表 7-10，即 $D_{(1)}^2$。

表 7-10 距离矩阵 $D_{(1)}^2$ (中间距离法)

项目	G_6	G_3	G_4	G_5
$G_6=\{X_1，X_2\}$	0			
$G_3=\{X_3\}$	4	0		
$G_4=\{X_4\}$	30.25	12.25	0	
$G_5=\{X_5\}$	56.25	30.25	4	0

计算过程如下：

$$\begin{aligned}D_{36}^2&=\frac{1}{2}D_{31}^2+\frac{1}{2}D_{32}^2-\frac{1}{4}D_{12}^2\\&=\frac{1}{2}\times 6.25+\frac{1}{2}\times 2.25-\frac{1}{4}\\&=4\end{aligned}$$

$$\begin{aligned}D_{56}^2&=\frac{1}{2}D_{51}^2+\frac{1}{2}D_{52}^2-\frac{1}{4}D_{12}^2\\&=\frac{1}{2}\times 64+\frac{1}{2}\times 49-\frac{1}{4}\\&=56.25\end{aligned}$$

$$D_{46}^2=\frac{1}{2}D_{41}^2+\frac{1}{2}D_{42}^2-\frac{1}{4}D_{12}^2$$
$$=\frac{1}{2}\times 36+\frac{1}{2}\times 25-\frac{1}{4}$$
$$=30.25$$

其他计算同理。

(4) 找出 $D_{(1)}^2$ 中非对角线最小元素 $D_{36}=D_{45}=4$，则将 G_3 和 G_6 合并成 G_7，将 G_4 和 G_5 合并成 G_8。

(5) 最后计算 G_7 和 G_8 的平方距离，得表 7-11，即 $D_{(2)}^2$，聚类过程如图 7-7 所示。

表 7-11 距离矩阵 $D_{(2)}^2$ (中间距离法)

项目	G_7	G_8
G_7={X_1，X_2，X_3}	0	
G_8={X_4，X_5}	30.25	0

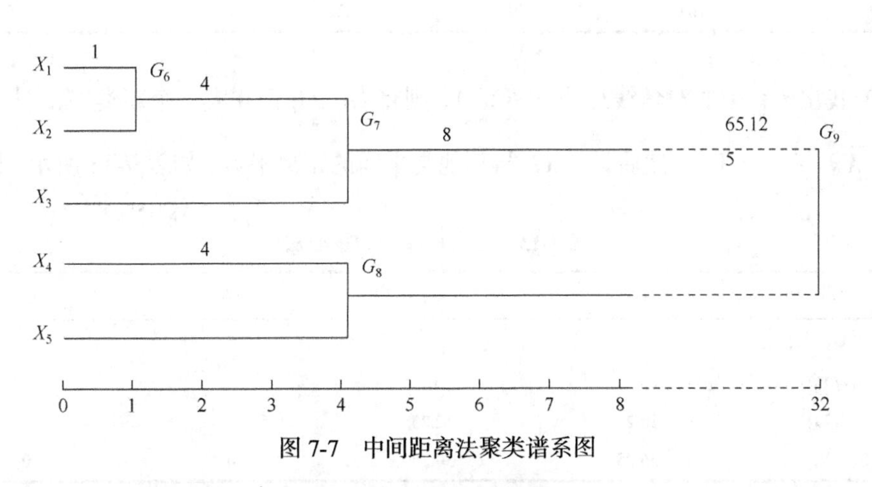

图 7-7 中间距离法聚类谱系图

可以看出，此聚类图的形状和前面两种聚类图基本一致，只是并类距离不同而已，而且中间距离法的并类距离大致处于它们的中间。

4. 重心法

重心法定义两类之间的距离就是两类重心之间的距离。一组数据的平均数即这组数据的重心，一般采用欧氏距离作为类间距离。设 G_p 和 G_q 的重心分别是 $\overline{X}_p$ 和 $\overline{X}_q$，那么 G_p 和 G_q 的距离是 $D_{pq}=d(\overline{X}_p,\overline{X}_q)$。如果聚类到某一步，$G_p$ 和 G_q 分别有 n_p 和 n_q 个样本，将这两个样本合并为 G_r，那么 G_r 内就有 n_r 个样本，且 $n_r=n_p+n_q$，则 G_r 的重心是 $\overline{X}_r=\dfrac{n_p\overline{X}_p+n_q\overline{X}_q}{n_r}$，如果另一类 G_k 的重心是 $\overline{X}_k$，那么 G_r 和 G_k 的距离为 $D_{kr}=d_{x_k,x_r}=$

$\sqrt{(\overline{X}_k-\overline{X}_r)'(\overline{X}_k-\overline{X}_r)}$，具体计算公式如下：

$$D_{kr}^2=\frac{n_p}{n_r}D_{kp}^2+\frac{n_q}{n_r}D_{kq}^2-\frac{n_p}{n_r}\frac{n_q}{n_r}D_{pq}^2 \tag{7-26}$$

重心法的归类步骤和上述三种方法基本一致，所不同的地方是每合并一次类，就需要重新计算新类的重心，再计算各类与新类之间的距离。下面将例 7-3 用重心法进行分类。

(1) 重心法的初始距离矩阵 $D_{(0)}^2$ 与前述的中间距离法相同，见表 7-12。

表 7-12　距离矩阵 $D_{(0)}^2$ (重心法)

项目	G_1	G_2	G_3	G_4	G_5
G_1={X_1}	0				
G_2={X_2}	1	0			
G_3={X_3}	6.25	2.25	0		
G_4={X_4}	36	25	12.25	0	
G_5={X_5}	64	49	30.25	4	0

(2) 找出 $D_{(0)}^2$ 中非对角线最小元素是 1，则将 G_1、G_2 合并成一个新类 G_6，计算 G_6 的重心为 $\overline{X}_6=\frac{1+2}{2}=1.5$，然后计算 G_6 与其他类之间的距离平方，如表 7-13 所示，即 $D_{(1)}^2$。

表 7-13　距离矩阵 $D_{(1)}^2$ (重心法)

项目	G_6	G_3	G_4	G_5
G_6={X_1，X_2}	0			
G_3={X_3}	4	0		
G_4={X_4}	30.25	12.25	0	
G_5={X_5}	56.25	30.25	4	0

其中具体计算如下：

$$D_{36}^2=\frac{n_1}{n_6}D_{31}^2+\frac{n_2}{n_6}D_{32}^2-\frac{n_1n_2}{n_6^2}D_{12}^2=\frac{1}{2}\times 6.25+\frac{1}{2}\times 2.25-\frac{1}{4}\times 1=4$$

$$D_{46}^2=\frac{n_1}{n_6}D_{41}^2+\frac{n_2}{n_6}D_{42}^2-\frac{n_1n_2}{n_6^2}D_{12}^2=\frac{1}{2}\times 36+\frac{1}{2}\times 25-\frac{1}{4}\times 1=30.25$$

$$D_{56}^2=\frac{n_1}{n_6}D_{51}^2+\frac{n_2}{n_6}D_{52}^2-\frac{n_1n_2}{n_6^2}D_{12}^2=\frac{1}{2}\times 64+\frac{1}{2}\times 49-\frac{1}{4}\times 1=56.25$$

(3) 根据表 7-13 的计算结果，非对角线最小元素为 4，于是将 G_3 和 G_6 合并为一类 G_7，G_4 和 G_5 合并为一类 G_8，然后计算新类与其他重心间的距离平方，如表 7-14 所示，即 $D_{(2)}^2$。

表 7-14 距离矩阵 $D^2_{(2)}$ (重心法)

项目	G_7	G_8
G_7={X_1，X_2，X_3}	0	
G_8={X_4，X_5}	34.02	0

其中具体计算如下。

G_7的重心为

$$\overline{X}_7=(1+2+3.5)/3=2.167$$

G_8的重心为

$$\overline{X}_8=\frac{7+9}{2}=8$$

G_7和 G_8的距离平方为

$$D^2_{78}=(8-2.167)^2=34.02$$

聚类过程如图 7-8 所示。

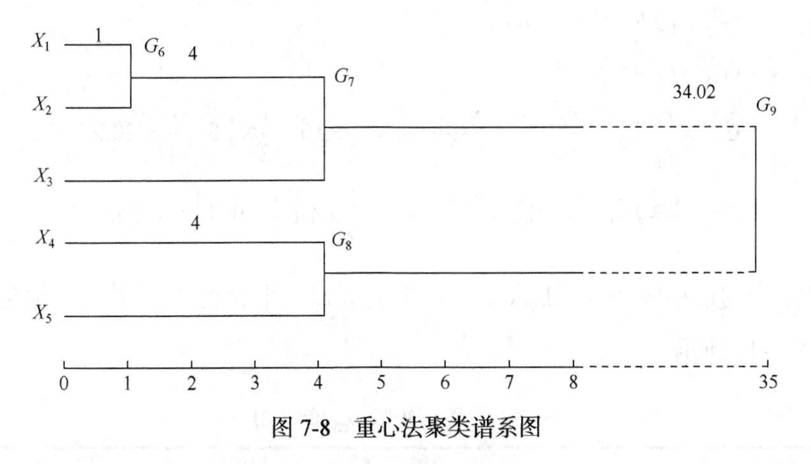

图 7-8 重心法聚类谱系图

将例 7-2 的数据用重心法进行分类，过程如下：

(1) 采用欧氏距离，计算样品间的距离平方阵 $D^2_{(0)}$，如表 7-15 所示。

表 7-15 距离矩阵 $D^2_{(0)}$ (例 7-2)

项目	G_1	G_2	G_3	G_4	G_5	G_6
G_1={X_1}	0					
G_2={X_2}	1	0				
G_3={X_3}	16	9	0			
G_4={X_4}	36	25	4	0		
G_5={X_5}	64	49	16	4	0	
G_6={X_6}	81	64	25	9	1	0

(2) $D_{(0)}^2$ 中的最小值是 $D_{12}=D_{56}=1$，于是将 G_1 和 G_2 合并成 G_7，G_5 和 G_6 合并成 G_8，并计算新类与其他类的距离得到距离矩阵 $D_{(1)}^2$，如表 7-16 所示。

表 7-16 距离矩阵 $D_{(1)}^2$ (例 7-2)

项目	G_7	G_3	G_4	G_8
$G_7=\{X_1, X_2\}$	0			
$G_3=\{X_3\}$	12.25	0		
$G_4=\{X_4\}$	30.25	4	0	
$G_8=\{X_5, X_6\}$	64	20.25	6.25	0

具体计算如下：G_7 的重心为 1.5，G_8 的重心为 9.5。

$$G_{37}^2=\frac{n_1}{n_7}D_{31}^2+\frac{n_2}{n_7}D_{32}^2-\frac{n_1n_2}{n_7^2}D_{12}^2=\frac{1}{2}\times16+\frac{1}{2}\times9-\frac{1}{4}=12.25$$

$$G_{47}^2=\frac{n_1}{n_7}D_{41}^2+\frac{n_2}{n_7}D_{42}^2-\frac{n_1n_2}{n_7^2}D_{12}^2=\frac{1}{2}\times36+\frac{1}{2}\times25-\frac{1}{4}=30.25$$

$$G_{78}^2=(9.5-1.5)^2=64$$

$$G_{34}^2=(7-5)^2=4$$

$$G_{38}^2=\frac{n_5}{n_8}D_{53}^2+\frac{n_6}{n_8}D_{63}^2-\frac{n_5n_6}{n_8^2}D_{56}^2=\frac{1}{2}\times16+\frac{1}{2}\times25-\frac{1}{4}=20.25$$

$$G_{48}^2=\frac{n_5}{n_8}D_{54}^2+\frac{n_6}{n_8}D_{64}^2-\frac{n_5n_6}{n_8^2}D_{56}^2=\frac{1}{2}\times4+\frac{1}{2}\times9-\frac{1}{4}=6.25$$

(3) $D_{(1)}^2$ 中的最小值是 4，那么 G_3 与 G_4 合并成一个新类 G_9，其与其他类的距离为 $D_{(2)}^2$，如表 7-17 所示。

表 7-17 距离矩阵 $D_{(2)}^2$ (例 7-2)

项目	G_7	G_9	G_8
$G_7=\{X_1, X_2\}$	0		
$G_9=\{X_3, X_4\}$	20.25	0	
$G_8=\{X_5, X_6\}$	64	12.25	0

具体计算如下：G_7 的重心为 1.5，G_8 的重心为 9.5，G_9 的重心为 6。

$$G_{79}^2=(6-1.5)^2=20.25$$

$$G_{78}^2=(9.5-1.5)^2=64$$

$$G_{89}^2=(9.5-6)^2=12.25$$

(4) 其中最小值是 12.25，那么 G_8 和 G_9 合并一个新类 G_{10}，其与其他类的距离为 $D_{(3)}^2$，如表 7-18 所示。

表 7-18　距离矩阵 $D_{(3)}^2$ (例 7-2)

项目	G_7	G_{10}
G_7={X_1, X_2}	0	
G_{10}={X_3, X_4, X_5, X_6}	39.0625	0

具体计算如下：G_7 的重心为 1.5，G_{10} 的重心为 7.75，二者的距离为

$$D^2 = (7.75 - 1.5)^2 = 39.0625$$

(5) 最后将 G_7 和 G_{10} 合并成 G_{11}，这时所有的 6 个样品聚为一类，其过程终止。聚类过程如图 7-9 所示。

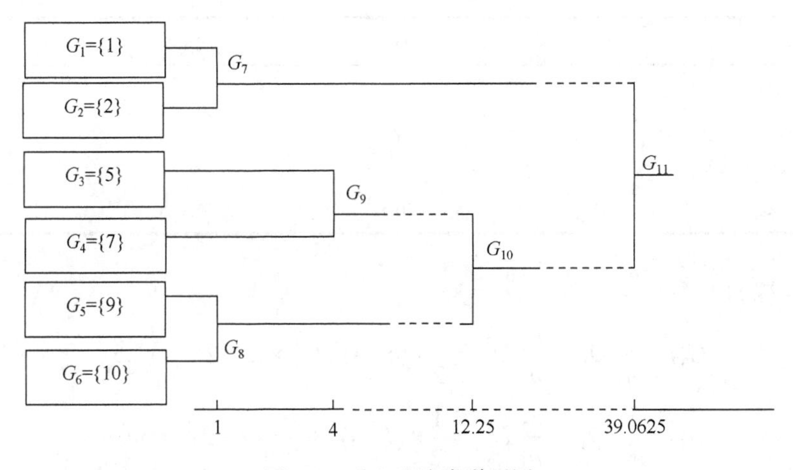

图 7-9　重心法聚类谱系图

5. 类平均距离法

类平均距离法是用两类中所有两两样品之间距离平方的平均作为两类间距离的平方，计算公式如下：

$$D_{pq}^2 = \frac{1}{n_p n_q} \sum_{i \in G_p} \sum_{j \in G_q} d_{ij}^2 \tag{7-27}$$

设聚类到某一步将 G_p 和 G_q 合并为 G_r，则任一类 G_k 与 G_r 的距离为

$$D_{kr}^2 = \frac{n_p}{n_r} D_{kp}^2 + \frac{n_q}{n_r} D_{kq}^2 \tag{7-28}$$

将例 7-2 的数据用类平均法进行分类，过程如下：

(1) 采用欧氏距离，计算样品间的距离平方阵 $D_{(0)}^2$，如表 7-19 所示。

表 7-19　距离矩阵 $D_{(0)}^2$ (类平均距离法)

项目	G_1	G_2	G_3	G_4	G_5	G_6
$G_1=\{X_1\}$	0					
$G_2=\{X_2\}$	1	0				
$G_3=\{X_3\}$	16	9	0			
$G_4=\{X_4\}$	36	25	4	0		
$G_5=\{X_5\}$	64	49	16	4	0	
$G_6=\{X_6\}$	81	64	25	9	1	0

(2) $D_{(0)}^2$ 中最小的元素是 $D_{12}=D_{56}=1$，于是将 G_1 和 G_2 合并成 G_7，G_5 和 G_6 合并成 G_8，并计算新类与其他类的距离得到距离矩阵 $D_{(1)}^2$，如表 7-20 所示。

表 7-20　距离矩阵 $D_{(1)}^2$ (类平均距离法)

项目	G_7	G_3	G_4	G_8
$G_7=\{X_1，X_2\}$	0			
$G_3=\{X_3\}$	12.5	0		
$G_4=\{X_4\}$	30.5	4	0	
$G_8=\{X_5，X_6\}$	64	20.5	6.5	0

具体计算如下：

$$G_{37}^2=\frac{n_1}{n_7}D_{31}^2+\frac{n_2}{n_7}D_{32}^2=\frac{1}{2}\times(5-1)^2+\frac{1}{2}\times(5-2)^2=12.5$$

$$G_{47}^2=\frac{n_1}{n_7}D_{41}^2+\frac{n_2}{n_7}D_{42}^2=\frac{1}{2}\times(7-1)^2+\frac{1}{2}\times(7-2)^2=30.5$$

$$G_{78}^2=(9.5-1.5)^2=64$$

$$G_{34}^2=(7-5)^2=4$$

$$G_{38}^2=\frac{n_5}{n_8}D_{35}^2+\frac{n_6}{n_8}D_{36}^2=\frac{1}{2}\times(9-5)^2+\frac{1}{2}\times(10-5)^2=20.5$$

$$G_{48}^2=\frac{n_5}{n_8}D_{45}^2+\frac{n_6}{n_8}D_{46}^2=\frac{1}{2}\times(9-7)^2+\frac{1}{2}\times(10-7)^2=6.5$$

(3) 在 $D_{(1)}^2$ 中的最小值是 4，那么 G_3 与 G_4 合并为一个新类 G_9，其与其他类的距离矩阵为 $D_{(2)}^2$，如表 7-21 所示。

表 7-21　距离矩阵 $D_{(2)}^2$ (类平均距离法)

项目	G_7	G_9	G_8
$G_7=\{X_1，X_2\}$	0		
$G_9=\{X_3，X_{4,}\}$	21.5	0	
$G_8=\{X_5，X_6\}$	64	13.5	0

(4) 其中最小值是 13.5，那么 G_8 和 G_9 合并一个新类 G_{10}，其与其他类的距离矩阵 $D_{(3)}^2$ 如表 7-22 所示。

表 7-22 距离矩阵 $D_{(3)}^2$ (类平均距离法)

项目	G_7	G_{10}
$G_7=\{X_1, X_2\}$	0	
$G_{10}=\{X_3, X_4, X_5, X_6\}$	42.75	0

(5) 最后将 G_7 和 G_{10} 合并成 G_{11}，这时所有的 6 个样品聚为一类，其过程终止。

6. 可变类平均法

类平均法中没有反映出 G_p 和 G_q 之间的距离 D_{pq} 的影响，将 G_p 和 G_q 合并为新类 G_r，类 G_k 与新合并类 G_r 的距离公式推广为

$$D_{kr}^2=(1-\beta)\left(\frac{n_p}{n_r}D_{kp}^2+\frac{n_q}{n_r}D_{kq}^2\right)+\beta D_{pq}^2 \tag{7-29}$$

其中，β 是可变的，且 $\beta<1$。

7. 可变法

如果中间距离法的前两项的系数也依赖于 β，那么将 G_p 和 G_q 合并为新类 G_r，类 G_k 与新合并类 G_r 的距离公式为

$$D_{kr}^2=\frac{1-\beta}{2}(D_{kp}^2+D_{kq}^2)+\beta D_{pq}^2 \tag{7-30}$$

其中，β 是可变的，且 $\beta<1$。

在可变类平均法中取 $\frac{n_p}{n_r}=\frac{n_q}{n_r}=\frac{1}{2}$，即可变法。其分类效果与 β 的选择关系很大，实际应用中 β 常取负值。

8. 离差平方和距离法(Ward 法)

Ward 法的基本思想来源于方差分析，若分类正确，则同类样品的离差平方和应该比较小，类与类之间的离差平方和应该比较大。根据这一思想，具体的做法是先将 n 个样品各自成一类，然后每次缩小一类，每缩小一类其离差平方和就会增大，选择离差平方和增加最小的两类进行合并，以此类推，直到所有的样品归为一类。

离差平方和距离法的计算公式为

$$D_{pq}^2=\frac{n_p n_q}{n_p+n_q}(\overline{x}_p-\overline{x}_q)^{\mathrm{T}}(\overline{x}_p-\overline{x}_q) \tag{7-31}$$

显然，离差平方和距离与重心距离的平方成正比。设有两类 G_p、G_q 合并成新的一类 G_r，G_r 包含了 $n_r=n_p+n_q$ 个样品。计算 G_r 与其他类别 $G_k(k\neq p,q)$ 之间的距离时需要建

立类间距离的递推公式：

$$D_{kr}^2 = \frac{n_k + n_p}{n_r + n_k} D_{kp}^2 + \frac{n_k + n_q}{n_r + n_k} D_{kq}^2 \frac{n_k}{n_r + n_k} D_{pq}^2 \tag{7-32}$$

上述 8 种系统聚类法的步骤完全一样，只是距离的递推公式不同。兰斯(Lance)和威廉姆斯(Williams)于 1967 年给出了一个统一的公式：

$$D_{kr}^2 = \alpha_p D_{kp}^2 + \alpha_q D_{kq}^2 + \beta D_{pq}^2 + \gamma \left| D_{kp}^2 - D_{kq}^2 \right| \tag{7-33}$$

其中，α_p、α_q、β、γ 是参数，不同的系统聚类法，它们取不同的值。表 7-23 列出了上述 8 种方法中各参数的取值。

表 7-23　系统聚类法参数表

方法	α_p	α_q	β	γ
最短距离法	1/2	1/2	0	−1/2
最长距离法	1/2	1/2	0	1/2
中间距离法	1/2	1/2	−1/4	0
重心法	n_p/n_r	n_q/n_r	$-\alpha_p\alpha_q$	0
类平均距离法	n_p/n_r	n_q/n_r	0	0
可变类平均法	$(1-\beta)n_p/n_r$	$(1-\beta)n_q/n_r$	$\beta(<1)$	0
可变法	$(1-\beta)/2$	$(1-\beta)/2$	$\beta(<1)$	0
离差平方和距离法	$(n_k+n_p)/(n_r+n_k)$	$(n_k+n_q)/(n_r+n_k)$	$-n_k/(n_k+n_r)$	0

7.3　系统聚类法

系统聚类法是聚类分析中应用最为广泛的一种方法，其基本思想是：①将每个样品看成一类，这时类与类之间的距离就是样品间的距离；②将类间距离最小的两类合并成一个新类；③计算新类与其他各类间的距离；④将类间距离最小的两类合并成另一个新类，再重新计算新类与其他各类间的距离。如此反复进行，每次合并都能减少一类，直到所有样品最后合并成一个大类。根据上述过程将整个聚类过程作成聚类树图，按聚类树图的特征选取恰当的分类。

7.3.1　系统聚类法的一般步骤

1. 聚类要素的数据处理

在聚类分析中，常用的聚类要素的数据处理方法有总和标准化(即用每一个要素数据除以所有要素数据之和)、标准差标准化(即用每一个要素数据减去平均值后再除以标准差)、极大值标准化(即用每一个要素数据除以所有数据的最大值)和极差标准化(即用每一个要素数据乘以所有数据的最小值再除以所有数据最大值和最小值的乘积)等。经过标准化后的新数据，各要素的极大值为1，极小值为0，其余的数值均在0～1。

2. 计算距离

距离是系统聚类分析的依据和基础，距离是事物之间差异性的测度，差异性越大，相似性越小。通过计算类与类之间的距离来确定类与类之间的远近亲疏程度，并将亲疏程度最大即距离最小的两类合并，如此反复循环，直至所有样本最终归为一类。第一步先计算 n 个聚类对象的两两间距离或相似系数。第二步进行类的合并。测算距离的不同选择，聚类结果会有所差异。可根据不同的目的，选用7.2节介绍的最短距离法、最长距离法、中间距离法、重心法、类平均距离法、可变类平均法、可变法、离差平方和距离法。其中最短距离法具有空间压缩性，而最长距离法具有空间扩张性。

接着即可绘制系统聚类谱系图。

7.3.2 系统聚类法的SPSS实现

【例7-4】 设有20个土壤样品，对5个变量的观测数据如表7-24所示，试利用系统聚类法对其进行样品聚类分析。

表7-24 聚类分析相关变量的原始数据

样品号	含沙量 X_1	淤泥含量 X_2	黏土含量 X_3	有机物 X_4	pH值 X_5
1	77.3	13.0	9.7	1.5	6.4
2	82.5	10.0	7.5	1.5	6.5
3	66.9	20.0	12.5	2.3	7.0
4	47.2	33.3	19.0	2.8	5.8
5	65.3	20.5	14.2	1.9	6.9
6	83.3	10.0	6.7	2.2	7.0
7	81.6	12.7	5.7	2.9	6.7
8	47.8	36.5	15.7	2.3	7.2
9	48.6	37.1	14.3	2.1	7.2
10	61.6	25.5	12.6	1.9	7.3
11	58.6	26.5	14.9	2.4	6.7
12	69.3	22.3	8.4	4.0	7.0
13	61.8	30.8	7.4	2.7	6.4
14	67.7	25.3	7.0	4.8	7.3
15	57.2	31.2	11.6	2.4	6.3
16	67.2	22.7	10.1	33.3	6.2
17	59.2	31.2	9.6	2.4	6.0
18	80.2	13.2	6.6	2.0	5.8
19	82.2	11.1	6.7	2.2	7.2
20	69.7	20.7	9.6	3.1	5.9

1. 操作步骤

1) 数据准备

将表 7-24 中数据输入 SPSS 中，形成 SAV 数据文件。

2) 启动系统聚类过程

在 SPSS 主菜单中选择【分析】→【分类】→【系统聚类】，打开系统聚类主对话框，如图 7-10 和图 7-11 所示。

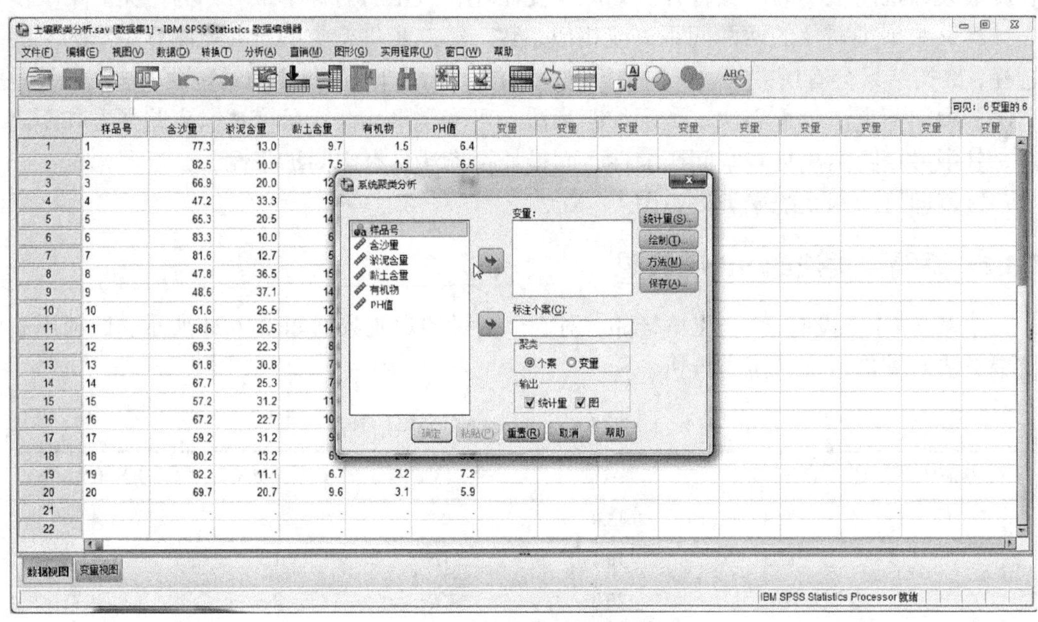

图 7-10　系统聚类法操作图解 1

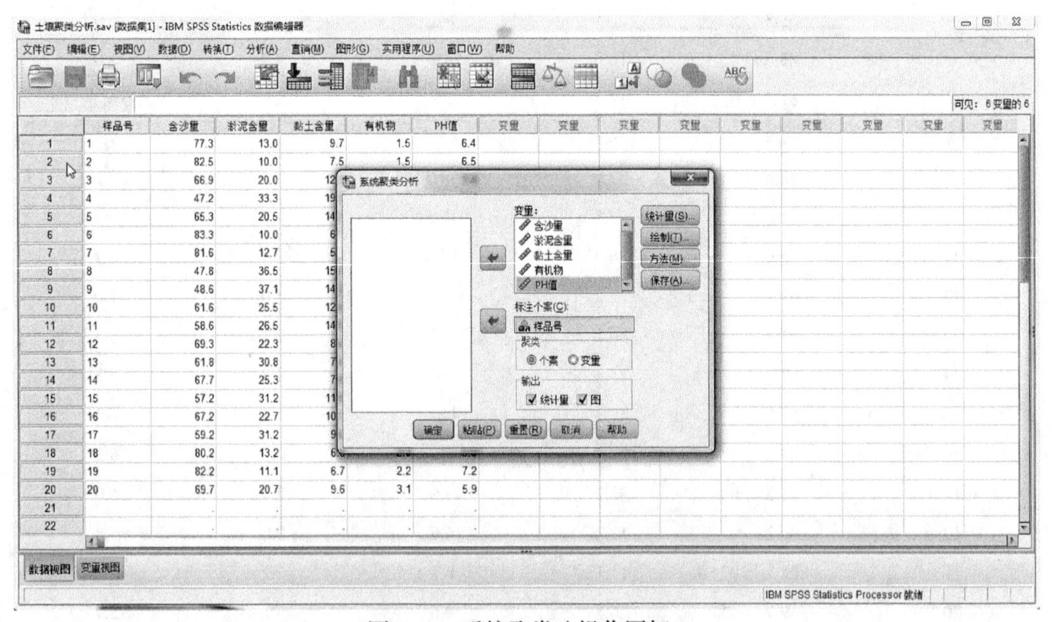

图 7-11　系统聚类法操作图解 2

3) 指定分析变量

选择参与聚类分析的变量必须是数值型变量。把含沙量、淤泥含量、黏土含量、有机物和PH值变量选到“变量”中。把“样品号”移入【标注个案】。

4) 选择聚类类型

对话框中的聚类类型有两个，即“个案”和“变量”，选择“个案”，对数据观测记录进行聚类，也就是对土壤样品进行聚类。在【输出】栏中勾选“统计量”和“图”复选框，这样在结果输出窗口中可以同时得到聚类结果统计量和统计图。

5) 选择聚类方法

单击【方法】，打开系统聚类分析方法的选择对话框。

(1) 选择聚类方法(图7-12(a))。

组间连接：合并两类的结果是使得所有两类的平均距离最小，为系统默认选项(图7-12(b))。

组内连接：当两类合并为一类后，合并后类中所有项之间的平均距离最小。

最近邻元素：采用两类间最近点间的距离代表两类间的距离。

最远邻元素：用两类之间最远点间的距离代表两类之间的距离，也称为完全连接法。

质心聚类法：像计算所有各项均值之间的距离那样计算两类之间的距离，该距离随聚类的进行不断减小。

中位数聚类法。

Ward法：即离差平方和距离法。

本例中选择系统默认项。

(2) 选择对距离的测度方法。

距离的具体计算方法还要根据参与计算的距离的变量类型从下面三个单选按钮中选择一个。

① 区间(一般为连续变量)：适合于间隔测度的变量，打开【区间】下拉菜单，可选择的连续变量距离测量方法有Euclidean距离、平方Euclidean距离(系统默认值)、余弦、Pearson相关性、Chebychev距离、块、Minkowski距离和设定距离(图7-12(c))。

② 计数：适合于计数变量(离散变量)。打开【计数】下拉菜单，可选择的选项有卡方度量(Chi-square measure)(系统默认)、φ^2测度(Phi-square measure)。

③ 二分类：打开【二分类】下拉菜单，可选择的测度方法有平方Euclidean距离、二值欧氏距离、不对称指数、不相似性指数、方差不相似程度、距离测度等。

(3) 选择数据转换方法。

对数据进行标准化的方法(图7-12(d))如下：

① 无，即不进行标准化，这是系统默认值。

② Z得分，即把数值标准化到Z分布分位数，标准化后变量均值为0，标准差为1。

③ 全距从–1到1，即把数值标准化到–1～1范围内。

④ 全距从0到1，即把数值标准化到0～1范围内。

⑤ 1的最大量，即把数值标准化到最大值1。

⑥ 均值为1，即把数值标准化到一个均值的范围内，对被标准化的变量或观测量的值除以正在被标准化的变量或观测量的值的均值。

⑦ 标准差为 1，即把数值标准化到单位标准差。

(4) 测度转换。

可选择的转换方法有如下三种：

① 把距离值取绝对值。

② 更改符号，即把相似性值变为不相似性值或相反数。

③ 重新标度到 0-1 全距，即通过先减去最小值，然后除以范围的方法使距离标准化。

【度量标准】栏用于选择对距离和相似性的测度方法；【转换值】和【转换度量】栏用于选择对原始数据进行标准化的方法。本例中选择系统默认选项。单击【继续】，返回主界面。

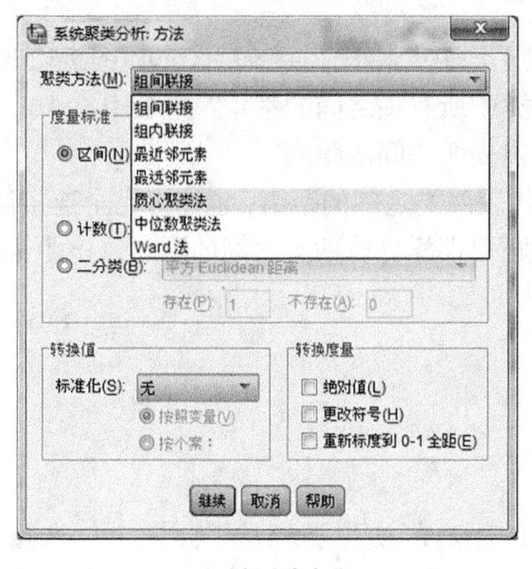

(a) 选择聚类方法

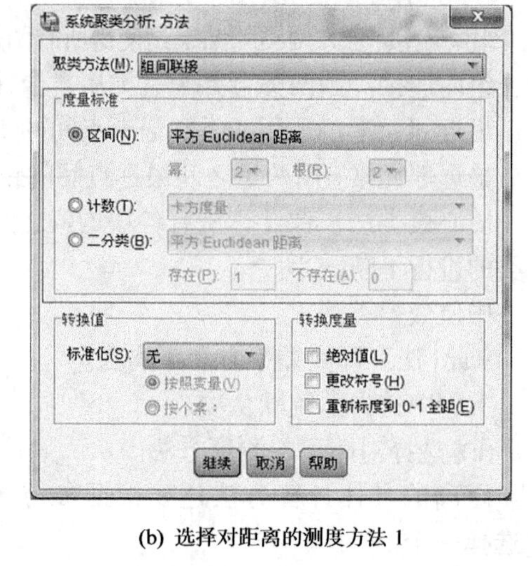

(b) 选择对距离的测度方法 1

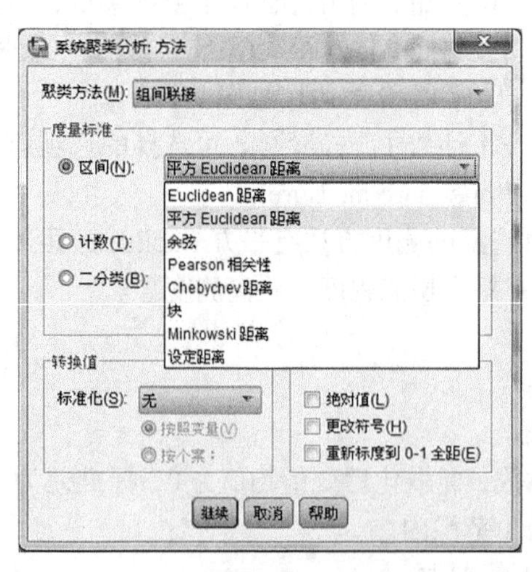

(c) 选择对距离的测度方法 2

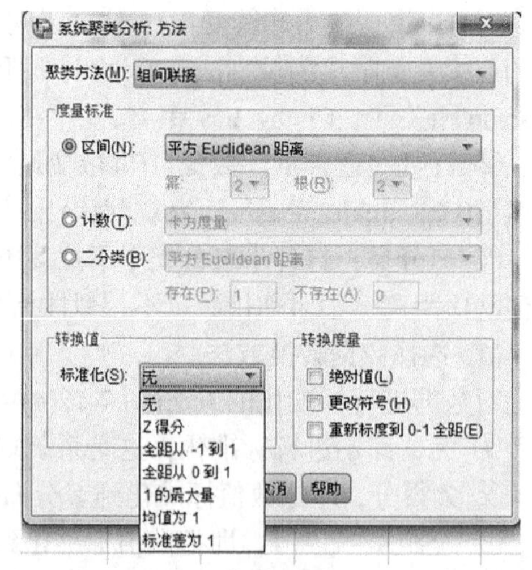

(d) 选择数据转换方法

图 7-12　系统聚类法操作图解 3

6) 设置输出

单击【统计量】可以对输出统计量进行设置。

(1) 合并进程表。输出聚类过程表，显示聚类过程中每一步合并的类或观测量。

(2) 相似性矩阵。输出各类间距离矩阵，以矩阵形式给出各项之间的距离或相似性测度值。

(3) 聚类成员。

① 无：不显示成员表，是系统默认值。

② 单一方案：要求列出聚为一定类数的各观测量所属的类。

③ 方案范围：要求列出某个范围中每一步各观测量所属的类。

本例中选择系统默认项。

单击【绘制】，可以设置输出统计图。

可选择输出的统计图有两种，即树形图和冰柱图，冰柱图还可以有以下选项：①所有聚类，即聚类的每一步都表现在图中；聚类的指定全距，即可以选择输出的范围；③ 无，即不生成冰柱图。

方向：选择冰柱图的显示方向。

本例中勾选【树形图】复选框并选中【冰柱图】栏中的“无”单选按钮，即只给出聚类树形图，而不给出冰柱图。单击【继续】，返回主界面。

2. 运行结果分析

在结果输出窗口中可以看到聚类树形图，如图 7-13 所示。

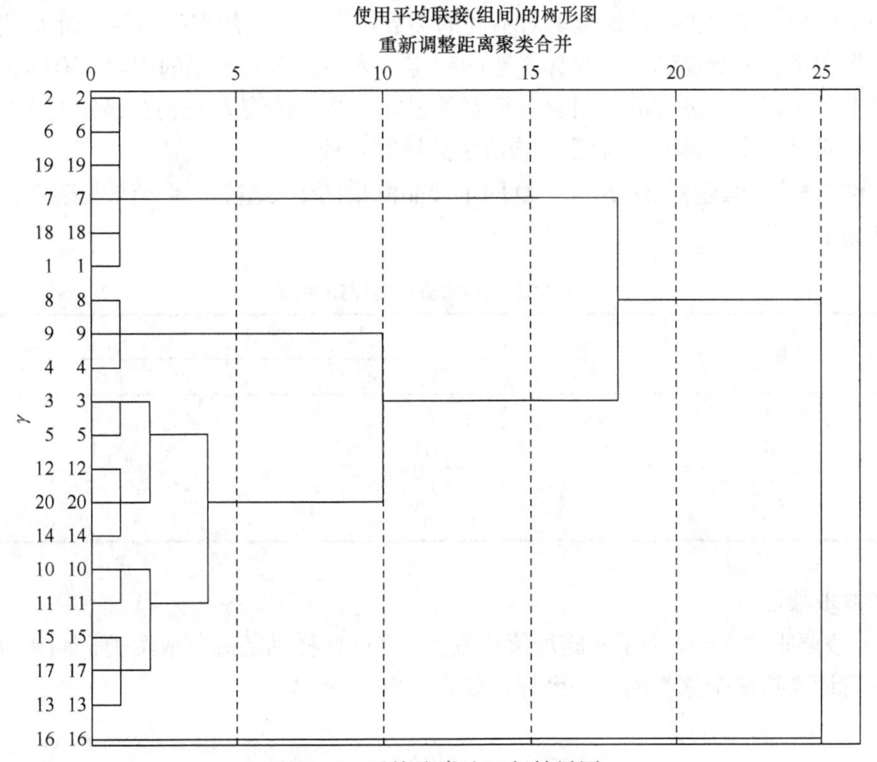

图 7-13　系统聚类法运行结果图

从树形图中可以清楚地看到，若将 20 个样品分为两类，则样品 2、6、19、7、18 和样品 1 为一类，其余的为另一类；若将样品分为三类，则样品 8、9、4 从第二类中分离出来，自成一类；依此类推。

7.4　*K*-均值聚类分析

系统聚类法需要计算出不同样品或变量的距离，还要在聚类的每一步都要计算“类间距离”，相应的计算量自然比较大；特别是当样本的容量很大时，需要占据非常大的计算机内存空间，这给应用带来一定的困难。而 *K*-均值法是一种快速聚类法，采用该方法得到的结果比较简单易懂，对计算机的性能要求不高，因此应用也比较广泛。

7.4.1　*K*-均值法的计算步骤

K-均值法是 MacQueen 于 1967 年提出的，这种算法的基本思想是将每一个样品分配到最近中心(均值)的类中，具体算法至少包括以下三个步骤：

(1) 将所有样品分成 *K* 个初始类。

(2) 通过欧氏距离将某个样品划入离中心最近的类中，并对获得样品与失去样品的类重新计算中心坐标。

(3) 重复步骤(2)，直到所有样品都不能再分配。

K-均值法和系统聚类法一样，都是以距离的远近亲疏为标准进行聚类的，但是两者的不同之处也是明显的：系统聚类对不同的类数产生一系列的聚类结果，而 *K*-均值法只能产生指定类数的聚类结果。具体类数的确定，离不开实践经验的积累；有时也可以借助系统聚类法以一部分样品为对象进行聚类，并将结果作为 *K*-均值法确定类数的参考。

下面通过一个具体问题说明 *K*-均值法的计算过程。

【例 7-5】　假定对 *A*、*B*、*C*、*D* 四个样品测量两个变量，所得结果见表 7-25。试将这些样品聚成两类。

表 7-25　*K*-均值法的原始数据

样品	变量	
	X_1	X_2
A	5	3
B	–1	1
C	1	–2
D	–3	–2

聚类步骤如下：

(1) 按要求取 *K*=2，为了实施均值法聚类，将这些样品随意分成两类，如(*A*，*B*)和(*C*，*D*)，然后计算这两个聚类的中心坐标，如表 7-26 所示。

表 7-26　中心坐标的计算

聚类	中心坐标	
	$\bar{X}_1$	$\bar{X}_2$
(A, B)	2	2
(C, D)	−1	−2

表中的中心坐标是通过原始数据计算得来的，例如，(A, B)类的 $\bar{X}_1=\frac{5+(-1)}{2}=2$。

(2) 计算某个样品到各类中心的距离平方，然后将该样品分配给最近的一类。对于样品有变动的类，重新计算它们的中心坐标，为下一步聚类做准备。先计算 A 到两个类的平方距离：

$$d^2(A,(A,B))=(5-2)^2+(3-2)^2=10$$
$$d^2(A,(C,D))=(5+1)^2+(3+2)^2=61$$

由于 A 到(A, B)的距离小于到(C, D)的距离，因此 A 不用重新分配。计算 B 到两类的平方距离：

$$d^2(B,(A,B))=(-1-2)^2+(1-2)^2=10$$
$$d^2(B,(C,D))=(-1+1)^2+(1+2)^2=9$$

由于 B 到(A, B)的距离大于到(C, D)的距离，因此 B 要分配给(C, D)类，得到新的聚类是(A)和(B, C, D)。更新中心坐标如表 7-27 所示。

表 7-27　更新中心坐标的计算

聚类	中心坐标	
	$\bar{X}_1$	$\bar{X}_2$
(A)	5	3
(B, C, D)	−1	−1

(3) 再次检查每个样品，以决定是否需要重新分类。计算各样品到各中心的距离平方，得结果如表 7-28 所示。

表 7-28　**K-均值聚类结果**

聚类	样品到中心的距离平方			
	A	B	C	D
(A)	0	40	41	89
(B, C, D)	52	4	5	5

到现在，每个样品都已经分配给距离中心最近的类，因此聚类过程到此结束。最终得到 K=2 的聚类结果是 A 独自成一类，B、C、D 聚成一类。

具体计算如下。

$B \to A$ 的距离为

$$(5-(-1))^2+(3-1)^2=40$$

$C \to A$ 的距离为

$$(1-5)^2+(-2-3)^2=41$$

$D \to A$ 的距离为

$$(5-(-3))^2+(3-(-2))^2=89$$

$A \to (B,C,D)$ 的距离为

$$(5-(-1))^2+(3-(-1))^2=52$$

$B \to (B,C,D)$ 的距离为

$$((-1)-(-1))^2+(1-(-1))^2=4$$

$C \to (B,C,D)$ 的距离为

$$(1-(-1))^2+((-2)-(-1))^2=5$$

$D \to (B,C,D)$ 的距离为

$$((-3)-(-1))^2+((-2)-(-1))^2=5$$

7.4.2　在 SPSS 中利用 *K*-均值法进行聚类分析

【例 7-6】 我国各地区(不含港澳台)某年三次产业产值如表 7-29 所示，试根据三次产业产值利用 *K*-均值法对我国 31 个省、自治区和直辖市进行聚类分析。

表 7-29　我国各地区三次产业产值(单位：亿元)

地区	第一产业 X_1	第二产业 X_2	第三产业 X_3	地区	第一产业 X_1	第二产业 X_2	第三产业 X_3
北京	95.64	1311.86	2255.60	湖北	798.35	2580.58	2022.78
天津	89.66	1245.29	1112.71	湖南	886.47	1794.21	1958.05
河北	1064.33	3657.19	2377.04	广东	1.93.52	7307.08	5225.27
山西	215.19	1389.33	852.07	广西	652.28	1007.96	1074.89
内蒙古	420.10	973.94	756.38	海南	248.33	151.16	271.44
辽宁	615.80	2898.89	2487.85	重庆	336.36	977.30	936.90
吉林	486.90	1143.39	892.33	四川	1128.61	2266.06	2061.65
黑龙江	500.80	2532.45	1396.75	贵州	298.37	579.31	478.43

续表

地区	第一产业 X_1	第二产业 X_2	第三产业 X_3	地区	第一产业 X_1	第二产业 X_2	第三产业 X_3
上海	90.64	3130.72	3029.45	云南	502.84	1069.29	893.16
江苏	1106.35	6787.11	4567.37	西藏	40.62	47.99	95.89
浙江	728.00	4941.00	3726.00	陕西	320.03	1133.56	944.99
安徽	732.81	1780.60	1458.97	甘肃	236.61	607.62	460.37
福建	692.94	2492.73	2046.50	青海	46.15	184.26	159.80
江西	560.00	1227.38	1043.08	宁夏	55.50	192.00	137.84
山东	1480.67	6656.85	4298.41	新疆	412.90	796.84	667.87
河南	1239.70	3551.94	2256.95				

当要聚成的类数确定时，使用*K*-均值法可以很快将观测量分到各类中，而且该方法处理速度快，占用内存少，尤其适用于大样本的聚类分析。

1. 操作步骤

(1) 在 SPSS 窗口中单击【分析】→【分类】→【K-均值聚类】，调出【K 均值聚类分析】界面，并将变量“X1”、“X2”和“X3”(分别代表 X_1~X_3)移入【变量】中，将标志变量【地区】移入【个案标记依据】。在【方法】框中选中【迭代与分类】，即使用*K*-均值法不断计算新的类中心，并替换旧的类中心(若选择“仅分类”，则根据初始类中心进行聚类，在聚类过程中不改变类中心)。在【聚类数】后面的矩形框中输入想要把样品聚成的类数，这里输入“3”，即将 31 个地区分为 3 类。至于【聚类中心】，其用于设置迭代的初始类中心。若不手工设置，则系统会自动设置初始类中心，这里不进行设置，如图 7-14(a)所示。

(2) 单击【迭代】，对迭代参数进行设置。【最大迭代次数】参数框用于设定*K*-均值法的最大迭代次数，【收敛性标准】参数框用于设定算法的收敛判据，其值应该介于 0 和 1 之间。例如，判据设置为 0.02，则当一次完整的迭代不能使任何一个类中心距离的变动与原始类中心距离的比小于 2 时，迭代停止。设置完这两个参数之后，只要在迭代过程中先满足了其中的参数，则迭代过程就停止。这里选择系统默认的标准。单击【继续】(图 7-14(b))返回主界面。

(3) 单击【保存】，设置保存在数据文件中的表明聚类结果的新变量。其中【聚类成员】选项用于建立一个代表聚类结果的变量，默认变量名为“qcl_1”;【与聚类中心的距离】选项建立一个新变量，代表各观测量与其所属类中心的欧氏距离。这里将两个复选框都选中，单击【继续】返回，如图 7-15(a)所示。

(4) 单击【选项】，指定要计算的统计量。选中【初始聚类中心】和【每个个案的聚类信息】复选框。这样，在输出窗口中将给出聚类的初始类中心和每个观测量的分类信

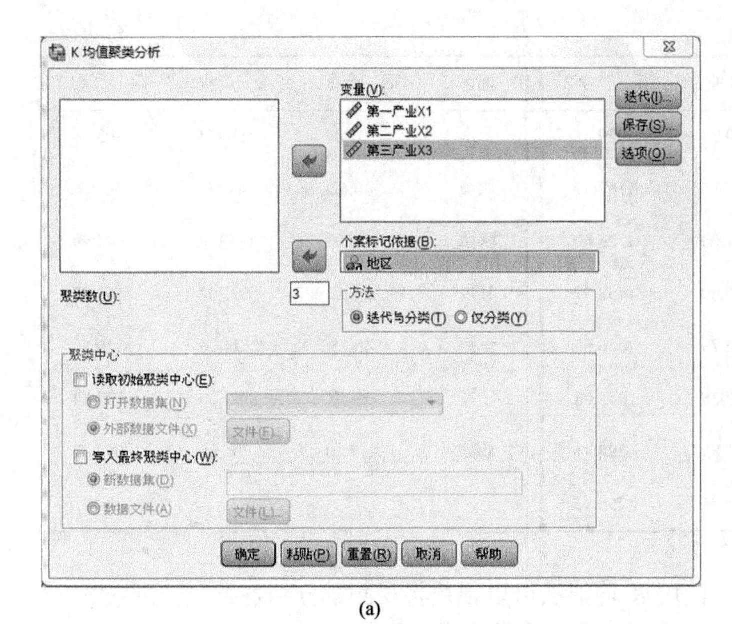

(a)

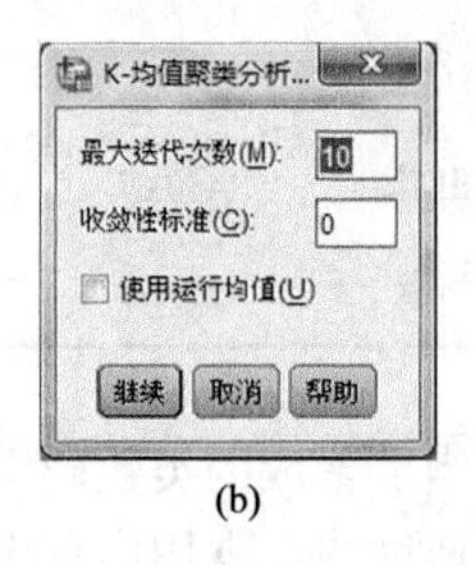

(b)

图 7-14　*K*-均值法操作图解

息，包括分配到哪一类和该观测量与所属类中心的距离。【ANOVA 表】是输出方差分析，单击【继续】返回，如图 7-15(b)所示。

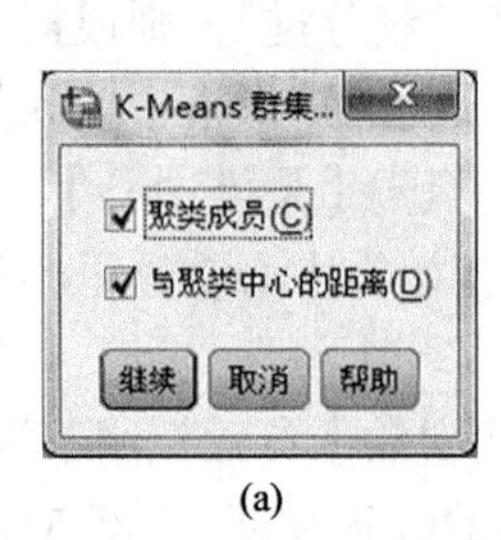

(a)

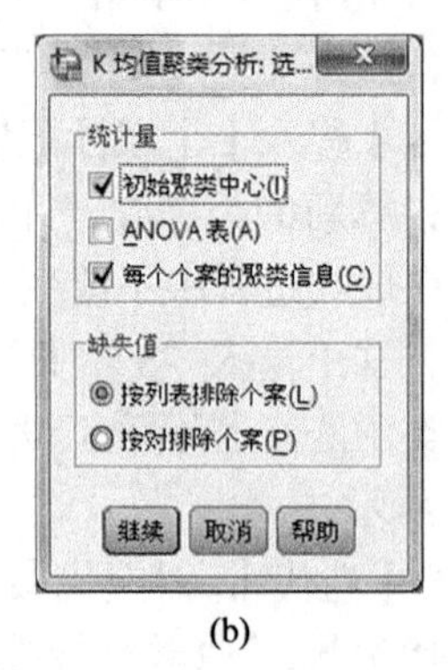

(b)

图 7-15　*K*-均值法操作图解

(5) 单击【确定】，运行 *K*-均值聚类分析程序。

2. 主要运行结果分析

主要运行结果及分析如下：

(1) 初始聚类中心。经过聚类后，三个类的中心如图 7-16 所示。

(2) 迭代历史记录。从图 7-16 可以看到本次聚类过程共经历了三次迭代。由于在【迭代】子对话框中使用系统默认的选项(【最大迭代次数】为“10”和【收敛性标准】为“0”)，所以在第三次迭代后，类中心的变化为 0，从而迭代停止。

(3) 聚类成员(给出各观测量所属的类及与所属类中心的距离)。图 7-16“聚类”列给出了观测量所属的类别，“距离”列给出了观测量与所属类中心的距离。

(4) 最终聚类中心(给出聚类结果形成的类中心的各变量值)。

由此可以看出31个地区被分成3类。

第一类包括江苏、浙江、山东和广东4个省。这一类的类中心三个产业的产值分别为1102.14亿元、6423.01亿元和4454.26亿元，属于三个产业都比较发达的地区。

第二类包括天津、山西、内蒙古、吉林、江西、广西、海南、重庆、贵州、云南、西藏、陕西、甘肃、青海、宁夏和新疆16个地区。这一类的类中心三个产业的产值分别为307.62亿元、795.41亿元和673.63亿元，属于欠发达地区。

剩下的11个地区为第三类。这一类的类中心三个产业的产值分别为713.28亿元、2545.20亿元和2122.87亿元，属于中等发达地区。

(5) 由于已经在【保存】子对话框中设置了在数据文件中生成新的分类变量，因此在数据编辑窗口中可以看到生成的两个表示分类结果的新变量。

初始聚类中心

	聚类		
	1	2	3
第一产业 X_1	1093.52	40.62	90.64
第二产业 X_2	7307.08	47.99	3130.72
第三产业 X_3	5225.27	95.89	3029.45

迭代历史记录

迭代	聚类中心内的更改		
	1	2	3
1	670.059	981.691	1065.650
2	564.377	0.000	240.227
3	0.000	0.000	0.000

案例号	地区	聚类	距离
1	北京	3	1385.724
2	天津	2	665.342
3	河北	3	1193.462
4	山西	2	626.991
5	内蒙古	2	226.652
6	辽宁	3	517.500
7	吉林	2	448.395
8	黑龙江	3	756.679
9	上海	3	1245.952

案例号	地区	聚类	距离
10	江苏	1	381.287
11	浙江	1	1693.132
12	安徽	3	1012.800
13	福建	3	94.867
14	江西	2	621.919
15	山东	1	471.444
16	河南	3	1143.947
17	湖北	3	136.039
18	湖南	3	788.131
19	广东	1	1173.076
20	广西	2	570.067
21	海南	2	761.799
22	重庆	2	321.275
23	四川	3	504.150
24	贵州	2	291.361
25	云南	2	401.637
26	西藏	2	981.691
27	陕西	2	433.741
28	甘肃	2	292.899
29	青海	2	840.178
30	宁夏	2	845.426
31	新疆	2	105.452

最终聚类中心

	聚类		
	1	2	3
第一产业 X_1	1102.14	307.62	713.28
第二产业 X_2	6423.01	795.41	2545.20
第三产业 X_3	4454.26	673.63	2122.87

最终聚类中心间的距离

聚类	1	2	3
1		6825.998	4541.363
2	6825.998		2307.946
3	4541.363	2307.946	

每个聚类中的案例数

聚类	1	4.000
	2	16.000
	3	11.000
有效		31.000
缺失		0.000

图 7-16 *K*-均值法运行结果

7.5 两步聚类

7.5.1 基本概念及统计原理

1. 基本概念和特点

两步聚类(two step cluster)(也称为二阶聚类)是一个探索性的分析工具，为揭示自然的分类或分组而设计，是数据集内部的而不是外观上的分类。它是一种新型的分层聚类算法(hierarchical cluster algorithm)，目前主要应用于数据挖掘(data mining)和多元数据统计的交叉领域——模式分类中。

该过程主要有以下几个特点：

(1) 分类变量和连续变量均可以参与二阶聚类分析。

(2) 该过程可以自动确定分类数。

(3) 可以高效率地分析大数据集。

(4) 用户可以自己定制用于运算的内存容量。

2. 统计原理

两步聚类的功能非常强大，而原理又较为复杂。在聚类过程中除了使用传统的欧氏距离，为了处理分类变量和连续变量，它用似然距离测度，要求模型中的变量是独立的，分类变量是多项式分布，连续变量是正态分布。分类变量和连续变量均可以参与两步聚类分析。

3. 分析步骤

1) 预聚类

对每个观测变量考察一遍，确定类中心。根据相近者为同一类的原则，计算距离并把与类中心距离最小的观测量分到相应的各类中。这个过程称为构建一个分类的特征树(CF)。

2) 正式聚类

使用凝聚算法对特征树的叶节点进行分组，凝聚算法可用来产生一个结果范围。为确定最好的类数，对每一个聚类结果使用 BIC 判据或 AIC 判据作为聚类判据进行比较，得出最后的聚类结果。

4. 有关术语

1) 聚类特征树

在聚类的第一步，根据计算的距离确定类结构。每类有一个节点，属于该类的观测就是该节点的树叶。由于树叶的不断增加构成树枝。第一步聚类过程就是特征树成长的过程。

2) AIC 或 BIC 判据

AIC 和 BIC 判据是在聚类的第二步聚类过程中用到的两个判据，是两个算法，即Akaik(AIC)判据或贝叶斯判据(BIC)。

3) 调谐算法

两步聚类过程可以自动进行聚类，也可以人为控制聚类过程。在人为控制情况下，自己指定参数，称为调谐(tuning)，参数指定了，特征树的规模就基本确定了。

4) 噪声处理

由于两步聚类要处理大数据集，在构建特征树时，如果指定了类数和算法的参数，如一个特征树最多的分支树、一个叶节点最大子节点数等，那么在第一步聚类过程中，当观测值很多时，特征树就可能满了，不能再长了。没有在树上的观测就称为噪声。对这些待处理的观测，用户可以调整算法参数，让特征树能容纳更多的观测值，将其保留在某类或者丢掉。这种处理称为噪声处理。

7.5.2 在 SPSS 中利用两步聚类法进行聚类分析

【例 7-7】 对下列关于汽车的各项技术指标的数据文件进行两步聚类(由于数据量较大，这里不一一给出)。

1. 两步聚类过程(图 7-17)

(1) 打开主对话框:【分析】→【分类】→【两步聚类】，打开【二阶聚类分析】对话框。

(2) 在主对话框中指定分析变量。

① 选择参与聚类分析的分类变量，将其移至右侧的【分类变量】中。本例把 Vehicle type[vehicle type]变量选入【分类变量】中。

② 将 Price in thousands[price]、Engine size[engine_s]、Horsepower[horsepow]、Wheelbase[wheelbase]、Width[width]、Length[length]、Curb weight[curb_wgt]、Fuel capacity[fuel_cap]、Fuel efficiency[mpg]9 个变量选入【连续变量】中。

③ 单击【输出】，在【二阶聚类：输出】对话框的【输出】栏下勾选“图表和表格(在模型浏览器中)”，指定为评估字段的变量可以显示在模型浏览器中作为聚类描述符。

在二阶聚类分析主对话框中(图 7-17(a))的【距离度量】栏选择计算两类间相似程度的算法。【对数相似值】要求所有变量彼此独立，连续变量是正态分布，分类变量是多项式分布。【Euclidean】(欧氏距离法)测度两类之间的“直线”距离。当所有参与聚类的变量都是连续变量时此方法才适用。【聚类数量】栏用于指定最后分类结果所分的类数。【自动确定】类数表示两步聚类过程用在聚类准则(判据)组中指定的判据，自动确定最好的类数。在【最大值】框中输入一个正整数，指定该过程应该考虑的最大类数，默认的最大类数是 15。最后的聚类结果，类数在 1 至指定的最大类数之间。【指定固定值】表示在【数量】框中输入一个正整数作为要求聚成的固定的类数，最后聚类结果必定是指定的类数。【连续变量计数】栏用于显示连续变量的计数，即在【二阶聚类：选项】对话框中指定要进行标准化的连续变量的个数和假定已经标准化的连续变量的个数。【聚类准则】栏用于指定确定类数的判据，包括【施瓦茨贝叶斯准则(BIC)】和【Akaike 信息准则(AIC)】。

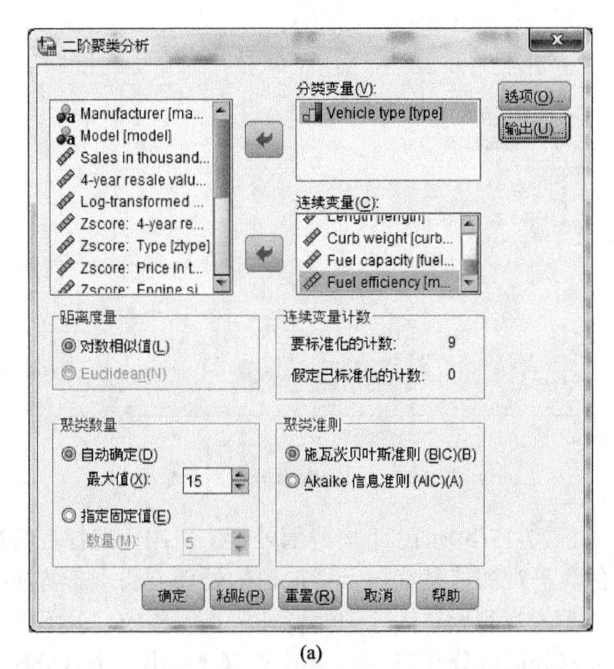

(a)

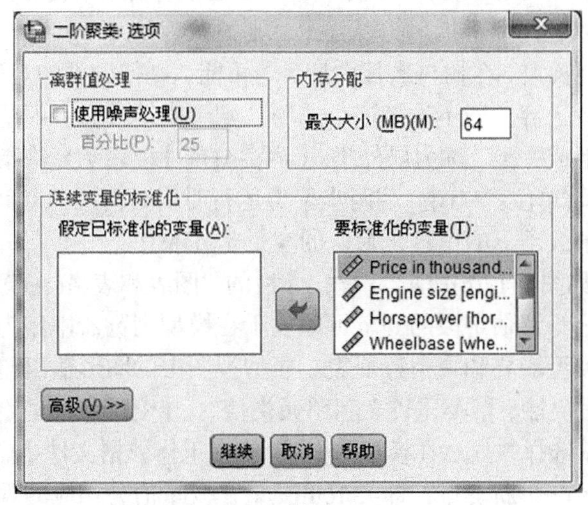

(b)

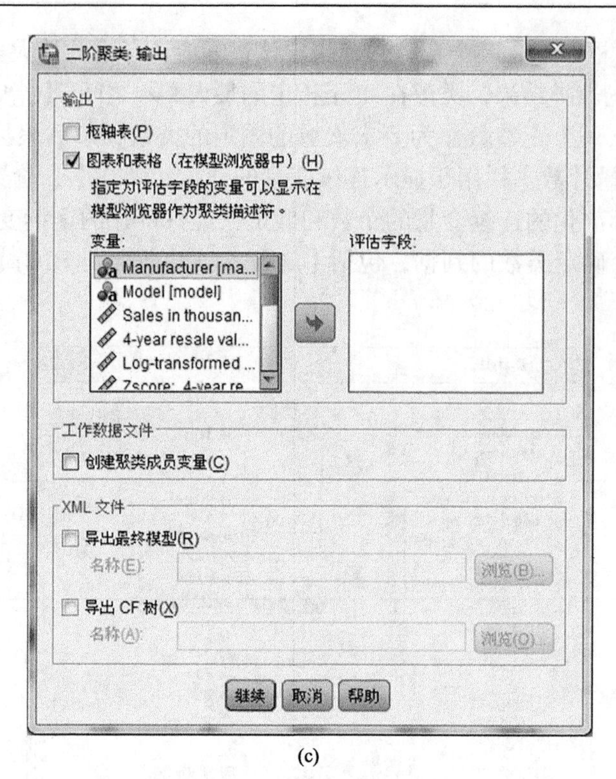

(c)

图 7-17　二阶聚类分析对话框

单击【选项】，如图 7-17(b)所示。【离群值处理】栏用于选择在特征树满时，对还没有聚到任何一类中的离群观测值继续加入特征树的处理方法。若特征树满，则该组选项允许在聚类时对待分类的观测做特殊处理使特征树是完整的，若不能接受更多的观察，则在叶节点和非叶节点处可以分开。【使用噪声处理】给出一个百分比，若某节点包含的观测数与最大叶子数之比小于指定的百分比，则被认为是叶子稀少。当把观测放在叶子稀少处时，特征树会长大。在树再次长大后，若可能，则待分类的观测会被放进特征树，否则会被当成局外者丢弃。若不选择这个选项，则聚类结束后，那些不能被指派到任何一类中的观测单独形成一类，称为局外类。【内存分配】栏表示允许指定一个聚类过程中使用的最大存储空间(单位：MB)。若两步聚类运行时需要占用的空间超出了该最大值，则会使用磁盘内存中放不下的信息，默认的容量是 64MB。

单击【输出】，如图 7-17(c)所示。【输出】栏的“图表和表格(在模型浏览器中)”表示在输出浏览器中指定为评估字段的变量可以显示在模型浏览器中作为聚类描述符。模型浏览器中的表包括模型摘要和聚类特征表。模型视图中的图形输出包括聚类质量图、聚成类的大小、变量重要性、聚类比较表和单元格信息。【变量】栏里给出的是没有参与聚类分析的变量，可以选择并显示在模型浏览器中。【工作数据文件】栏只有一个选项，在当前数据文件中产生一个新变量，即类成员变量，变量值为相应的观测值属于哪一类。新变量名由系统自动给出。

2. 输出结果分析

图 7-18(a)是输出窗口中的内容，双击输出窗口的输出，打开【模型浏览器】对话框，利用左右两侧窗口下边的【视图】下拉菜单可以观看更多的信息。【模型概要】为聚类的综合信息。说明聚类算法是两步聚类，输入的变量有 10 个，最后聚成 3 类。图 7-18(b)中有所聚成的类的大小的饼图和需要的表格。饼图表明第一类观测数占 40.8%，第二类占 33.6%，第三类占 25.7%；表格中列出了最小类和最大类中包含的观测数分别为 39 和 62，以及最大聚类与最小聚类观测数的比值为 1.59；打开图 7-18(b)下面的【视图】下拉菜单，选择其中的【聚类】项，打开聚类表，如图 7-18(c)和(d)所示。表中的类自左至右是按类的大小排序的。第 1 行是所聚成的类号；第 2 行是可以由用户自己添加标签的单元格，双击单元格即可添加文字；第 3 行是可以由用户对各类添加说明的单元格；第 4 行是各类的大小，即各类中的观测数；第 5 行是作为输入变量的分类变量，以下 9 行是 9 个连续型变量。各单元格中列出各类、各变量的均值。表格中的小方框是当鼠标指向一个单元格时显示的该类该变量的信息，包括变量名、该变量在聚类过程中的重要性、均值。各列就是各类的类中心，由 9 个变量的均值组成。它表明连续型变量很好地把各类分开了。1 类中的车辆便宜、小(长度、宽度都小)，燃料效率最高；2 类中的车辆特征是价格适中，气缸较大；3 类中的车辆昂贵、大、燃烧效率适度。打开模型浏览器右侧下面的【视图】菜单，可选择预测变量的重要性项，如图 7-18(e)所示：重要性以条形图表示，最下面的标尺表明条形图越短，重要性越差。重要性最高的是车型，重要性最差的是价格。

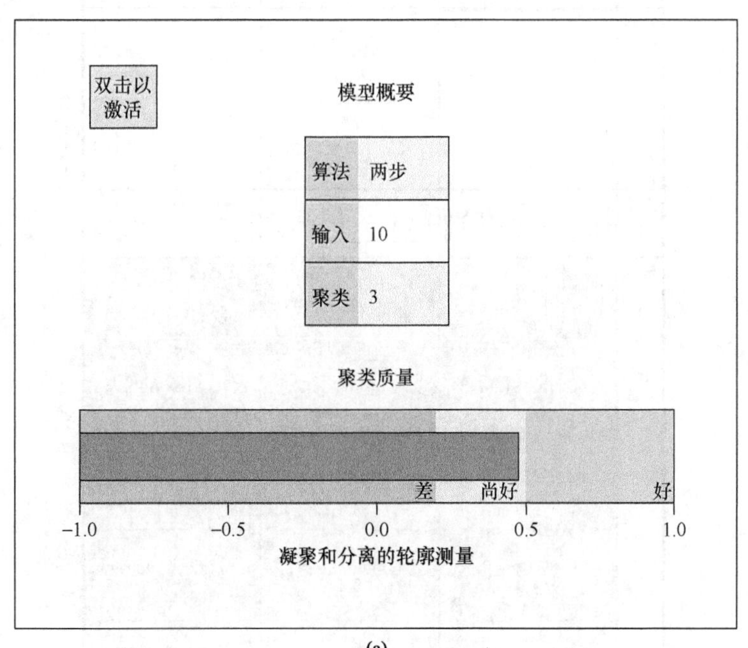

(a)

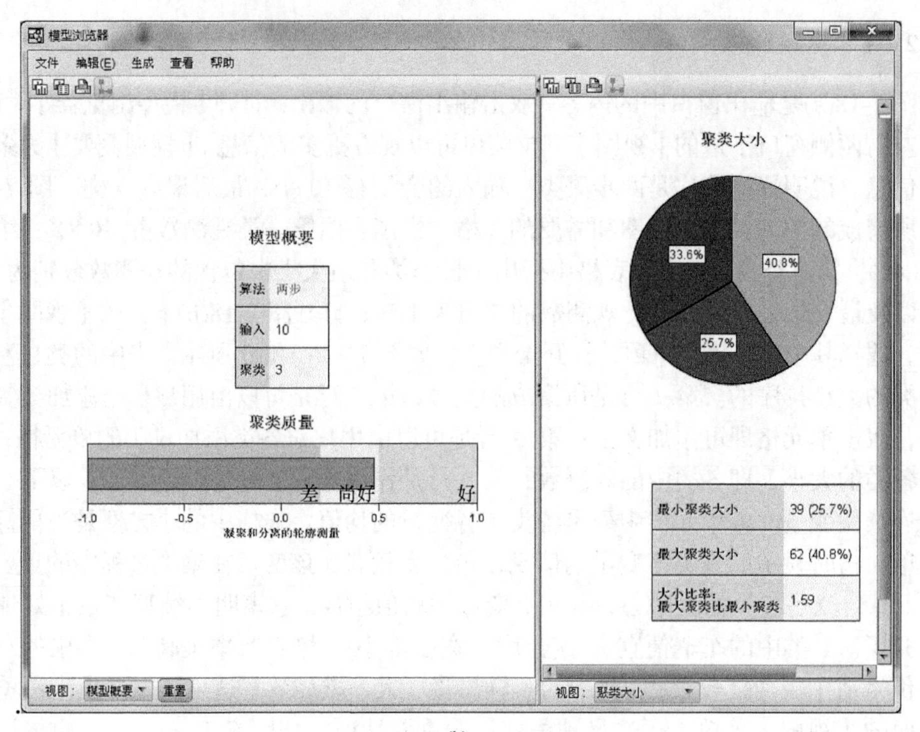

(b)

聚类	1	3	2
标签			
说明			
大小	40.8% (62)	33.6% (51)	25.7% (39)
输入	Vehicle type Automobile (98.4%)	Vehicle type Automobile (100.0%)	Vehicle type Truck (100.0%)
	Curb weight 2.84	Curb weight 3.58	Curb weight 3.97
	Fuel efficiency 27.24	Fuel efficiency 23.02	Fuel efficiency 19.51
	Fuel capacity 14.98	Fuel capacity 18.44	Fuel capacity 22.06
	Engine size 2.19	Engine size 3.70	Engine size 3.56

(c)

Horsepower 143.24	Horsepower 232.96	Horsepower 187.92
Width 68.54	Width 72.92	Width 72.74
Wheelbase 102.60	Wheelbase 109.02	Wheelbase 112.97
Length 178.24	Length 194.69	Length 191.11
Price in thousands 19.62	Price in thousands 37.30	Price in thousands 26.56

(d)

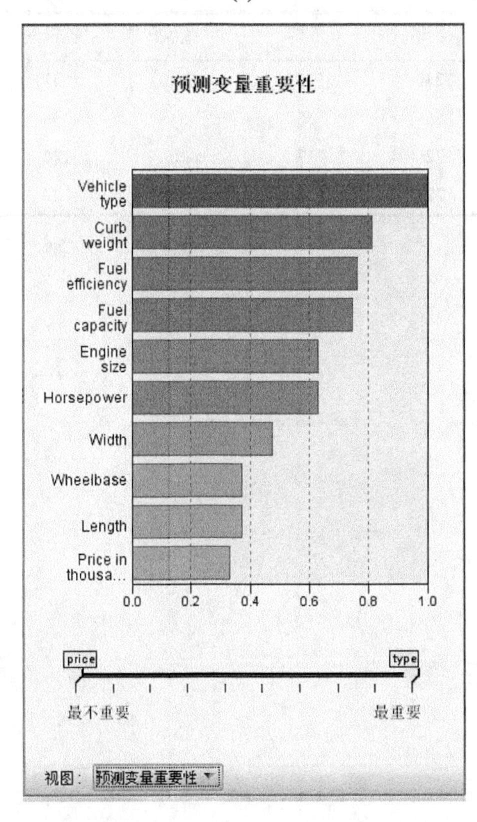

(e)

图 7-18 二阶聚类分析结果输出

本 章 作 业

1. 什么是聚类分析？聚类分析有哪些常用的方法？

2. 简述系统聚类法的基本思路。

3. 在 SPSS 中如何实现系统的聚类分析？

4. 为了了解江苏省某年 13 个地区的经济发展水平，先选取四项指标，即人均生产总值(X_1)、第一产业生产总值占总生产总值的比例(X_2)、第二产业生产总值占总生产总值的比例(X_3)、第三产业生产总值占总生产总值的比例(X_4)，数据资料见表 7-30，要求使用聚类分析方法，将江苏省 13 个地区分成四类。

表 7-30　江苏省经济发展水平数据表

指标	苏州	无锡	常州	南京	镇江	南通	扬州
X_1	22683	23595	15906	16671	15889	9802	10289
X_2	21	23	28	26	31	45	36
X_3	50	48	44	35	39	31	34
X_4	29	29	28	39	30	24	30

指标	泰州	徐州	淮阴	盐城	连云港	宿迁
X_1	8468	7230	5777	6940	6371	3964
X_2	43	56	55	54	58	57
X_3	28	22	17	20	20	16
X_4	29	22	28	26	22	27

第 8 章 主成分分析

在各个领域的科学研究或在解决实际问题的过程中，往往需要对反映事物的多个变量进行大量的观测，从而收集到大量信息并通过对信息的分析去寻找事物发展变化的规律。然而，多变量大样本虽然可以为科学研究和实际问题的解决提供丰富的信息，但这也无疑增加了数据采集的工作量，同时在大多数情况下，变量之间也可能存在相关关系，这就增加了分析问题的复杂性。但减少分析指标会造成信息的损失，容易造成错误的判断或结论。因此，在解决这类问题时需要寻找一种合理的方法，在减少分析指标的同时，又能尽量减少原指标所包含信息的损失，以便对所收集的数据信息做全面的分析。由于各变量之间可能存在一定的相关关系，因此有可能用比较少的分析指标来综合存在于各变量中的各种信息，这种思路就是降维处理。主成分分析就是一种降维处理的方法。

1961 年英国统计学家斯格特(Scott)在对英国城镇发展水平进行调查和研究时，选取了 157 个城镇作为样本，原始测量的变量有 57 个。通过主成分分析发现，只需 5 个新的综合变量，就可以以 95%的精度表示原始数据的变异情况，这样，对问题的研究一下子从 57 维降到了 5 维。可以想象，在 5 维空间对系统进行任何分析，要比在 57 维中更加快捷和有效。

1947 年，美国统计学家斯通(Stone)在进行国民经济的研究中，得到了美国 1929～1938 年 10 年的雇主补贴、消费资料和生产资料、纯公共支出、净增库存、股息、利息、外贸平衡等 17 个反映国民收入与支出变量要素的数据。利用主成分分析之后，发现用总收入、总收入变化率和经济发展或衰退的趋势三个新的变量就可以以 97.4%的精度反映原来 17 个变量的情况，从而使问题得到了极大的简化。

上述两个案例说明，在解决实际问题时，可以利用主成分分析对一些多变量的平面数据通过最佳综合简化来降低解决问题的复杂性。主成分分析的目的就是在力保数据信息丢失最少的原则下，实现对高维变量空间的降维处理。

8.1 主成分分析概述

假定你是一个公司的财务经理，掌握了公司的所有数据，包括众多的变量，如固定资产、流动资金、每一笔借贷的数额和期限、各种税费、工资支出、原料消耗、产值、利润、折旧、职工人数、职工的分工和受教育程度等。

如果让你向上级或有关方面介绍公司状况，你能够把这些指标和数字都原封不动地摆出去吗?

当然不能。汇报什么?

可以发现在如此多的变量之中，有很多是相关的。人们希望能够找出它们的少数“代表”来对它们进行描述。需要把这种有很多变量的数据进行高度概括，用少数几个指标简单明了地把情况说清楚。

8.1.1　主成分分析的概念

主成分分析也称为主分量分析，就是把变量维数降低以便于描述、理解和分析，是一种通过降维来简化数据结构的方法。如何把多个变量化为少数几个综合变量(综合指标)，而这几个综合变量可以反映原来多个变量的大部分信息，所含的信息又互不重叠，即它们之间要相互独立，互不相关。这些综合变量就称为因子或主成分，它是不可观测的，即它不是具体的变量(这与聚类分析不同)，只是几个指标的综合。

在引入主成分分析之前，先看下面的例子。

【例 8-1】　某班 53 名学生的数学、物理、化学、语文、历史、英语的成绩如表 8-1 所示。

表 8-1　学生成绩表(部分)

学生代码	数学	物理	化学	语文	历史	英语
1	65	61	72	84	81	79
2	77	77	76	64	70	55
3	67	63	49	65	67	57
4	80	69	75	74	74	63
5	74	70	80	82	81	74
6	78	84	75	62	71	64
7	66	71	67	52	65	57
8	77	71	57	72	86	71
9	83	100	79	41	67	50
…	…	…	…	…	…	…

从本例可能提出的问题：

(1) 能不能把这个数据表中的 6 个变量用一两个综合变量来表示？

(2) 这一两个综合变量包含多少原来的信息？

(3) 能不能利用找到的综合变量来对学生的成绩进行排序？

事实上，以上三个问题在很多问题的研究中也会经常遇到。它所涉及的问题可以推广到对企业、对学校、对区域进行分析、评价、排序和分类等。例如，对 n 个区域进行综合评价，可选的描述区域特征的指标有很多，而这些指标往往存在一定的相关性(既不完全独立，又不完全相关)，这就给研究带来很大不便。若选指标太多，则会增加分析问题的难度与复杂性；若选指标太少，则有可能会漏掉对区域影响较大的指标，影响结果的可靠性。这就需要在相关分析的基础上，采用主成分分析法找到几个新的相互独立的综合指标，达到既减少指标数量，又能区分区域间差异的目的。

8.1.2　主成分分析的特点

主成分分析用于多指标综合分析和评价时具有以下几个特点：

(1) 消除了各指标间的相关影响。主成分分析将原来相关的各原始变量经过数学变换，使之成为相互独立的变量，再对各变量计算综合评价值。与其他直接综合各指标评价值的方法相比，消除了指标间对被评价对象的相关重复信息，这也是主成分分析的最大特点。

(2) 综合评价值对同一样本的不唯一性。由于主成分分析的计算结果 F 值与样本量的多少有关，因此样本综合评价值是在某一样本集合中产生的，它表示了该样本在这个样本集合中的位置。当样本集合变化时，样本集合的平均水平和离差程度就可能有所变化从而改变各样本的综合评价值。这一点使得这种方法在进行横向和纵向比较时，需要把比较的样本放在一个样本集合中计算。不同样本集合中计算的综合评价值是不可比的。主成分分析更适合于一次性的综合评价比较。

(3) 减少了指标选择的工作量。由于主成分分析可以消除评价指标间的相关影响，在指标的选择上相对容易。

(4) 利用主成分分析进行多指标综合评价时，权数是从信息和系统效应角度来确定的。信息量权数与指标估价权数不同，估价权数是根据分析者对指标自身重要程度的估价而确定的，而信息量权数则是从指标所含区分样本的信息量多少来确定指标重要程度的。估价权数是专门生成的，可以人为调整，而信息量权数是伴随数学变换过程生成的，不能人为调整，但这种信息量权数是随样本集合的变化而变化的。采用信息量权数比人为地确定权数工作量少些，也有助于保证客观地反映样本间的现实关系。另外，采用信息量权数可以最大限度地区分样本，有利于提高综合评价的效度。

(5) 利用主成分分析进行多指标综合评价时，计算评价值的权系数之和不等于 1，这是由于权系数 f 由特征向量 C_g 和贡献率 a_g 计算而得，这样 $\sum f_j$ 不等于 1。当然可以将 f 用归一化的方法处理，但是否归一化对综合评价并没有实质性的改变。

(6) 在用主成分分析进行多指标综合评价时一般比较模式化，各步骤计算方法比较单一和规范，便于将计算过程在计算机上通过程序实现。

8.2　主成分分析的基本原理

8.2.1　主成分分析的几何解释

为了方便，下面通过例 8-1 在二维空间讨论主成分分析的集合意义。例 8-1 中表 8-1 的数据点是六维的，即每个观测值是六维空间中的一个点。现在把六维空间用低维空间表示。先假定只有二维，即只有两个变量——语文成绩(X_1)和数学成绩(X_2)，分别由横坐标和纵坐标代表；每个学生都是二维坐标系中的一个点。如果这些数据形成一个椭圆形状的点阵(这在二维正态的假定下是可能的)，那么该椭圆有一个长轴和一个短轴。在短轴方向上数据变化很少；在极端的情况，短轴如退化成一点，长轴的方向可以完全解释这些点的变化，这样由二维到一维的降维就自然完成了，如图 8-1 所示。

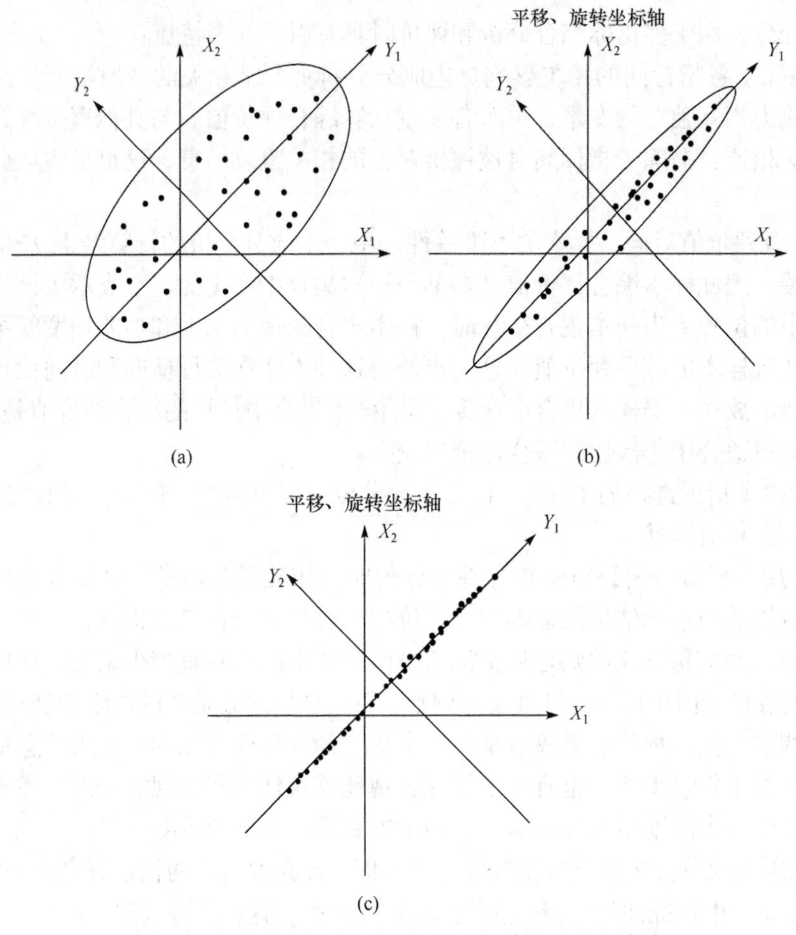

图 8-1　主成分分析的几何意义(坐标轴的平移和旋转)

假定语文成绩(X_1)和数学成绩(X_2)的相关系数 $\rho = 0.6$。设 X_1 和 X_2 分别为标准化后的分数，图 8-1(a)为其散点图。那么随机向量 $X' = (X_1, X_2)$ 的方差-协方差矩阵为 $\Sigma = \begin{bmatrix} 1 & 0.6 \\ 0.6 & 1 \end{bmatrix}$，可以看出，在变量标准化的情况下的方差-协方差矩阵与其相关矩阵相等。由求矩阵特征值和特征向量的方法即令 $(\Sigma - \lambda I)e = 0$ 可以求出 $\lambda_1 = 1.6$，$\lambda_2 = 0.4$，对应的特征向量分别为

$$e_1' = (e_{11}, e_{12}) = \left(\frac{\sqrt{2}}{2}, \frac{\sqrt{2}}{2}\right)$$

$$e_2' = (e_{21}, e_{22}) = \left(\frac{\sqrt{2}}{2}, -\frac{\sqrt{2}}{2}\right)$$

显然，这两个特征向量是相互正交的单位向量。而且它们与原来的坐标轴 X_1 和 X_2 的夹角都分别等于 45°。如果将坐标轴 X_1 和 X_2 旋转 45°，那么点在新坐标系中的坐标(Y_1,

Y_2)与原坐标(X_1，X_2)有如下关系(图 8-1(a))：

$$Y_1=\frac{\sqrt{2}}{2}X_1+\frac{\sqrt{2}}{2}X_2=e_1'X$$

$$Y_2=\frac{\sqrt{2}}{2}X_1-\frac{\sqrt{2}}{2}X_2=e_2'X$$

上式中系数代表什么？可以看出：Y_1 和 Y_2 均是 X_1 和 X_2 的线性组合。在新坐标系中，可以发现：虽然散点图的形状没有改变，但新的随机变量 Y_1 和 Y_2 已经不再相关。而且大部分点沿 Y_1 轴散开，在 Y_1 轴方向的变异较大(即 Y_1 的方差较大)，相对来说，在 Y_2 轴方向的变异较小(即 Y_2 的方差较小)。事实上，随机变量 Y_1 和 Y_2 的方差分别为

$$\mathrm{Var}(Y_1)=E(Y_1^2)=e_1'\Sigma e_1=\begin{bmatrix}\frac{\sqrt{2}}{2} & \frac{\sqrt{2}}{2}\end{bmatrix}\begin{bmatrix}1 & 0.6\\ 0.6 & 1\end{bmatrix}\begin{bmatrix}\frac{\sqrt{2}}{2}\\ \frac{\sqrt{2}}{2}\end{bmatrix}=1.6=\lambda_1$$

$$\mathrm{Var}(Y_2)=E(Y_2^2)=e_2'\Sigma e_2=\begin{bmatrix}\frac{\sqrt{2}}{2} & -\frac{\sqrt{2}}{2}\end{bmatrix}\begin{bmatrix}1 & 0.6\\ 0.6 & 1\end{bmatrix}\begin{bmatrix}\frac{\sqrt{2}}{2}\\ -\frac{\sqrt{2}}{2}\end{bmatrix}=0.4=\lambda_1$$

可以看出，最大变动方向是由特征向量决定的，而特征值刻画了对应的方差。在上面的例子中 Y_1 和 Y_2 就是原变量 X_1 和 X_2 的第一主成分和第二主成分。实际上第一主成分 Y_1 就基本上反映了 X_1 和 X_2 的主要信息，因为图中的各点在新坐标系中的 Y_1 坐标基本上就代表了这些点的分布情况，因此可以选 Y_1 为一个新的综合变量。当然如果再选 Y_2 也作为综合变量，那么 Y_1 和 Y_2 则反映了 X_1 和 X_2 的全部信息。这只是我们举的一个例子，对于一般情况，数学上也能证明。

8.2.2　主成分分析的基本思想

从几何上看，找主成分的问题就是找出 p 维空间中椭球体的主轴问题，就是要在 X_1～X_p 的相关矩阵中 m 个较大特征值所对应的特征向量。

究竟提取几个主成分或因子，一般有两种方法：

(1) 特征值>1；

(2) 累计贡献率>0.8。

那么如何提取主成分呢？

假定有 n 个样本，每个样本共有 p 个变量，构成一个 $n\times p$ 的数据矩阵：

$$X=\begin{bmatrix}x_{11} & x_{12} & \cdots & x_{1p}\\ x_{21} & x_{22} & \cdots & x_{2p}\\ \vdots & \vdots & & \vdots\\ x_{n1} & x_{n2} & \cdots & x_{np}\end{bmatrix}\tag{8-1}$$

综合指标如何选取呢？这些综合指标要想尽可能多地反映原指标的信息，综合指标的表达式中要含有原指标，那么通常是取原指标的线性组合，适当调整它们的系数，使综合指标间相互独立且代表性好。

定义 8-1 记 $X_1, X_2,\cdots, X_p$ 为原变量指标，$Z_1, Z_2,\cdots, Z_m(m\leqslant p)$ 为新变量指标，可以看出，新指标对原指标有多个线性组合，新指标对哪个原指标反映得多，哪个反映得少，取决于它的系数。系数 l_{ij} 的确定原则为

$$\begin{cases} z_1 = l_{11}x_1 + l_{12}x_2 + \cdots + l_{1p}x_p \\ z_2 = l_{21}x_1 + l_{22}x_2 + \cdots + l_{2p}x_p \\ \quad\vdots \\ z_m = l_{m1}x_1 + l_{m2}x_2 + \cdots + l_{mp}x_p \end{cases} \tag{8-2}$$

(1) Z_i 与 $Z_k(i\neq k; i, k=1, 2,\cdots, m; j = 1, 2,\cdots, p)$ 相互无关；

(2) Z_1 是 $X_1, X_2,\cdots, X_p$ 的一切线性组合中方差最大者(最能解释它们之间的变化)，Z_2 是与 Z_1 不相关的 $X_1, X_2,\cdots, X_p$ 的所有线性组合中方差最大者；Z_m 是与 $Z_1, Z_2,\cdots, Z_{m-1}$ 都不相关的 $X_1, X_2,\cdots, X_p$ 的所有线性组合中方差最大者。则新变量指标 $Z_1, Z_2,\cdots, Z_m$ 分别称为原变量指标 $X_1, X_2,\cdots, X_p$ 的第 1、第 2、…、第 m 主成分。

从以上分析可以看出，主成分分析的实质就是确定原来变量 $X_j(j=1, 2,\cdots, p)$ 在诸主成分 $Z_i(i=1, 2,\cdots, m)$ 上的载荷 $l_{ij}(i=1, 2,\cdots, m; j=1, 2,\cdots, p)$。从数学上可以证明，它们分别是相关矩阵(也就是 $X_1, X_2,\cdots, X_p$ 的相关系数矩阵)m 个较大的特征值所对应的特征向量。

8.3 主成分分析的计算步骤及应用举例

8.3.1 主成分分析的计算步骤

(1) 计算相关系数矩阵：

$$R = \begin{bmatrix} r_{11} & r_{12} & \cdots & r_{1p} \\ r_{21} & r_{22} & \cdots & r_{2p} \\ \vdots & \vdots & & \vdots \\ r_{p1} & r_{p2} & \cdots & r_{pp} \end{bmatrix} \tag{8-3}$$

$r_{ij}(i, j=1, 2,\cdots, p)$ 为原变量 X_i 与 X_j 标准化后的相关系数，$r_{ij}=r_{ji}$，其计算公式为

$$r_{ij} = \frac{\sum_{k=1}^{n}(x_{ki} - \overline{x}_i)(x_{kj} - \overline{x}_j)}{\sqrt{\sum_{k=1}^{n}(x_{ki} - \overline{x}_i)^2 \sum_{k=1}^{n}(x_{kj} - \overline{x}_j)^2}} \tag{8-4}$$

(2) 计算特征值与特征向量。

① 解特征方程 $|\lambda I - R| = 0$，求出特征值，并使其按大小顺序排列，即 $\lambda_1 \geqslant \lambda_2 \geqslant \cdots \geqslant \lambda_p \geqslant 0$。

② 分别求出对应于特征值 λ_i 的特征向量 $e_i(i=1,2,\cdots,p)$，要求 $\|e_i\|=1$，即 $\sum_{j=1}^{p}e_{ij}^2=1$，其中 e_{ij} 表示向量 e_i 的第 j 个分量，也就是说 e_i 为单位向量。

③ 计算主成分贡献率及累计贡献率。

贡献率：

$$\frac{\lambda_i}{\sum_{k=1}^{p}\lambda_k},\quad i=1,2,\cdots,p \tag{8-5}$$

累计贡献率：

$$\frac{\sum_{k=1}^{i}\lambda_k}{\sum_{k=1}^{p}\lambda_k},\quad i=1,2,\cdots,p \tag{8-6}$$

一般取累计贡献率达 85%～95%的特征值 $\lambda_1,\lambda_2,\cdots,\lambda_m$ 所对应的第 1、第 2、…、第 $m(m\leqslant p)$个主成分。

④ 计算主成分载荷：

$$l_{ij}=p(z_i,x_j)=\sqrt{\lambda_i}e_{ij},\quad i,j=1,2,\cdots,p \tag{8-7}$$

当主成分之间不相关时，主成分载荷就是主成分 Z_i 与变量 X_j 之间的相关系数(在数学上可以证明)。

⑤ 各主成分的得分。得到各主成分的载荷以后，可以按照式(8-8)和式(8-9)计算各主成分的得分：

$$\begin{cases} z_1=l_{11}x_1+l_{12}x_2+\cdots+l_{1p}x_p \\ z_2=l_{21}x_1+l_{22}x_2+\cdots+l_{2p}x_p \\ \quad\vdots \\ z_m=l_{m1}x_1+l_{m2}x_2+\cdots+l_{mp}x_p \end{cases} \tag{8-8}$$

$$Z=\begin{bmatrix} z_{11} & z_{12} & \cdots & z_{1m} \\ z_{21} & z_{22} & \cdots & z_{2m} \\ \vdots & \vdots & & \vdots \\ z_{n1} & z_{n2} & \cdots & z_{nm} \end{bmatrix} \tag{8-9}$$

每个地区的综合评价值为对各个主成分进行加权求和，权重为每个主成分方差的贡献率。

8.3.2 主成分分析方法应用举例

【例 8-2】 根据表 8-2 给出的数据，对某农业生态经济系统做主成分分析。

表 8-2　某农业生态经济系统各区域单元的有关数据

样本序号	X_1：人口密度/(人/km^2)	X_2：人均耕地面积/hm^2	X_3：森林覆盖率/%	X_4：农民人均纯收入/(元/人)	X_5：人均粮食产量/(kg/人)	X_6：经济作物占农作物播面比例/%	X_7：耕地占土地面积比率/%	X_8：果园与林地面积之比/%	X_9：灌溉田占耕地面积之比/%
1	363.91	0.352	16.101	192.11	295.34	26.724	18.492	2.231	26.262
2	141.5	1.684	24.301	1752.35	452.26	32.314	14.464	1.455	27.066
3	100.7	1.067	65.601	1181.54	270.12	18.266	0.162	7.474	12.489
4	143.74	1.336	33.205	1436.12	354.26	17.486	11.805	1.892	17.534
5	131.41	1.623	16.607	1405.09	586.59	40.683	14.401	0.303	22.932
6	68.337	2.032	76.204	1540.29	216.39	8.128	4.065	0.011	4.861
7	95.416	0.801	71.106	926.35	291.52	8.135	4.063	0.012	4.862
8	62.901	1.652	73.307	1501.24	225.25	18.352	2.645	0.034	3.201
9	86.624	0.841	68.904	897.36	196.37	16.861	5.176	0.055	6.167
10	91.394	0.812	66.502	911.24	226.51	18.279	5.643	0.076	4.477
11	76.912	0.858	50.302	103.52	217.09	19.793	4.881	0.001	6.165
12	51.274	1.041	64.609	968.33	181.38	4.005	4.066	0.015	5.402
13	68.831	0.836	62.804	957.14	194.04	9.11	4.484	0.002	5.79
14	77.301	0.623	60.102	824.37	188.09	19.409	5.721	5.055	8.413
15	76.948	1.022	68.001	1255.42	211.55	11.102	3.133	0.01	3.425
16	99.265	0.654	60.702	1251.03	220.91	4.383	4.615	0.011	5.593
17	118.51	0.661	63.304	1246.47	242.16	10.706	6.053	0.154	8.701
18	141.47	0.737	54.206	814.21	193.46	11.419	6.442	0.012	12.945
19	137.76	0.598	55.901	1124.05	228.44	9.521	7.881	0.069	12.654
20	117.61	1.245	54.503	805.67	175.23	18.106	5.789	0.048	8.461
21	122.78	0.731	49.102	1313.11	236.29	26.724	7.162	0.092	10.078

求解步骤如下：

(1) 将表 8-2 中的数据进行标准化处理，然后将它们代入相关系数的计算公式，计算相关系数矩阵(表 8-3)。

表 8-3　相关系数矩阵

	X_1	X_2	X_3	X_4	X_5	X_6	X_7	X_8	X_9
X_1	1	−0.327	−0.714	−0.336	0.309	0.408	0.79	0.156	0.744
X_2	−0.327	1	−0.035	0.644	0.42	0.255	0.009	−0.078	0.094
X_3	−0.714	−0.035	1	0.07	−0.74	−0.755	−0.93	−0.109	−0.924
X_4	−0.336	0.644	0.07	1	0.383	0.069	−0.05	−0.031	0.073
X_5	0.309	0.42	−0.74	0.383	1	0.734	0.672	0.098	0.747
X_6	0.408	0.255	−0.755	0.069	0.734	1	0.658	0.222	0.707
X_7	0.79	0.009	−0.93	−0.046	0.672	0.658	1	−0.03	0.89
X_8	0.156	−0.078	−0.109	−0.031	0.098	0.222	−0.03	1	0.29
X_9	0.744	0.094	−0.924	0.073	0.747	0.707	0.89	0.29	1

(2) 由相关系数矩阵计算特征值、各个主成分的贡献率与累计贡献率(表 8-4)。由表 8-4 可知，第 1、第 2、第 3 主成分的累计贡献率已高达 86.600%(大于 85%)，故只需要求出第 1、第 2、第 3 主成分 Z_1、Z_2、Z_3 即可。

表 8-4　特征值及主成分贡献率

主成分	特征值	贡献率/%	累计贡献率/%
Z_1	4.661	51.796	51.796
Z_2	2.089	23.214	75.010
Z_3	1.043	11.590	86.600
Z_4	0.507	5.634	92.235
Z_5	0.315	3.500	95.735
Z_6	0.193	2.145	97.880
Z_7	0.114	1.271	99.147
Z_8	0.0453	0.504	99.650
Z_9	0.0315	0.350	100

其中，Z_1 贡献率的计算公式为 4.661/8.9988=51.796%，其他主成分贡献率计算相同。

(3) 对于第一至第三主成分所对应的特征值 λ_i，分别 Z_1=4.661，Z_2=2.089，Z_3=1.043，分别求出其特征向量 e_1、e_2、e_3，再用公式 $l_{ij}=p(z_i,x_j)=\sqrt{\lambda_i}e_{ij}(i,j=1,2,\cdots,p)$ 计算各变量 $X_1,X_2,\cdots,X_9$ 在主成分 Z_1、Z_2、Z_3 上的载荷(表 8-5)。

表 8-5　主成分载荷

	Z_1	Z_2	Z_3	占方差的百分比/%
X_1	0.739	−0.532	−0.0061	82.918
X_2	0.123	0.887	−0.0028	80.191
X_3	−0.964	0.0096	0.0095	92.948
X_4	0.0042	0.868	0.0037	75.346
X_5	0.813	0.444	−0.0011	85.811
X_6	0.819	0.179	0.125	71.843
X_7	0.933	−0.133	−0.251	95.118
X_8	0.197	−0.1	0.97	98.971
X_9	0.964	−0.0025	0.0092	92.939

上述计算过程可以借助 SPSS 或 MATLAB 软件实现。

从表 8-5 各主成分的载荷可以看出：

(1) 主成分载荷是主成分与变量之间的相关系数。第 1 主成分 Z_1 与 X_1、X_5、X_6、X_7、X_9 呈现出较强的正相关，相关系数分别是 0.739、0.813、0.819、0.933、0.964，与 X_3 呈现出较强的负相关，相关系数为−0.964；而这几个变量综合反映了生态经济结构状况，因此可以认为第 1 主成分 Z_1 是生态经济结构的代表。

(2) 第 2 主成分 Z_2 与 X_2、X_4、X_5 呈现出较强的正相关，相关系数分别为 0.887、0.868 和 0.444，与 X_1 呈现出较强的负相关，相关系数为–0.532，其中，除了 X_1 人口密度，X_2、X_4、X_5 都反映了人均占有资源量的情况，因此可以认为第 2 主成分 Z_2 代表了人均资源量。

(3) 第 3 主成分 Z_3 与 X_8 呈现出的正相关程度最高，相关系数为 0.97，其次是 X_6，相关系数为 0.125，而与 X_7 呈负相关，相关系数为–0.251，因此可以认为第 3 主成分在一定程度上代表了农业经济结构。

(4) 另外，表中最后一列(占方差的百分比)，在一定程度上反映了 3 个主成分 Z_1、Z_2、Z_3 包含原变量($X_1, X_2, \cdots, X_9$)的信息量多少。显然，用 3 个主成分 Z_1、Z_2、Z_3 代替原来 9 个变量($X_1, X_2, \cdots, X_9$)描述农业生态经济系统，可以使问题进一步简化、明了。接着还可以计算每个主成分的得分，组成一个新的数据集，作为进一步应用系统聚类分析方法进行区划、分类的新的出发点，也可以用来综合评价，或者进行区域差异分析。

8.4　主成分分析的 SPSS 实现过程

操作步骤如下：

(1) 根据例 8-2 数据，首先将数据输入 SPSS，保存为“.sav”文件。

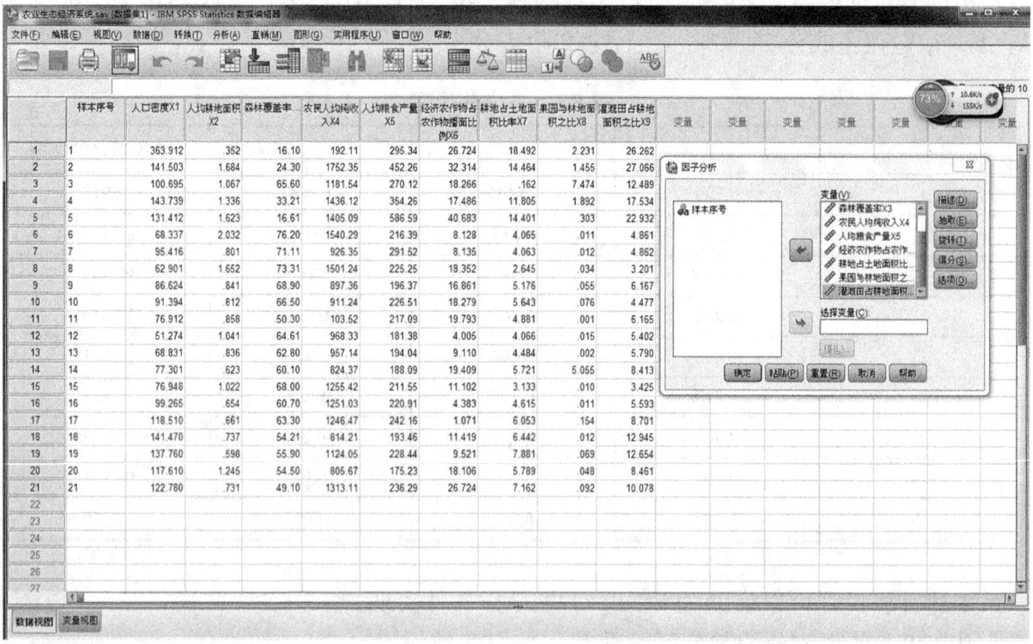

图 8-2　主成分分析法操作图解 1

(2) 单击【分析】→【降维】→【因子分析】进入主对话框；把 X_1～X_9 选入【变量】(图 8-2)，然后单击【描述】，打开【描述】对话框，可以选择单变量的描述统计量和初始分析结果，如图 8-3 所示。

图 8-3 中的【选择变量】用于选择变量，限制有特殊值的样本子集的分析，当一个变量进入该栏时激活下侧的【值】按钮。待【值】按钮激活后，单击该按钮打开【设置值】对话框，可在该对话框输入标识参与分析的观测量所具有的变量值。

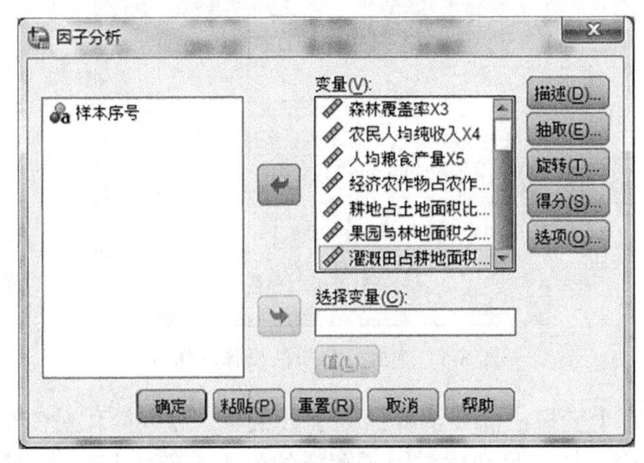

图 8-3　主成分分析法操作图解 2

单击【描述】，出现如图 8-4 所示对话框。

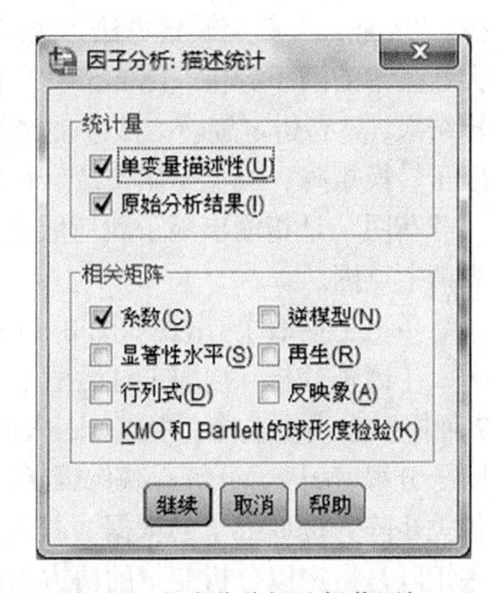

图 8-4　主成分分析法操作图解 3

图 8-4 中，有【统计量】和【相关矩阵】两个板块。在【统计量】中，勾选“单变量描述性”，可以输出参与分析的各原始变量的均值、标准差等。勾选“原始分析结果”可以生成因子提取前各分析变量的公因子方差。对于主成分分析，这些值用于分析变量的相关矩阵或协方差矩阵的对角元素，对于因子分析，用于每个变量以其他变量做预测因子时的载荷平方和。【相关矩阵】板块中，选择“系数”，在结果输出中可以生成相关系数；“显著性水平”生成相关矩阵中系数的单侧显著性水平；“行列式”生成相关系数矩阵的行列式；“逆模型”生成相关系数矩阵的逆矩阵；“再生”生成再生相关阵，并给出原相关系数矩阵与再生相关系数矩阵数据的差值；“反映象”生成反镜像相关系数矩阵。在一个好的因子模型中，对角线上的系数较大，远离对角线的元素应该比较小；“KMO 和 Bartlett 的球形度检验”中 KMO 可用作取样足够的度量，检验变量间的偏相关系数是否小；Bartlett 球形度检验用于检验相关系数矩阵是否为一个单位矩阵，若为单位矩阵，则认为该模型是不合适的。

单击【旋转】，会出现如图 8-5 所示对话框。

图 8-5 中，最上面的部分是旋转方法的选择：“无”是不进行旋转；“最大方差法”是一种正交旋转方法，它使每个因子上具有最高载荷的变量个数最小，因此可以简化对因子的解释；“直接 Oblimin 方法”是直接斜交旋转，选中此项可以在下面的文本框中输入值，该值应该在 0～1，0 值产生最高相关因子；“最大四次方值法”是四次最大正交旋

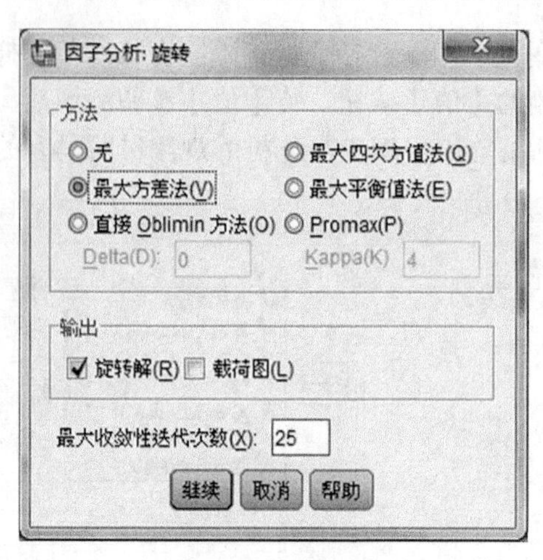

图 8-5　主成分分析法操作图解 4

转，该旋转方法是每个变量中需要解释的因子数最少，可以简化对变量的解释；“最大平衡值法”是平均正交旋转，是简化对因子解释的最大方差法与简化对变量解释的最大四次方值法的结合，结果使一个因子上有高载荷的变量个数和需要解释的变量的因子数最少；“Promax”斜交旋转方法，允许因子彼此相关，它比直接斜交旋转更快，因此适用于大数据集的因子分析。图 8-5 中，下面的部分是输出结果的选择：“旋转解”是指输出旋转结果，只有指定旋转方法才能选择此项，选择此项将显示正交旋转后的因子矩阵模式、因子转换矩阵，或显示斜交旋转后的因子矩阵模式、因子结构矩阵和因子间的相关阵；“载荷图”是指输出因子载荷散点图，选择此项将输出以两两因子为坐标轴的各变量的载荷散点图。

单击【抽取】，出现如图 8-6 所示对话框。

【因子分析：抽取】对话框中，【方法】是因子提取方法选择项。打开下拉列表，有 7 种提取方式供选择：主成分、未加权的最小平方法、综合最小平方法、最大似然、主轴因子分解、α因子分解、映像因子分解。【分析】栏中，相关性矩阵是指定以分析变量的相关矩阵为提取因子的依据。若参与分析变量的测度单位不同，则应该选择此项；协方差矩阵是指定以分析变量的协方差矩阵为提取因子的依据。【输出】栏中“未旋转的因子解”是要求显示未经旋转的因子提取结果，此项为系统默认的输出方式。“碎石图”是要求显示按特征值大小排列的因子序号。以特征值为两个坐标轴的碎石图，有助于确定保留多少个因子。典型的碎石图会有一个明显的拐点，在该点之前是与大因子连接的陡峭的折线，之后是与小因子相连的缓坡折线。【抽取】栏是控制提取进程和提取结果的选择项。其中，“基于特征值”是指定提取的因子的特征值，此项后面的文本框中给出系统默认值为 1，即要求提取那些特征值大于 1 的因子。这是系统的默认方法。“因子的固定数量”选项是指定提取公因子的数目，选择此项后，将指定提取公因子的数目，理论上有多少个分析变量就有多少个因子，因此输入该选项后面的文本框中的数应该是 0 到分析变量数目之间的正整数。【最大收敛性迭代次数】指定因子分析收敛的最大迭代次数，系统默认的最大迭代次数为“25”。

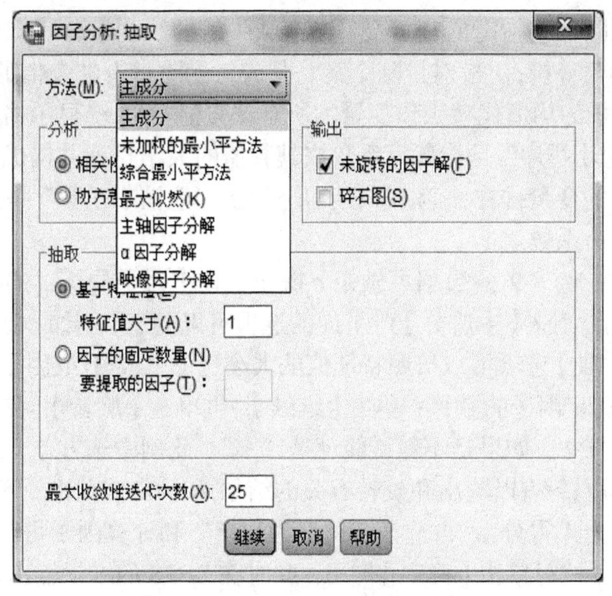

图 8-6　主成分分析法操作图解 5

单击【得分】和【选项】两个按钮，分别出现如图 8-7(a)和(b)所示对话框。

(a)

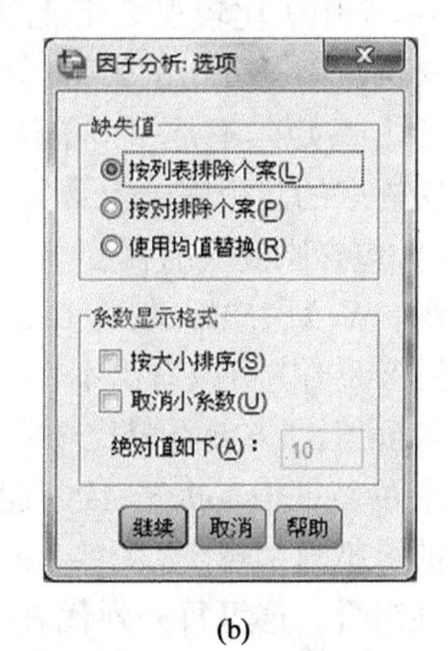

(b)

图 8-7　主成分分析法操作图解 6

图 8-7(a)所示对话框是有关因子得分的选择项。“保存为变量”是将因子得分作为新变量保存在数据文件中。【方法】是指计算因子得分的方法。其中，“回归”是指其因子得分的均值为 0、方差等于估计因子得分与实际因子得分之间的多元相关的平方。“Bartlett”是指因子得分均值为凡超出变量范围的各因子平方和被最小化。“Anderson-Rubin”是为了保证因子的正交性而对 Bartlett 因子的调整，其因子得分的均值为 0、标准差为 1 且彼此不相关。“显示因子得分系数矩阵”是指选择此项将在输出窗口显示因子得分系数矩阵，是标准化的得分系数。对原始变量值进行标准化后，可以根据该矩阵给出的系数计算各观测量的因子得分，并显示协方差矩阵。图 8-7(b)所示对话框是有关输出的选择项。【缺失值】是用来选择缺失值的方法，有三种：“按列表排除个案”是在分

析过程中，一律剔除那些指定的分析变量中有缺失值的观测量，所有分析变量带有缺失值的观测量都不参与分析；“按对排除个案”是成对剔除带有缺失值的观测量；“使用均值替换”是用该变量的均值代替工作变量的所有缺失值。【系统显示格式】决定载荷系数的显示格式。“按大小排序”是指载荷系数按其数值的大小排列并构成矩阵，使在同一因子上具有较高载荷的变量排在一起，以便得出结论。“取消小系数”是指不显示那些绝对值小于指定值的载荷系数。

根据前面所述，例 8-2 的数据可做如下操作：在【因子分析：抽取】中选择一个方法(若是主成分分析，则选【主成分】)，下面的选项可以随意，例如，要画碎石图就选“碎石图”，另外在【抽取】选项可以按照特征值的大小选【主成分(或因子)】，如特征值大于1(图 8-6)，也可以选定因子的数目；单击【继续】，再单击【旋转】，在该对话框中的【方法】选择一个旋转方法，如果是不做旋转就选“不”，此例中选方差“最大正交旋转法”，在【输出】中勾选旋转解(以输出和旋转有关的结果)和输出载荷图；单击【继续】，若要计算因子得分就单击【得分】，再选择“保存为变量”和计算因子得分的方法(如回归)；之后回到主对话框。这时单击【确定】即可。此时在 SPSS 的结果输出窗口就会给出该例题的输出结果，如图 8-8 所示。

上述输出结果中，图 8-8(a)是相关系数矩阵。图 8-8(b)是 KMO 和 Bartlett 检验结果，KMO 值是一个用于比较观测相关系数值与偏相关系数值的指标，其值越接近于 1，表明对这些变量进行因子分析的效果越好，本例中为 0.752。Bartlett 测试的相伴概率值小于 0.001，表明相关矩阵不是一个单位矩阵，可用因子分析。图 8-8(c)是公因子方差的输出结果，说明提取的几个因子包含每个原变量的程度，从图中可以看出，有四个变量 X_3、X_7、X_8 和 X_9 包含原变量的程度都超过了 90%，3 个变量 X_1、X_2 和 X_5 包含原变量的程度超过了 80%，X_4 为 75%，X_6 为 69.1%，说明特征提取的主成分因子包含较高的原变量的信息。从图 8-8(d)中可以看出本例中可以提取 3 个主成分，初始特征值一栏中，“合计”为主成分特征值，“方差百分比/%”是每一个主成分的贡献率，“累计/%”为累计贡献率，前 3 个成分的特征值都大于 1，且前 3 个成分特征值累计占到总方差的 86.211%。后面的特征值的贡献越来越少。图 8-8(e)用于解释这 3 个主成分。前面说过主成分是原始 9 个变量的线性组合。这里每一列代表一个主成分作为原来变量线性组合的系数(比例)：

$$Z_1 = 0.738X_1 + 0.128X_2 - 0.965X_3 + 0.036X_4 + 0.810X_5 + 0.796X_6 + 0.933X_7 + 0.200X_8 + 0.963X_9$$
$$Z_2 = -0.532X_1 + 0.890X_2 + 0.094X_3 + 0.865X_4 + 0.443X_5 + 0.186X_6 - 0.133X_7 - 0.098X_8 - 0.025X_9$$
$$Z_3 = -0.066X_1 - 0.025X_2 + 0.095X_3 + 0.024X_4 - 0.016X_5 + 0.148X_6 - 0.255X_7 + 0.968X_8 + 0.086X_9$$

这些系数称为主成分载荷，它表示主成分和相应的原先变量的相关系数。相关系数(绝对值)越大，主成分对该变量的代表性也越大。可以得出，第 1 主成分对各个变量解释得都很充分。而最后的几个主成分和原先的变量就不那么相关了。

图 8-8(f) 表示原来的 9 个指标和 3 个主成分之间的关系，可以表示为

$$X_1 = 0.773Z_1 - 0.483Z_2 + 0.039Z_3$$
$$\vdots$$

相关系数矩阵

	人口密度 X_1	人均耕地面积 X_2	森林覆盖率 X_3	农民人均纯收入 X_4	人均粮食产量 X_5	经济农作物占农作物播面比例 X_6	耕地占土地面积比率 X_7	果园与林地面积之比 X_8	灌溉田占耕地面积之比 X_9
人口密度 X_1	1.000	−0.327	−0.714	0.309	0.309	0.381	0.790	0.744	0.744
人均耕地面积 X_2	0.327	1.000	−0.035	0.420	0.420	0.281	0.009	0.094	0.094
森林覆盖率 X_3	−0.714	−0.035	1.000	−0.740	−0.740	−0.736	−0.930	−0.924	−0.924
农民人均纯收入 X_4	−0.336	0.644	0.070	0.383	0.383	0.043	−0.046	0.073	0.073
人均粮食产量 X_5	0.309	0.420	−0.740	1.000	1.000	0.702	0.672	0.747	0.747
经济农作物占农作物播面比例 X_6	0.381	0.281	−0.736	0.702	0.702	1.000	0.629	0.679	0.679
耕地占土地面积比率 X_7	0.790	0.009	−0.930	0.672	0.672	0.629	1.000	0.890	0.890
果园与林地面积之比 X_8	0.156	−0.078	−0.109	0.098	0.098	0.229	−0.030	1.000	0.290
灌溉田占耕地面积之比 X_9	0.744	0.094	−0.924	0.747	0.747	0.679	0.890	0.290	1.000

(a) 输出结果 1

KMO 和 Bartlett 的检验

取样足够度的 Kaiser-Meyer-Olkin 度量		0.752
Bartlett 的球形度检验	近似卡方	159.354
	df	36
	Sig.	0.000

(b) 输出结果 2

公因子方差

	初始	提取
人口密度 X_1	1.000	0.833
人均耕地面积 X_2	1.000	0.808
森林覆盖率 X_3	1.000	0.949
农民人均纯收入 X_4	1.000	0.750
人均粮食产量 X_5	1.000	0.852
经济农作物占农作物播面比例 X_6	1.000	0.691
耕地占土地面积比率 X_7	1.000	0.953
果园与林地面积之比 X_8	1.000	0.987
灌溉田占耕地面积之比 X_9	1.000	0.936

提取方法：主成分分析

(c) 输出结果 3

解释的总方差

成分	初始特征值			提取平方和载入			旋转平方和载入		
	合计	方差百分比/%	累计/%	累计/%	方差百分比/%	累计/%	合计	方差百分比/%	累计/%
1	4.622	51.354	51.354	50.715	51.354	51.354	4.564	50.715	50.715
2	2.091	23.228	74.582	74.058	23.228	74.582	2.101	23.343	74.058
3	1.047	11.629	86.211	86.211	11.629	86.211	1.094	12.153	86.211
4	0.552	6.133	92.344						
5	0.308	3.424	95.768						
6	0.191	2.125	97.894						
7	0.113	1.258	99.151						
8	0.045	0.504	99.656						
9	0.031	0.344	100.000						

(d) 输出结果 4

成分矩阵①

	成分		
	1	2	3
人口密度 X_1	0.738	−0.532	−0.066
人均耕地面积 X_2	0.128	0.890	−0.025
森林覆盖率 X_3	−0.965	0.094	0.095
农民人均纯收入 X_4	0.036	0.865	0.024
人均粮食产量 X_5	0.810	0.443	−0.016
经济农作物占农作物播面比例 X_6	0.796	0.186	0.148
耕地占土地面积比率 X_7	0.933	−0.133	−0.255
果园与林地面积之比 X_8	0.200	−0.098	0.968
灌溉田占耕地面积之比 X_9	0.963	−0.025	0.086

① 已提取了 3 个成分

(e) 输出结果 5

旋转成分矩阵①

	成分		
	1	2	3
人口密度 X_1	0.773	−0.483	0.039
人均耕地面积 X_2	0.073	0.895	−0.045
森林覆盖率 X_3	−0.973	0.032	−0.018
农民人均纯收入 X_4	−0.021	0.866	−0.006
人均粮食产量 X_5	0.777	0.496	0.058
经济农作物占农作物播面比例 X_6	0.761	0.243	0.229
耕地占土地面积比率 X_7	0.962	−0.078	−0.143
果园与林地面积之比 X_8	0.092	−0.054	0.988
灌溉田占耕地面积之比 X_9	0.947	0.043	0.195

① 旋转在 4 次迭代后收敛

(f) 输出结果 6

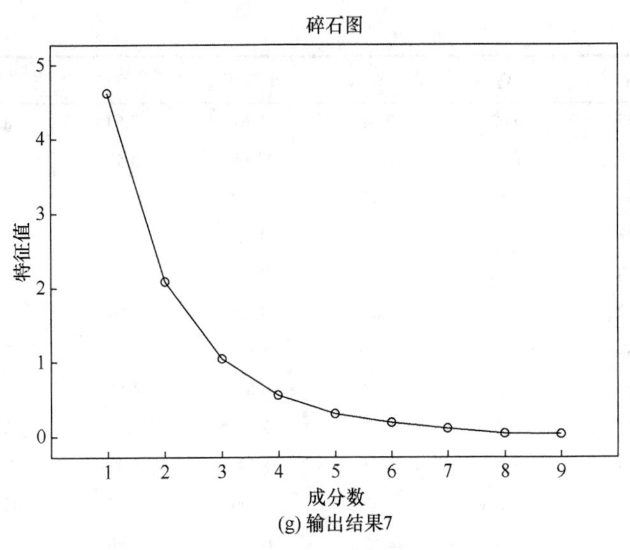

(g) 输出结果7

图 8-8　例 8-2 SPSS 输出结果

计算因子得分可以根据前面的因子得分公式(因子得分系数和原始变量的标准化值的乘积之和)，算出每个样本的第 1 个因子、第 2 个因子和第 3 个因子的大小，即算出每个样本的因子得分 Z_1、Z_2 和 Z_3。人们可以根据这三套因子得分对样本分别排序。当然，得到因子得分只是 SPSS 软件的一个选项(可将因子得分存为新变量、显示因子得分系数矩阵)。图 8-8(g)是碎石图，图中横坐标是成分数，纵坐标是特征值，从图中可以看出，前三个主成分的特征值均大于 1。

本 章 作 业

1. 简述主成分分析的基本思想。
2. 主成分分析的几何意义是什么？
3. 主成分分析的主要作用有哪些？
4. 为什么说贡献率和累计贡献率能反映主成分中所包含的原始变量的信息？
5. 有 25 名健康人的 7 项生化检验结果如表 8-6 所示，7 项生化检验指标依次命名为 X_1～X_7，请对该资料进行主成分分析。

表 8-6　原始数据表格

人员编号	X_1	X_2	X_3	X_4	X_5	X_6	X_7
1	3.76	3.66	0.54	5.28	9.77	13.74	4.78
2	8.59	4.99	1.34	10.02	7.50	10.16	2.13
3	6.22	6.14	4.52	9.84	2.17	2.73	1.09
4	7.57	7.28	7.07	12.66	1.79	2.10	0.82
5	9.03	7.08	2.59	11.76	4.54	6.22	1.28
6	5.51	3.98	1.30	6.92	5.33	7.30	2.40

续表

人员编号	X_1	X_2	X_3	X_4	X_5	X_6	X_7
7	3.27	0.62	0.44	3.36	7.63	8.84	8.39
8	8.74	7.00	3.31	11.68	3.53	4.76	1.12
9	9.64	9.49	1.03	13.57	13.13	18.52	2.35
10	9.73	1.33	1.00	9.87	9.87	11.06	3.70
11	8.59	2.98	1.17	9.17	7.85	9.91	2.62
12	7.12	5.49	3.68	9.72	2.64	3.43	1.19
13	4.69	3.01	2.17	5.98	2.76	3.55	2.01
14	5.51	1.34	1.27	5.81	4.57	5.38	3.43
15	1.66	1.61	1.57	2.80	1.78	2.09	3.72
16	5.90	5.76	1.55	8.84	5.40	7.50	1.97
17	9.84	9.27	1.51	13.60	9.02	12.67	1.75
18	8.39	4.92	2.54	10.05	3.96	5.24	1.43
19	4.94	4.38	1.03	6.68	6.49	9.06	2.81
20	7.23	2.30	1.77	7.79	4.39	5.37	2.27
21	9.46	7.31	1.04	12.00	11.58	16.18	2.42
22	9.55	5.35	4.25	11.74	2.77	3.51	1.05
23	4.94	4.52	4.50	8.07	1.79	2.10	1.29
24	8.21	3.08	2.42	9.10	3.75	4.66	1.72
25	9.41	6.44	5.11	12.50	2.45	3.10	0.91

参 考 文 献

陈芳樱, 沈思. 2016. 数据分析方法及 SPSS 应用[M]. 北京: 科学出版社.
卢文岱, 朱红兵. 2015. SPSS 统计分析[M]. 5 版. 北京: 电子工业出版社.
梅长林. 2018. 数据分析方法[M]. 2 版. 北京: 高等教育出版社.
牛东晓, 等. 2009. 电力负荷预测技术及其应用[M]. 2 版. 北京: 中国电力出版社.
盛骤, 等. 2008. 概率论与数理统计[M]. 4 版. 北京: 高等教育出版社.
张文彤. 2017. SPSS 统计分析软件高级教程[M]. 3 版. 北京: 高等教育出版社.
赵光华. 2008. 管理定量分析方法[M]. 北京: 北京大学出版社.